ESSAIS

DE

PALÉOCONCHOLOGIE

COMPARÉE

Par M. COSSMANN

QUATRIÈME LIVRAISON
Octobre 1901

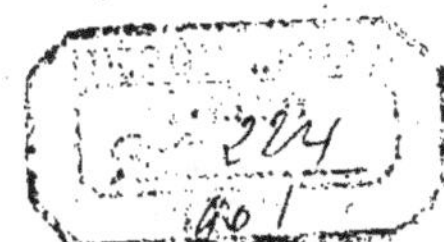

PARIS

CHEZ L'AUTEUR | A LA SOCIÉTÉ D'ÉDITIONS SCIENTIFIQUES
95, *rue de Maubeuge*, 95 (x*) | 4, *rue Antoine-Dubois*, 4 (vi*)

1901

OUVRAGES DU MÊME AUTEUR

Révision sommaire de la faune du terrain Oligocène marin aux environs d'Etampes, I, II, et III. — Journal de Conchyliologie, t. XXXI à XXXIII, 1891-1893, 163 pages, 3 pl. . . . . . **12 fr. 50**

Notes complémentaires sur les coquilles fossiles de Claiborne. — Ann. de Géol. et Paléont. de Palerme, 1893, 52 pages, 2 pl. . **8 fr.**

Essais de Paléoconchologie comparée (4ᵉ livraison), Octobre 1901, 300 p., 10 pl. et 55 figures. . . . . **20 fr.**
Les quatre premières livraisons ensemble. . . . . **80 fr.**

Sur quelques formes nouvelles ou peu connues des faluns du Bordelais. — Assoc. Franç. (Congrès de Caen et de Bordeaux) 1894-95, 3 pl. Ensemble. . . . . **6 fr.**

Mollusques éocéniques de la Loire-Inférieure. — Bull. Soc. Sc. nat. de l'Ouest. T. Iᵉʳ, 1895-99, 200 pages et 19 pl. . . . . . . **30 fr.**
— T. II, (fasc. I), 5 pl. . . . . **10 fr.**

Contribution à la Paléontologie française des terrains jurassiques. — 1ᵒ Gastropodes Opisthobranches. — 2ᵒ Nérinées. — Mém. paléont. de la Soc. Géol. de France. 1895-99, 357 p., 19 pl. et fig. Prix des deux Mémoires. . . . . **70 fr.**

Observations sur quelques coquilles crétaciques recueillies en France. — Assoc. Franç. (1896-1900). 4 art. 7 pl. . . . . **10 fr.**

Revue critique de Paléozoologie. — Publiée sous la direction de l'auteur (Publication trimestrielle), 1897-1901, Ensemble. . . . **55 fr.**
Prix d'abonnement à la sixième année. 1902 . . . . . . **8 fr.**

Description d'Opisthobranches éocéniques de l'Australie du Sud. — Trans. Roy. Soc. Adélaïde. 1897, 21 pages, 2 pl. . . . . . **3 fr.**

Estudio de algunos Moluscos eocenos del Pireneo Catalan. — Bull. Com. del Mapa Geol. de Espana, 1898, 32 pages. 5 pl. . . **5 fr.**

Description de quelques coquilles de la formation Santacruzienne en Patagonie. — Journ. de Conchyl. (1899), 20 p., 2 pl. **3 fr.**

Faune pliocénique de Karikal (Inde française). — 1ᵉʳ article. — Journ. de Conchyl. (1900) 30 p., 3 pl. . . . . **4 fr.**

Etudes sur le Bathonien de l'Indre. — 2 fasc. complets. Bull. Soc. Géol. de Fr.,(1899-1900) 70 p.,8 pl. dont 4 inédites dans le *Bull.* **12 fr.50**

Faune éocénique du Cotentin *(Mollusques.* — *En collaboration avec M. G. Pissarro.* — 1ᵉʳ fascicule 1900, 6 pl., 2ᵉ fasc., 1901,9 pl. . **25 fr.**

Additions à la faune nummulitique d'Egypte. — Institut Egyptien (1901) 27 p., 3 pl. . . . . **4 fr.**

ESSAIS

DE

PALÉOCONCHOLOGIE COMPARÉE

ESSAIS

DE

PALÉOCONCHOLOGIE

COMPARÉE

Par M. COSSMANN

QUATRIÈME LIVRAISON
Octobre 1901

PARIS

CHEZ L'AUTEUR | A LA SOCIÉTÉ D'ÉDITIONS SCIENTIFIQUES
95, rue de Maubeuge, 95 (Xᵉ) | 4, rue Antoine-Dubois, 4 (VIᵉ)

1901

PRÉFACE

La présente Livraison, qui fait suite aux trois premières, précédemment publiées [1], contient la plupart des coquilles de Gastropodes siphonostomes que Lamarck a classées dans sa Famille des Canalifères, dans laquelle il admettait également les Pleurotomes, que nous avons déjà passés en revue, ainsi que les Genres *Murex* et *Cerithium*, que nous ne rencontrerons qu'ultérieurement, dans la suite de ce Travail.

Le groupe de Prosobranches, dont nous entreprenons ci-après l'étude, débute par une Famille qui est canalifère par excellence : la Famille *Fusidæ* ; il semble, au premier abord, qu'elle ne doit comprendre que des formes bien définies, susceptibles d'être facilement séparées, et dont la limite est parfaitement tranchée. Cependant, lorsqu'on classe côte à côte les principaux représentants des Genres essentiellement variés que les auteurs ont dénommé uniformément *Fusus (sensu lato)*, on ne tarde pas à constater que le canal, qui est l'organe fondamental du groupe des Canalifères, tel que l'entendait Lamarck, subit graduellement une déformation, un raccourcissement, et d'autre part une échancrure à son extrémité antérieure, de sorte que l'on pourrait insensiblement passer des Fuseaux typiques, — qui ont bien l'aspect bien connu d'un paquet d'étoupe au bout d'un long manche en bois, — aux Buccins ventrus et entaillés à la base, que Lamarck a placés dans les Purpurifères, tandis que Fischer, se fondant plutôt sur les caractères de l'animal qui habitait ces coquilles, les a distribués entre les Volutoïdes et les Muricoïdes. Il se trouve donc, en définitive, que l'arrangement, dicté par les connaissances anatomiques, cadre assez exactement avec les rapprochements basés sur l'étude de la coquille seule, et que là encore, comme nous l'avons souvent constaté jusqu'ici, il ne faut pas faire état d'un seul caractère pour établir le classement.

[1] 1ʳᵉ livr. Février 1895, 159 p., 7 Pl. — 2ᵉ livr. Décembre 1896, 179 p., 8 Pl. — 3ᵉ livr. Avril 1899, 201 p., 8 Pl.

Au point de vue phylogénique, l'origine des Fuseaux n'est pas plus ancienne que celle des *Pleurotomidæ* et des *Volutidæ*, que nous avons précédemment étudiés : leur première apparition ne se manifeste guère que dans les couches supérieures du Système crétacique, et encore, ces ancêtres des *Fusus* actuels portent-ils, sur leur columelle, des plis qui ressemblent singulièrement à ceux des Volutes de la même époque ; on pourrait donc en conclure, ainsi que l'a déjà fait M. Dall, que ces dernières ont donné naissance aux *Fusidæ*, ou aux *Fasciolariidæ*. En ce qui concerne les *Buccinidæ*, dont l'échancrure basale est plus ou moins profonde, les plus anciens représentants de cette Famille se trouvent généralement dans le Paléocène, et les seules coquilles buccinoïdes qui aient apparu dans le Crétacé tout à fait supérieur des Etats-Unis, n'ont pas l'ouverture véritablement échancrée à la base ; tout au plus est-elle seulement tronquée à son extrémité antérieure. Il semble donc que le rôle du siphon, qui sert à l'alimentation des Gastropodes siphonostomes, ait une origine relativement moderne, dans la série des faunes paléontologiques.

Il n'y a, d'ailleurs, aucun rapprochement à faire entre ces premiers *Buccinidæ* crétaciques et les coquilles jurassiques, telles que *Purpuroidea*, *Purpurina*, etc.., qui ont un bec ou un évasement à la partie antérieure de leur ouverture, et qui ne sont même pas à rapprocher des vrais *Purpuridæ* ; il est douteux, à mon avis, que ce soient des ancêtres de *Buccinum*, car elles ont plus d'affinités avec certains Holostomés à ouverture sinueuse à la base, qu'avec aucune forme de Siphonostome. Ces formes de Gastropodes à bec antérieur, dont les fonctions siphonales sont encore mal connues, existent encore ça et là, dans les terrains tertiaires, et elles disparaissent presque complètement à l'époque actuelle, où la limite entre les ouvertures holostomes et siphonostomes est plus nettement tranchée. Il faut donc bannir absolument de nos catalogues les citations faites de *Fusidæ* ou de *Buccinidæ* dans les Systèmes triasique, jurassique et crétacique inférieur ; les espèces qu'on dénommait à tort *Fusus* dans ces terrains, sont : ou bien des *Alaria* incomplets, ou bien, comme vient de le prouver M. Péron pour un *Fusus* néocomien, des *Columbellaria*.

C'est précisément à cause de cette apparition très tardive de la plupart des Gastropodes siphonostomes dans les couches superposées de l'écorce du globe terrestre, que nous jugeons, cette fois encore, inutile d'essayer de reconstituer, comme nous l'avons fait dans la première livraison de ces « Essais », pour les Opisthobranches qui sont d'origine très ancienne, un tableau phylogénétique d'enchaînement des Familles et des Genres à travers les temps géologiques : il n'y aura d'intérêt à reprendre cette tentative que quand nous aurons ultérieurement abordé l'étude des coquilles ailées et turriculées, dont les représentants ont été recueillis jusque dans les couches de l'Epoque primaire, et dont les principales formes sont actuellement éteintes.

Nous nous bornerons donc ci-après à l'exposé didactique des Familles étudiées dans ce volume, sans apporter de modifications bien importantes à la forme de notre Travail, sauf quelques petits perfectionnements de détail, dont nos lecteurs s'apercevront aisément à l'usage. Toutefois il nous a paru nécessaire d'ajouter, à la fin de cette livraison, une table alphabétique des espèces citées dans chaque Genre, afin que l'on puisse en tirer quelques indications pratiques pour leur détermination générique, telle qu'elle résulte de la classification que j'ai adoptée ; c'est d'ailleurs l'unique moyen, pour l'auteur lui-même, d'éviter que, par inadvertance, il ne cite la même espèce dans deux Genres très voisins, ou tout au moins dans deux Sections distinctes. Comme ce répertoire n'avait pas encore été fait pour les trois premières livraisons, nous l'avons, cette fois, établi pour les quatre volumes réunis.

En ce qui concerne le choix des espèces-types, nous avons pris pour règle de remonter, autant que possible, aux véritables sources ; mais, malgré cette précaution, il s'est encore produit des cas assez nombreux, où, l'incertitude régnant à ce sujet, nous avons été

obligé de trancher la question en nous inspirant de la tradition, et
particulièrement de l'Index d'Hermannsen, qui constitue, pour les
ouvrages antérieurs à 1850, le guide le plus sûr. Dans un certain nombre de Genres, Sous-Genres et Sections, il ne nous a pas
été possible de nous procurer soit l'espèce-type, soit un plésiotype
en bon état, afin d'en obtenir une bonne épreuve photographique ;
dans ce cas, la figure originale, publiée par l'auteur du Genre est
reproduite dans notre texte, aussi fidèlement que possible, par la
copie que nous en avons faite au trait ; et la diagnose est également
reproduite entre guillemets. Il est incontestable que nous ne pou-
vons pas avoir, pour ces subdivisions, dont nous n'avons étudié
aucune coquille, et que nous ne connaissons que par des images
plus ou moins exactes, la même certitude que pour celles dont les
diagnoses sont faites d'après un échantillon à peu près intact.

De même, en ce qui concerne la citation des espèces à classer
dans chaque Genre, nous avons le soin de toujours indiquer si la
citation est faite d'après un échantillon, ou seulement d'après une
figure, ce qui implique nécessairement un degré moindre de certitude ; en tous cas, nous excluons complètement la citation d'après
de simples listes, ou même d'après des descriptions non accompagnées de figures. Il est probable que beaucoup d'espèces, ainsi mentionnées dans un Genre, auraient à subir des rectifications, et que
même, pour quelques-unes d'entre elles, il y aurait à proposer de
nouvelles subdivisions, si nous pouvions avoir sous les yeux, les
échantillons au lieu des figures.

C'est pourquoi nous n'hésitons pas à proposer à ceux de nos
lecteurs, qui éprouveraient des doutes au sujet de la détermination
générique d'espèces connues, et mentionnées dans nos « Essais »
d'après la simple inspection d'une figure, de nous communiquer
ultérieurement les échantillons eux-mêmes, afin que nous puissions
en contrôler l'exactitude, et rectifier au besoin, en les complétant
s'il y a lieu, les indications publiées antérieurement par nous.

Avril 1901.

FUSIDÆ, d'Orbigny, 1843.

Canal plus ou moins long, plus ou moins droit, jamais échancré
à son extrémité, parfois infléchi à droite, mais sans que le cou cesse
d'être rectiligne, quand on l'examine du côté du dos ; columelle
lisse, subplissée ou plissée ; labre droit ou légèrement sinueux,
lisse ou liré à l'intérieur. Opercule corné, ovale, à nucléus apical.

Observ. — Dans son Manuel de Conchyliologie. Fischer a négligé la
dénomination proposée pour cette Famille, en 1843, et il y a substitué
Fasciolariidæ Chenu (1859). Si, comme il le pensait et comme je le crois également, il n'y a réellement place que pour une seule Famille, comprenant à la
fois *Fusus* et *Fasciolaria*, avec les Genres qui s'y rattachent, c'est la dénomination *Fusidæ* qu'il faut adopter, parce qu'elle est antérieure ; cela n'em-
pêche pas de diviser cette grande Famille en plusieurs Sous-Familles, pour
tenir compte des variations du canal, de l'existence ou de l'absence de
plis à la columelle, etc.. Toutefois, on passe de chacun de ces groupes
au suivant par des intermédiaires qui ne permettent pas d'y admettre
des séparations absolument tranchées ; après de longs tâtonnements, je me
suis décidé à diviser la Famille *Fusidæ* en quatre Sous-Familles, dont une
seule est nouvelle : *Fusinæ, Streptochetinæ* Cossm. 1901, *Fasciolarinæ, Ptychatractinæ*.

Le tableau synoptique ci-après résume le groupement et la répartition des
Genres, avec leurs Sous-Genres et leurs Sections, entre ces quatre Sous-Familles. Au point de vue paléontologique, *Ptychatractinæ* est la plus ancienne,
mais cette ancienneté n'est que relative, puisque les premiers représentants
que l'on en connaît ne sont pas antérieurs à l'étage Cénomanien ; *Streptochetinæ*
est presque exclusivement tertiaire ; enfin les deux autres Sous-Familles ont
commencé à apparaître à la partie tout à fait supérieure du Crétacé, et elles
sont encore largement représentées dans la nature actuelle. Il en résulte qu'au
point de vue phylogénétique, *Crypthorhytis*, qui paraît être l'ancêtre des *Fusidæ*,
ayant la columelle plissée, la filiation de cette Famille paraît procéder des
Volutidæ qui sont un peu plus anciens dans le Système crétacique.

Tableau des Genres, Sous-Genres et Sections.

*

FUSINÆ (Canal sans inflexion ni bourrelet sur le cou).

FUSUS (Canal droit, pas de plis columellaires)	**FUSUS** (Canal long, labre rectiligne)	*Fusus* (protoconque paucispirée, globuleuse) *Tectifusus* (protoconque tectiforme)
	LEVIFUSUS (Canal assez long, . labre sinueux)	*Levifusus* (Protoconque globuleuse)
	COLUMBARIUM (Canal très long, labre muriqué)	*Columbarium* (Protoconque très globuleuse)
	APTYXIS (Canal peu long, labre rectiligne)	*Aptyxis* (Protoconque polygyrée) **(A) Sinistralia** (Sénestre)
CLAVELLA (Canal droit, columelle subplissée)	**CLAVELLA** (Canal long, labre peu sinueux)	*Clavella* (Protoconque paucispirée, globuleuse)
	THERSITEA (Canal court, labre profondément sinueux)	*Thersitea* (Gibbosité columellaire)
DOLICHOLATHYRUS (Canal droit, columelle plissée)	**DOLICHOLATHYRUS** (Canal long, labre droit)	*Dolicholathyrus* (Protoconque mamillée)
	PSEUDOLATHYRUS (Canal long, labre arqué)	*Pseudolathyrus* (Protoconque conoïdale)
EXILIA (Canal droit. columelle biplissée trés bas)	**EXILIA** (Canal grêle, labre sinueux)	*Exilia* (Protoconque polygyrée)
EUTHRIOFUSUS (Canal étroit, columelle coudée)	**EUTHRIOFUSUS** (Canal long, labre arqué)	*Euthriofusus* (Protoconque petite polygyrée)

*

STREPTOCHETINÆ (Canal infléchi, bourrelet sur le cou).

STREPTOCHETUS (Canal infléchi, columelle subplissée)	**STREPTOCHETUS** (Canal assez long, labre à peine sinueux,	*Streptochetus* (Protoconque globuleuse, subdéviée)
	STREPTOLATHYRUS (Canal peu long, labre liré)	*Streptolathyrus* (Protoconque obtuse)
BUCCINOFUSUS (Canal très infléchi, pas de plis columellaires)	**BUCCINOFUSUS** Canal peu long, [labre sinueux]	*Buccinofusus* (Forme buccinoïde)
LIROFUSUS (Canal très infléchi, pas de plis columellaires)	**LIROFUSUS** (Canal court, labre droit)	*Lirofusus* (Protoconque polygyrée. pointue)

*

FASCIOLARIIDÆ (Canal plus ou moins infléchi, colum. plissée).

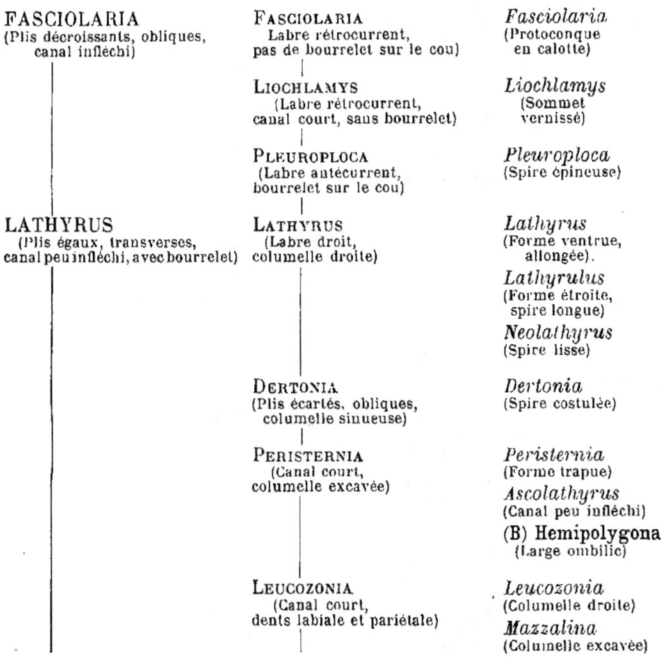

*

PTYCHATRACTINÆ (Canal peu courbé, colum. plissée, pas de bourrelet).

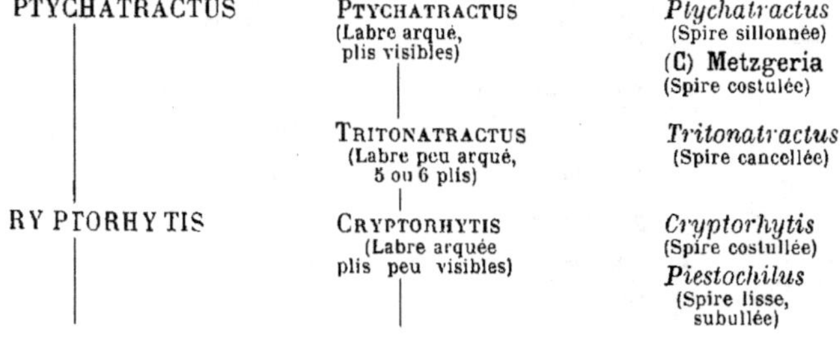

Genres non signalés à l'état fossile.

(A). Sɪɴɪsᴛʀᴀʟɪᴀ, H. et A. Adams, 1853. — Type : *Fusus maroccensis* Gmelin. Coquille sénestre qui paraît se rapprocher d'*Aptyxis*, et qui ne s'en distingue que par sa spire plus longue que l'ouverture et que le canal.

(B). Hᴇᴍɪᴘᴏʟʏɢᴏɴᴀ, Rovereto, 1899. (= *Chascax*, Watson, 1873, *non* Ritgen Rept.) — Type : *Lathyrus madeirensis* Watson. En séparant cette coquille, l'auteur a insisté, non seulement sur son large ombilic, mais sur l'absence de plis columellaires ; toutefois, ce dernier caractère est peut-être dû à l'état de conservation de l'échantillon-type, car Tryon a constaté, sur des individus provenant des Indes occidentales, que la columelle porte trois plis peu apparents. Dans ces conditions, en tenant compte de sa forme trapue, de son canal court, et de sa columelle un peu excavée, je pense que, s'il y a lieu de séparer cette coquille de *Lathyrus*, il convient de n'en faire qu'une Section de *Peristernia*. Quant au changement de dénomination récemment proposé par M. Rovereto, il est conforme aux règles de la nomenclature.

(C). Mᴇᴛᴢɢᴇʀɪᴀ, Norman, 1879 (= *Meyeria*, Dunker et Metzger, 1874, *non* M. Coy, Crust. 1849). — Type : *M. alba* Jeffreys. Autant qu'on peut en juger par des figures, cette coquille est un *Ptychatractus* à côtes axiales, à habitat boréal ; le nom en a été changé, pour corriger un double emploi ; néanmoins Tryon et Fischer conservent l'ancienne dénomination, ce qui me paraît incorrect.

Genres à éliminer de la Famille Fusidæ.

Pʀɪsᴄᴏꜰᴜsᴜs, Conrad, 1865. — Type : *Fusus geniculus* Conr., non figuré, Eocène de l'Orégon. D'après M. Dall [Proc. Calif. Acad. 1877], le type a été perdu depuis une vingtaine d'années, et c'était d'ailleurs une espèce méconnaissable, à cause de son mauvais état de conservation. Il y a donc lieu de rayer définitivement cette dénomination de la nomenclature.

Sᴇʀʀɪꜰᴜsᴜs, Meek, 1876. — Type : *Fusus dakotensis*, Meek et Hayden, de la Craie du Dakota. Ainsi que l'a fait remarquer Tryon, dans son Manuel, ce moule incomplet a tout à·fait le galbe de *Fusus proboscidifer* Lamk., que Fischer a pris pour type de son Genre *Megalatractus*, classé par lui, avec raison, dans la Famille *Turbinellidæ*, à cause de sa protoconque ; mais le canal est beaucoup plus court et large. Comme on pourra s'en rendre compte par la photographie que M. Stanton m'a envoyée, (Pl. VII, fig. 7) il s'agit là d'une forme très incertaine, fondée sur un échantillon mal conservé qu'on ne peut même pas rapprocher, avec doute, de *Buccinofusus*.

Fasciolina, Conrad, 1862. — Type : *Fasciolaria Woodi* Gabb, du Miocène de New-Jersey. Avec son galbe bucciniforme et son pli écarté de l'extrémité antérieure, cette coquille, qui n'a aucunement l'aspect de *Lathyrus*, pourrait être plutôt rapprochée de *Cuma*. M. Whitfield en a donné une bonne figure dans la Paléontologie de New-Jersey [1894, p. 98, pl. XVII, fig. 7-8].

Whitneya, Gabb., 1864. — Type : *W. ficus* Gabb., de la Craie de Californie. Cette coquille a tout à fait l'aspect de *Strepsidura* ; l'auteur la compare à *Fasciolaria*, et Tryon émet l'avis que ce pourrait être un membre de la Famille *Purpuridæ*, ou un groupe distinct, à placer dans le voisinage de *Melapium*. A mon avis, il n'y a pas d'hésitation : c'est une forme voisine de *Strepsidura*, et on la retrouvera ci-après.

Pullincola, de Gregorio, 1894. — *Fusus quinquecostatus* de Greg., de l'Eocène de la Vénétie. L'auteur rapproche ce fossile de *Genea* [Desc. foss. tert. Monte Postale. — Ann. géol et pal., n° 14, p. 21, pl. IV, fig. 98-101]; mais aucun des échantillons qu'il a figurés ne possède le canal, ni la pointe : ce sont des fragments à peine déterminables spécifiquement, et absolument incertains au point de vue générique. Leur taille atteint des dimensions bien supérieures à celle des représentants du Genre de Bellardi, dont ils ne se rapprochent que par leurs côtes axiales continues ; il existe d'ailleurs, au dessus de la suture, un bourrelet plissé qui ne rappelle nullement l'ornementation plus simple de *Genea* (= *Andonia*). Dans ces conditions, je ne puis cataloguer le G. *Pullincola*, et je propose de l'éliminer provisoirement, jusqu'à ce qu'on sache exactement ce que c'est.

*

FUSUS, Klein 1753, [Lamk. 1799].

Forme étroite, allongée ; protoconque lisse, formant un bouton plus ou moins développé ; canal plus ou moins long, non fermé, droit ou à peine tortueux, non échancré à son extrémité antérieure ; columelle sans plis.

Fusus, *sensu stricto.*   Type : *Fusus colus*, Lin. Viv.

(= *Colus*, Humphrey 1797 ; = *Pseudofusus*, Monts. 1834 ;
= *Exilifusus*, Gabb 1876, *non* Conr. 1866).

Taille très variable, atteignant de grandes dimensions ; forme d'un « fuseau de fileuse au rouet », emmanché au bout de sa baguette ; spire longue, acuminée au sommet, généralement égale à la hauteur de l'ouverture munie de son canal ; protoconque paucispirée, composée d'un tour et demi, globuleux, avec un nucléus petit, généralement obtus ; tours arrondis, anguleux ou carénés, parfois dentelés par les côtes axiales. Ouverture ovale ou piriforme, anguleuse en arrière, où elle est parfois munie d'une étroite gouttière, terminée en avant par un canal étroit, complètement dépourvu de bourrelet sur le cou, et à la naissance duquel elle se contracte subitement ; labre à peu près vertical, ou un peu incurvé dans la partie dilatée de l'ouverture, sans échancrure, peu épais sur son contour, souvent lacinié à l'intérieur, vis-à-vis des cordons spiraux de la surface externe ; columelle lisse, peu excavée, à peine tortueuse, ou même parfaitement rectiligne ; bord columellaire mince, peu calleux, appliqué sur la base, généralement détaché sur presque toute la longueur du canal.

Diagnose faite d'après une espèce plésiotype du Plaisancien de Biot : *F. longiroster* Br. (Pl. 1, fig. 7), ma coll.; d'après une espèce plésiotype du Bartonien d'Angleterre : *F. acuminatus* Sow. (Pl. 1, fig. 2), ma coll.; et d'après une espèce plésiotype du Parisien de Parnes : *F. porrectus* Sol. (Pl. 1, fig. 1), coll. Bourdot. Protoconque de cette dernière espèce, grossie (**Fig. 1**).

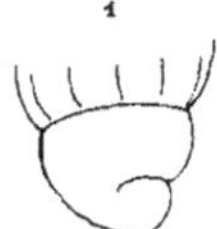

Fig. 1. — *Fusus porrectus* Sol.

Observ. — Le genre *Fusus*, a été limité par Lamarck en 1799, puis en 1801, et débarrassé par lui des espèces de *Pirula, Fasciolaria, Turbinella, Pleurotoma*, que Klein et Bruguière y avaient confondues ; il a été encore circonscrit par Schumacher, en 1817, qui a désigné comme type : *F. colus* Linn ; enfin, par Swainson qui, en 1840, a séparé : *Liostoma, Strepsidura, Semifusus, Chrysodomus, Clavella*, mais qui a désigné comme néotype : *Fusus syracusanus* Linn., c'est-à-dire l'espèce que Troschel a ultérieurement (1868) prise pour type de son Genre *Aptyxis*, à cause d'une dentition de la radule semblable à celle de *Fasciolaria*.

En définitive, si l'on restreint ce grand Genre aux formes réellement voisines de *F. colus*, qui en est le prototype, il ne doit plus y rester que les coquilles à canal au moins aussi long que la spire, presque droit, ou dont l'inflexion à peine sinueuse, quand elle existe au-dessus de sa naissance, est rectifiée par la sinuosité inverse de la partie antérieure, de sorte que, malgré ces ondulations successives, l'ensemble représente une tige à peu près verticale. A ce point de vue, le premier plésiotype fossile, ci-dessus désigné (*F. longiroster*), est absolument identique au type vivant (*F. colus*), tandis que les deux autres plésiotypes éocéniques ont le canal parfaitement rectiligne, dans toute son étendue.

En ce qui concerne la synonymie de *Fusus*, tous les auteurs sont d'accord pour rejeter *Colus* Humphrey, qui n'est qu'un nom de collection, exhumé par Swainson, postérieur à *Fusus*, et ne s'appliquant d'ailleurs qu'à une partie des Fuseaux de Lamarck. D'autre part, *Pseudofusus* n'a été proposé par M. de Monterosato [Nomencl. gen. e spec. 1884, p. 117], que pour remplacer *Fusus*, dans le cas où l'on adopterait comme type *F. colosseus* (qui est un *Neptunea*) ; or cette proposition repose exclusivement sur le choix du type de *Fusus*, et elle devient inutile dès l'instant qu'on choisit, à l'exemple de Fischer, le type désigné par Schumacher, c'est-à-dire *F. colus*.

Parmi les synonymes de *Fusus s. str.*, je signale également *Exilifusus*, proposé en 1876 par Gabb, pour une coquille crétacique de la Caroline du Nord : *F. Kerri* Gabb. Je ne connais cette espèce que par la figure publiée dans le Manuel de Tryon, mais il ne semble pas qu'elle puisse être distinguée des autres Fuseaux : son canal est, il est vrai, un peu tortueux : mais, comme il a été dit ci-dessus, ce caractère existe chez les formes les plus typiques du Genre *Fusus*. D'ailleurs, l'état de conservation de ce fossile paraît très médiocre. Enfin, en tous cas, la dénomination *Exilifusus* avait déjà été employée, en 1866, dans le « Check list » par Conrad, pour une coquille bien différente (*F. thalloides*), et, quoiqu'il n'y ait, à l'appui de cette qualification générique, aucune diagnose explicite, ce nom était déjà repéré dans les tables des matières, dont Gabb ne pouvait ignorer l'existence, puisqu'il avait collaboré au même ouvrage.

Répart. stratigr.

SENONIEN. — Une espèce bien caractérisée, dans les couches de Haldem (Wesphalie), *F. propinquus* Munst. d'après l'échantillon du Musée de Munich, communiqué par M. von Zittel. Une espèce à peu près certaine dans le Maëstrichtien : *F. bicinctus* Kaunhowen, d'après cet auteur [Gast. Maëstr. Kr., 1898, p. 32, pl. X, fig. 1-4]. Une espèce très douteuse dans la Caroline du Nord : *Exilifusus Kerri* Gabb, d'après le Manuel de Tryon. Une espèce très probable au Brésil, dans la province de Pernambouc : *F. longiusculus* White, d'après cet auteur [Arch. do Mus. nac. Rio, 1887, p. 131, pl. XI, fig. 6].

PALEOCENE. — Une espèce certaine dans le Montien : *F. Heberti* Briart et Cornet, d'après la Monographie de ces auteurs. Deux espèces dans le « Midway Stage » des Etats-Unis : *F. quercollis* Gilb. Harris, *F. Meyeri* Aldr., d'après M. Gilbert Harris [Bull. Amer. Pal. 1896 et n° XI].

EOCENE. — Plusieurs espèces aux trois niveaux de l'Eocène parisien : *F. aciculatus* Lamk., *F. unicarinatus* Desh., *F. serratus, dissimilis, gothicus* Desh., ma coll. ; dans le Bartonien d'Angleterre : *F. porrectus* Sol., *F. acuminatus* Sow., ma coll. ; dans la Loire inférieure : *F. porrectus* Sol., ma coll. Une espèce dans le Nummulitique de Biarritz :

F. *Davidsoni* Rouault, d'après la figure publiée par cet auteur. Deux espèces dans le Vicentin : l'une F. *propeaciculatus* de Gregorio, d'après la Monographie inachevée de cet auteur sur S. Giovanni Ilarione ; l'autre dans le Priabonien de Via degli Orti : F. *hortensis* Vin. de R., d'après la Monographie de M. Vinassa de Regny. Plusieurs espèces dans l'Australie du Sud : F. *Johnstoni, dictyotis, hexagonalis*, Tate [ce dernier muni d'une protoconque à nucléus scaphelloïde, Fig. 2 ci-contre], ma coll. ; F. *simulans* et *sculptilis* Tate, d'après la Monographie de cet auteur. Nombreuses espèces dans l'Alabama, le Texas et le Mississipi : F. *Mortoni* Gabb, F. *bastropensis* Gilb. Harr., F. *subfilosus* Aldr. [ce dernier muni d'une protoconque carénée, **Fig. 3** ci-contre], ma coll. ; F. *Ottonis* et *rugatus* Aldr., d'après la Monographie de M. Gilbert Harris sur le « Lignitic Stage » [Bull. of. Amer. Pal. 1899, n° XI]. Une espèce dans le Bartonien supérieur de l'Egypte: *Clavellites spinosus* Mayer-Eymar, d'après la figure publiée par cet auteur (Journ. Conch. 1895).

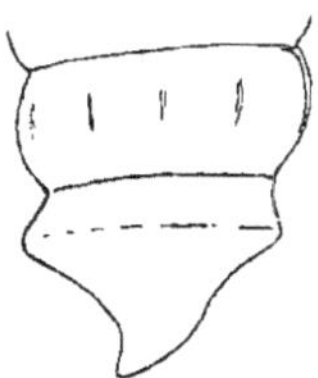

FIG. 2. — *Fusus hexagonalis* Tate.

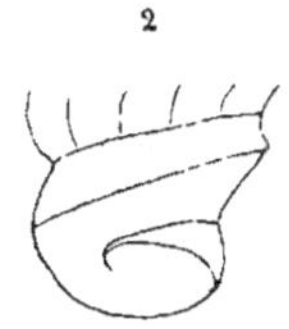

FIG. 3. — *Fusus subfilosus* Aldr.

OLIGOCENE. — Trois espèces dans le Tongrien inférieur de l'Allemagne du Nord : F. *elatior* Beyr., ma coll. ; F. *multispiratus* et *erectus* V. Kœnen, d'après la Monographie de cet auteur. Une espèce dans le Tongrien de la Ligurie : F. *inæquistriatus* Bell., d'après M. Rovereto [Illustr. dei moll. tongr. di Genova, 1900].

MIOCENE. — Une espèce dans le Burdigalien de la Gironde et des Landes : F. *aturensis* Grat., d'après l'Atlas de Conch. de l'Adour. Plusieurs espèces dans l'Helvétien ou le Tortonien d'Italie : F. *Bredæ* Mich[ii], F. *semirugosus* Bell. et Michelotti., F. *inæquicostatus, spinifer, æquistriatus* Bellardi, d'après la Monographie de cet auteur. Une espèce à l'état de moule dans la Molasse de la Corse : F. *Casabiandæ* Locard, d'après la figure publiée par cet auteur. Plusieurs espèces dans le Bassin de Vienne ou en Hongrie : F. *vindobonensis* Hœrn. et A., F. *crispus* Bors., ma coll. ; F. *austriacus* H. et A., F. *crispoides* M. Hœrn., F. *Hössi* et *Prevosti* Partsch, d'après la Monographie de R. Hœrnes et Auinger. Dans le Miocène de la Caroline et de la Virginie : F. *exilis* Conr., ma coll. ; F. *Burnsi* Dall, d'après la Monographie de cet auteur sur la Floride. Dans le Miocène d'Haïti : F. *Henekeni* et *haitensis* Sow., d'après les figures pnbliées par Guppy.

PLIOCENE. — Quelques espèces dans les Alpes maritimes, le Piémont et la Toscane : F. *longiroster* Br. F. *rostratus* Olivi, F. *bononiensis* For., ma coll. ; la première de ces espèces dans les sables argileux des Pyrénées Orientales, d'après la Monographie de Fontannes. Une espèce dans la Caroline et la Floride, aux Etats-Unis : F. *caloosaensis* Heilp. ma coll. ;

dans les couches récentes de Java : *F. menenglenganus* Martin, d'après la
Monographie de cet auteur. Deux espèces encore vivantes, dans la
Nouvelle Zélande : *F. australis* Quoy et Gaimard, *F. spiralis* A. Adams,
d'après la Monographie de M. Hutton. Une espèce très voisine de
F. perplexus, dans le Pliocène de Karikal (Inde française), coll.
Bonnet.

EPOQUE ACTUELLE. — Nombreuses espèces dans toutes les mers, ma collect.,
d'après MM. de Monterosato, Dollfus et Dautzenberg, d'après le Manuel de
Tryon.

TECTIFUSUS, Tate, 1893.   Type : *Fusus tholoides*, Tate. Éoc.

Forme de *Fusus* ; spire généralement courte, étagée par une carène dentelée, protoconque composée d'une calotte tectiforme et
costulée, à gros nucléus lisse et incomplètement enroulé ; ouverture piriforme et allongée, terminée par un canal parfaitement rectiligne, sans échancrure à son extrémité ; labre vertical, sans aucune sinuosité vis-à-vis de la carène ; columelle presque sans
inflexion ; bord columellaire lisse, étroit, peu calleux.

Diagnose faite d'après un individu de l'espèce-type,
provenant d'Aldinga Bay, en Australie. (Pl. 1.
fig, 11), ma coll. Protoconque grossie (**Fig. 4**).

Rapports et diff. — M. Tate a proposé cette subdivision du Genre *Fusus* [« Unrecorded genera of the
older tertiary fauna », Roy. Soc. N. S. Wales, 1893,
Vol. XXVII, p. 171] pour deux espèces dont la protoconque s'écarte complètement de celle des *Fusus* typiques ; quant aux autres caractères, ces deux espèces

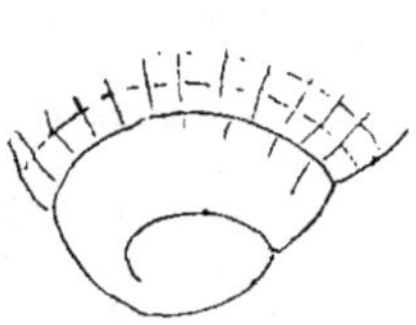

FIG. 4. — *Tectifusus tholoides*
Tate.

se rapprochent absolument de *Fusus* ; eu égard à la forme souvent très anor-
male des protoconques de ces fossiles australiens, je suis d'avis de n'admettre *Tectifusus* que comme Section du Genre *Fusus*, et seulement parce
que l'on trouve aussi, dans les mêmes gisements, de véritables Fuseaux, avec
une protoconque typique.

Répart. stratigr.
    EOCENE. — Deux espèces dans l'Australie méridionale : *F. tholoides* et
F. aldingensis Tate (*loc. cit.*).

LEVIFUSUS Conrad, 1865.   Type : *Fusus trabeatus*, Conr. Eoc.

(= *Surculofusus*, É. Vincent, 1895)

. Forme piroïde ; spire assez courte, à galbe conique, et un peu étagée par une carène dentelée sur chaque tour ; protoconque composée d'un tour et demi, à nucléus papilleux et dévié : ouverture dilatée, terminée par un canal assez long, plus ou moins rectiligne ; labre sinueux sur la rampe comprise entre la carène et la suture, proéminent en avant de cette carène ; columelle lisse, un peu tortueuse ; bord columellaire à peine calleux, ou indistinct.

Diagnose faite d'après la figure de l'espèce-type, et d'après un plésiotype du Claibornien de l'Alabama : *F. pagodiformis* (') Heilp. (Pl. I, fig. 16-17), ma coll.

· **Rapp. et diff.** — Ce Sous-Genre, proposé par Conrad dans le « Check list », diffère évidemment de *Fusus s. s.* par la sinuosité du labre qui rappelle *Surcula*, ainsi que l'a fait remarquer M. Gilb. Harris (Bull. of. Amer. Pal. 1896, p. 207), mais il s'y rattache par son canal presque droit, par sa protoconque paucispirée et subglobuleuse ; il ressemble à *Tectifusus* par sa carène dentelée, mais il s'en écarte par sa protoconque non carénée, et par sa sinuosité labrale. Je ne puis en séparer *Surculofusus*, proposé en 1895, par M. É. Vincent, dans les Annales de la Société royale malacologique de Belgique, pour deux espèces belges qui avaient été confondues avec *Fusus serratus* Desh. ; en effet, M. Vincent a bien insisté dans sa diagnose, sur la sinuosité surculiforme du labre ; quant au canal, il est incomplet sur les deux figures restaurées qu'il a publiées à l'appui de cette diagnose générique. L'antériorité du nom de Conrad, repris dès 1890 par M. Dall, n'est pas douteuse. En ce qui concerne le Genre crétacique *Perissolax*, que Tryon considère comme synonyme de *Levifusus*, et qu'il classe avec lui près de *Tudicula*, sa spire est plus tectiforme que celle de *F. trabeatus*, et sa protoconque n'est pas connue : on le retrouvera ci-après, à sa véritable place.

Répart. stratigr.
PALEOCENE. — Plusieurs espèces dans le « Midway stage » de l'Alabama : *Levifusus Suteri* Aldr., *L. Hubbardi* et *Dalli* Gilb. Harr. [Bull. of Amer

---

(') Heilprin avait d'abord dénommé cette coquille : *Pleurotoma pagoda* ; mais, comme il y a déjà *Fusus pagoda* Lesson, elle ne pouvait conserver ce nom en passant dans le genre *Fusus*, et il l'a changé en *pagodiformis*, que M. Harris n'a pas repris, quand il a adopté le Genre *Levifusus*. (*Loc. cit*).

Pal. 1896, n° 4]. Une espèce dans les couches de Copenhague : *F. Mörchi*
von Kœnen, d'après les figures publiées par cet auteur.

Eocène. — Deux espèces dans le Bruxellien et le Panisélien de la Belgique :
Surculofusus bruxellensis et *odontotus* É. Vinc., d'après les figures publiées par cet auteur, la première restaurée avec un canal un peu
court [reproduction du moulage, Pl. IV, fig. 6, communiqué par l'au-
teur]. Plusieurs espèces dans le Claibornien et le « Lignitic stage » des
Etats-Unis: *F. pagodiformis* Heilp., *Fasciolaria irrasa* Conr., ma coll ; *Levifusus trabeatus* Conr., *L. indentus* Gilb. Harr., d'après les figures publiées
par cet auteur.

COLUMBARIUM, von Martens, 1881. Type : *C. spinicosta*, v. Mart. Viv.

Taille moyenne ; forme grêle, en tarière ; spire relativement
courte, fortement étagée ; protoconque lisse, paucispirée, globuleuse, formée d'un tour et demi, à nucléus mamillé et dévié ; tours
invariablement ornés d'une carène médiane, épineuse ou dentelée
par des tubulures creuses, muriquées, c'est-à-dire successivement
obturées par l'emboîtement des accroissements. Ouverture courte,
piriforme, terminée par un canal extrêmement long, à peu près
rectiligne, presque clos, effilé sans échancrure à son extrémité antérieure ; labre vertical, non échancré en réalité, mais simplement
muni d'une tubulure épineuse sur la carène, exactement dans le
plan de l'ouverture ; columelle peu excavée, lisse, ou seulement
marquée d'un renflement obsolète, produit par une légère torsion
à la naissance du canal : bord columellaire assez mince, plus ou
moins appliqué sur la base, formant une bande étroite et peu calleuse sur toute la longueur du canal.

Diagnose complétée d'après des plésiotypes de l'Eocène de
l'Australie : *Fusus foliaceus* Tate (Pl. I, fig. 8), ma coll ;
et *F. acanthostephes* Tate (Pl. l, fig. 9), ma coll. Protoconque de cette dernière espèce grossie (Fig. 5), ma
coll.

Observ. — Ainsi que je l'ai fait remarquer dans la
seconde livraison de ces « Essais » (p. 64), ce Sous-Genre
en peut être conservé dans la famille *Pleurotomidæ,*

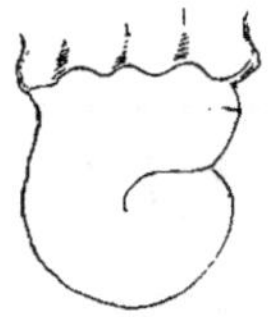

Fig. 5. -- *Columba-
rium acanthoste-
phes* Tate.

non seulement parce que le labre ne porte pas une véritable échancrure, dans le sens strict de ce terme, mais encore parce que la protoconque a plutôt l'allure de celle des *Fusidæ*. D'autre part, les splendides plésiotypes que je possède de l'Australie du Sud, ont exactement tous les caractères de *C. spinicosta*, espèce-type d'après von Martens, et dont Tryon n'a fait dans son Manuel, qu'une variété de *F. pagoda* Lesson (= *Fusus japonicus* Gray, = *Pleurotoma cedonulli* Reeve). J'ai constaté, d'après un excellent échantillon de la coll. Dautzenberg, cette identité complète des fossiles et de l'espèce vivante.

Rapp. et diff. — Ce Sous-Genre, tout en se rapprochant intimement de *Fusus*, par son canal droit et par son labre vertical, s'en écarte par sa carène muriquée, par son embryon plus globuleux, et par la faible torsion de sa columelle. Du côté du Genre *Murex*, la délimitation est beaucoup plus difficile à saisir: il est certain qu'avec sa carène muriquée, *Columbarium* ressemble à plusieurs *Muricidæ* pourvus d'un long canal droit; mais la protoconque de cette dernière Famille est polygyrée, beaucoup moins globuleuse, ainsi que je l'ai constaté sur des échantillons de *M. vaginatus* Jan, que j'avais d'abord rapproché du S.-G. *Columbarium*; en outre, l'ornementation est bien plus simple chez cette dernière espèce. Cependant quelques auteurs, et en particulier, MM. Dollfus et Dautzenberg, en font un *Fusidæ*; la question est donc discutable.

Répart. stratig.

 EOCENE. — Plusieurs espèces tout à fait typiques dans l'Australie du Sud, outre les deux plésiotypes ci-dessus: *Fusus craspedotus, spinifer* ([1]) *senticosus*, Tate, ma coll.

APTYXIS, Troschel *em.*, 1868. Type: *Fusus syracusanus*, Linn. Viv.

Taille moyenne; forme fusoïde; spire assez longue et costulée; protoconque polygyrée, composée de trois ou quatre tours lisses, à galbe conique, à nucléus petit, peu saillant et légèrement dévié; tours élégamment ornés et treillissés, parfois subanguleux, à sutures profondes. Ouverture piriforme, terminée par un canal assez court, plus ou moins large, plus ou moins tortueux, sans

([1]) Cette dernière espèce ne pouvait, avant son changement de Genre, conserver ce nom, déjà employé par Bellardi pour une espèce miocénique; je propose donc, pour l'espèce australienne: **Columbarium spinulatum,** *nobis*.

échancrure à son extrémité ; longueur de l'ouverture et du canal
toujours inférieure à celle de la spire ; labre vertical, un peu épais,
lacinié à l'intérieur ; columelle excavée, coudée à la naissance du
canal ; bord columellaire mince et peu distinct.

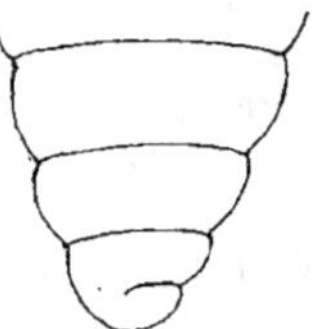

Fig. 6. — *Aptyxis la-mellosus* Bors.

Diagnose refaite d'après l'espèce-type, et d'après un plésiotype du Plaisancien de Biot : *Fusus lamellosus* Borson
(Pl. I, fig. 3), macoll. Protoconque grossie de cette dernière espèce (Fig. 6).

Rapp. et diff. — Troschel a proposé le Genre *Aptysis*
(plus correctement *Aptyxis* — α privatif, et πτυξις pli) uniquement par le motif que le type (*F. syracusanus*, a une
dentition de *Fasciolariinæ*, quoique la columelle n'ait pas les plis qui caractérisent cette Sous-Famille ; ultérieurement, Schacko a constaté le même
caractère sur la radule de *F. inconstans*, qui pourtant est bien un *Fusus* typique ; de sorte que la dénomination *Aptyxis* ne serait pas à retenir à ce
point de vue, si elle ne s'appliquait pas à tout un groupe de coquilles (Sect. II
sec. Bellardi) qui diffèrent de *Fusus s. s.* : non seulement par leur canal beaucoup plus court, et généralement tortueux ; mais encore et surtout, par leur
protoconque polygyrée, à galbe conoïdal et à nucléus très petit. C'est donc, de
ma part, une interprétation d'*Aptyxis* tout autre que celle visée par Troschel, et
en même temps différente de celle de MM. Dollfus et Dautzenberg (Moll. du
Roussillon), qui ont repris *Aptyxis* à la place de *Fusus*, sur le conseil de M. de
Monterosato, parce que, comme on l'a vu ci-dessus à propos du choix du type
de *Fusus*, ils ont adopté *F. colosseus* qui est un *Neptunea*, au lieu de *F. colus*,
qui est bien le type désigné par Schumacher. Nous croyons que notre interprétation, conforme d'ailleurs à celle de Fischer, de Tryon, de MM. Dall et Zittel,
est plus correcte, et qu'elle bouleverse moins la nomenclature admise.

Répart. stratigr.

OLIGOCENE. — Plusieurs espèces dans le Tongrien de la Ligurie : *F. strigo-
sus, decorus, Mayeri, Beyrichi*, Bell., *F. geniculatus* et *Tournoueri* Mayer,
d'après la Monographie de Bellardi, et d'après M. Rovereto [Illustr. dei
Moll. tongr. di Genova].

MIOCENE. — Quelques espèces dans l'Helvétien et le Tortonien du Piémont :
F. multiliratus Bell., ma coll. ; *F. Lachesis* Sism., *F. ventricosus, margari-
tifer* Bell., *F. pustulatus* Bell. et Mich., d'après la Monogr. de Bellardi.
Une autre espèce dans le bassin de Vienne : *F. Schwartzi* Hœrn., d'après la
figure publiée par l'auteur. Une espèce inédite dans le Redonien des environs de Nantes : *A. Harmeri* G. Dollf. *mss.*, coll. Dumas.

PLIOCENE. — Deux espèces dans le Plaisancien et le Messinien des Alpes maritimes et de la Toscane : *F. lamellosus* Borson, *F. Borsonianus* (¹) d'Anc., ma coll. Une espèce dans le Plaisancien de Vaucluse : *F. præostratus* Fontannes, d'après la Monographie de cet auteur.

Époque actuelle. — Quelques espèces dans la Méditerranée, sur les côtes de la Californie, aux Antilles et en Australie, d'après le Manuel de Tryon.

CLAVELLA, Swainson 1835, [*fide* Agassiz, 1846].

Forme fusoïde, à canal long et droit ; columelle tantôt lisse, tantôt plissée ; protoconque globuleuse, quelquefois disproportionnée.

CLAVELLA *sensu stricto.*   Type : *Fusus Noæ* Chemn. Eoc.
(= *Clavilithes*, Sw. 1840 ; = *Turrispira*, Conrad 1866.)

Test épais et pesant, surtout à l'âge adulte. Taille généralement grande, ou même très grande ; forme de fuseau ou de massue ; spire relativement courte, quelquefois étagée par une carène saillante et par une rampe postérieure ; protoconque globuleuse, généralement paucispirée, à nucléus obtus, rarement tectiforme, formée quelquefois d'un bouton cylindrique, trivolvé, hors de proportion avec les premiers tours de spire ; tours d'abord noduleux et striés, les derniers généralement dépourvus d'ornementation ; base un peu excavée, sans bourrelet.

Ouverture piriforme, fortement caniculée en arrière par une gouttière souvent profonde, terminée par un canal très long, presque rectiligne, obliquement tronqué, sans échancrure à son extrémité ; labre à peu près vertical, ou à peine arqué au milieu, lisse à l'intérieur ; columelle assez excavée en arrière, munie, à la naissance du canal, d'une légère saillie, qui est rem-

(¹) Cette espèce ne peut conserver ce nom (d'Ancona, 1873, Malac. plioc.), déjà employé par Géné pour un *Fusus* publié en 1840 par Bellardi, et transporté depuis dans le Genre *Anura*. Je propose donc, pour l'espèce messinienne de Castrocaro : **A. Forestii**, *nobis*.

placée, chez certaines espèces, par un pli quelquefois dédoublé ; bord columellaire large et étalé sur la base, assez calleux, parfois très épais dans l'angle inférieur de l'ouverture, se détachant en avant sur la longueur du canal.

Diagnose complétée d'après l'espèce type, et d'après un plésiotype : *Fusus longævus* Sol. (= *scalaris* Lamk.), du Bartonien du Guépelle (Pl. 1, fig. 12-13), ma coll. Type de la variété à columelle plissée : *Fusus lævigatus* Lamk. (Pl. I, fig. 18), du Parisien de Parnes, ma coll. Protoconque grossie de *Fusus Noæ* Chemn. (Fig. 7) et de *F. conjunctus* Desh. (Fig. 8), tous deux de Parnes, ma coll.

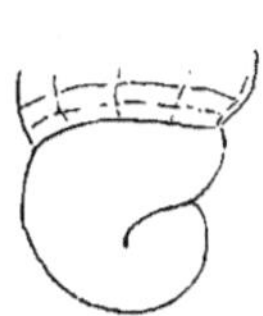

FIG. 7. — *Clavella Noæ* Chemn.

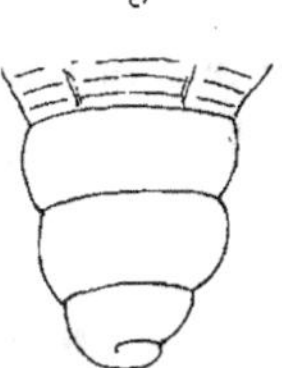

FIG. 8. — *Clavella conjuncta*, Desh.

Observ. — La dénomination *Clavella*, généralement préférée par les auteurs à *Clavilithes* (¹), n'a été signalée par Agassiz qu'en 1846, et devrait, par conséquent, être remplacée par *Cyrtulus* Hinds (1843), si ce dernier était, comme l'a cru Fischer, synonyme de *Clavella* ; mais Hermannsen catalogue *Cyrtulus* avec une double signification : d'abord, en 1843, comme Genre nouveau de Pirulidés, et ensuite, en 1844, comme Genre de Fusacés, synonyme de *Melongena*. Il en résulte que Hinds, qui d'ailleurs ne s'occupait pas de fossiles, ne pouvait avoir en vue un type de *Clavella* lorsqu'il a proposé *Cyrtulus*.

Je réunis, d'autre part, à *Clavella* le Genre *Turrispira* Conrad, qui a pour type *Fusus salebrosus* Conr. (= *F. protextus*, de Greg.); le fragment que je possède de cette espèce, et qui provient de Claiborne, a, en effet, complètement l'aspect d'un *Clavella*, non arrivé encore à l'état adulte ; d'ailleurs, l'échantillon beaucoup plus complet, figuré par M. de Gregorio, sous le nom *protextus*, se rapproche absolument de certaines espèces parisiennes et notamment de *Clavella conjuncta*. Il paraît donc démontré que la dénomination proposée par Conrad, fait double emploi avec le Genre de Swainson.

Rapp. et diff. — Pour justifier la séparation de *Clavella*, comme Genre distinct de *Fusus*, il faut se fonder, non pas sur l'existence de plis columellaires, qui ne sont pas bien visibles chez tous les *Clavella*, mais sur le contour arqué de la columelle, qui présente, chez *Clavella*, à la naissance du canal, une inflexion invariable, marquée par une saillie pliciforme, qu'on

(¹) L'étymologie hybride, gréco-latine (*clavus* clou, λίθος pierre), est une raison de cette préférence.

n'observe jamais chez *Fusus s. s.* En outre, à côté d'autres caractères différentiels, qui n'ont qu'une importance secondaire, tels que l'ornementation, la
callosité du bord columellaire, j'en signale un qui me paraît important à
cause de sa constance, c'est l'excavation de la base du dernier tour jusqu'au
bas du canal, tandis que la base s'atténue plus progressivement chez *Fusus*.
Enfin, la protoconque de *Clavella* est plus globuleuse, souvent disproportionnée avec les premiers tours, et le bouton qu'elle forme suffit parfois, à

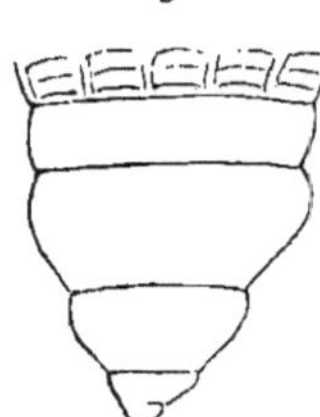

Fig. 9. — *Clavella
humerosa* Conr.

lui seul, pour faire reconnaître un jeune individu de
ce Genre. Il est vrai, cependant, que ces tours embryonnaires ont quelquefois un galbe moins globuleux : ainsi,
je citerai, comme exemple d'une protoconque à nucléus
tectiforme, *C. humerosa* Conr., du Jacksonien des Etats-
Unis (**Fig. 9**).

Il est intéressant de remarquer que les espèces à
columelle plissée, qui sont généralement d'une taille
plus petite, sont également caractérisées par la persistance de leurs côtes noduleuses jusque sur le dernier
tour. Toutefois, comme il existe des passage d'un groupe
à l'autre, qu'ils ont simultanément apparu dans l'Eocène
inférieur, je ne pense pas qu'il y ait lieu de proposer une Section distincte
pour ce groupe, qui paraît d'ailleurs localisé dans le Bassin de Paris.

Répart. stratigr.

PALEOCENE. — Une espèce intitulée *F. rugosus* Lamk., mais probablement
distincte, dans les couches de Copenhague, d'après la Monographie de
M. von Kœnen.

EOCENE. — Nombreuses espèces, aux trois niveaux parisiens et dans le
Bartonien d'Angleterre : *Murex longævus* et *deformis* Sol., *Fusus maxi-
mus* Desh., *Clavella macrospira* Cossm., *Fusus Nox* Chemn., *F. conjunctus, tuberculosus* et *dameriacensis* Desh., *F. rugosus* Lamk., ma coll. ;
du groupe à columelle plissée : *F. angulatus* Lamk., *F. lævigatus* Gm.,
F. uniplicatus Lamk., *F. costarius* Desh., ma coll. Dans le Bassin de
Nantes : *C. pupoides* et *diptychophora* Cossm., ma coll. Deux espèces dans la Vénétie : *F. Japeti* Tourn., ma coll., et *F. pachyrhaphe* Bayan,
d'après la figure publiée par cet auteur. Une espèce dans le Bartonien des
environs de Thun : *F. montanus* Mayer-Eymar ; une autre espèce informe
et douteuse, aux environs d'Einsiedeln : *F. viator* Mayer-Eymar, d'après
les Monographies de cet auteur. Plusieurs espèces dans le Claibornien
et le « Lignitic stage » des États-Unis : *F. humerosus, raricosus* et *salebrosus* Conr., *F. Kennedyanus* Gilb. Harr., *F. tombigbeensis* Aldr., ma
coll. ; *Neptunea enterogramma* Gabb, *Fusus rapanoides* et *pachyleurus*
Conr., d'après les figures. Deux espèces dans l'Australie et la Tasmanie : *Clavilithes tateanus* Johnston, *C. bulbodes* Tate, d'après les figures
publiées par ce dernier auteur.

OLIGOCENE. — Une espèce bien caractérisée dans le Tongrien de l'Allema-

gne du Nord. *F. egregius* Beyr., d'après la Monographie de M. von Kœnen. Une espèce confondue avec *C. rugosa* Lamk., dans le Tongrien de
la Ligurie, d'après Bellardi.

MIOCENE. — Une espèce aberrante, à spire carénée et à labre plissé, dans
   l'Helvétien de la Touraine, coll. de l'Ecole des Mines, et dans le Redonien de la Loire-Inférieure, coll. Dumas : *C. neogenica* G. Dollf. *mss.*
   (Cette coquille pourra peut-être ultérieurement être prise comme type
   d'une Section distincte). Trois espèces dans l'Helvétien et le Tortonien
   du Piémont : *F. Klipsteini* Mich", ma coll., *C. brevicaudata* et *striata*
   Bellardi, d'après la Monographie de cet auteur.

PLIOCENE. — Plusieurs espèces dans les couches néogéniques de Java :
   C. Verbeeki, tjidamarensis Martin, d'après la série exposée au pavillon
   des Indes néerlandaises, en 1900.

EPOQUE ACTUELLE. — Une espèce polynésienne, bien caractérisée : *C. serotina* Hinds, ma coll.

THERSITEA, Coquand, 1862.   Type : *T. gracilis*, Coq. Eoc.

Test très épais. Taille parfois très grande ; forme irrégulière et
gibbeuse ; spire courte, proboscidiforme au sommet, à croissance
inégale, généralement étagée et quelquefois carénée ; dernier tour
anguleux en arrière et fortement épaissi à la suture par un bourrelet très saillant, portant parfois une gibbosité oblique. Ouverture
étroite, obliquement déviée, avec une gouttière postérieure, rejetée
en dehors, terminée en avant par un canal assez court et rectiligne ;
callosité columellaire très épaisse dans l'angle inférieur, contribuant
à dévier la sinuosité labiale le long de la suture ; labre bisinueux au
milieu, rétrocurrent le long de la suture, sur une
longueur égale au quart du développement circon-
férenciel du dernier tour.

Diagnose complétée d'après des échantillons de l'espèce
   type (**Fig. 10**), en Tunisie, coll. Peron ; et d'après un
   magnifique échantillon de *T. ponderosa* Coq., de Tébessa,
   arrivé à sa taille adulte (**Fig. 11**). coll. de l'Ecole des
   Mines ; le même individu photographié (Pl. VII, fig. 10).

FIG. 10. -- *Thersitea
gracilis* Coq.

Rapp. et diff. — Ce Genre se rattache, à mon avis, à *Clavella*, dont il paraît être l'exagération calleuse ; la brièveté apparente du canal n'est

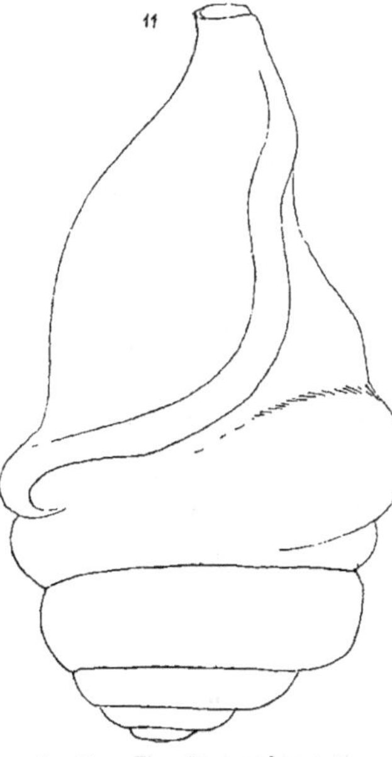

peut-être due qu'à l'état très défectueux des échantillons que l'on encconnaît ; cependant l'échantillon de *T. ponderosa*, ci-contre figuré, ne paraît pas accidentellement tronqué à son extrémité antérieure. A l'Ecole des Mines, ce Genre est classé près de *Tomella*, c'est-à-dire dans les *Pleurotomidæ*, à cause de son échancrure suturale; mais, comme ce sinus est entaillé dans la carène marginale, ainsi que cela se produit chez certains *Clavella* très adultes (voir la figure publiée par Brander), tandis que *Tomella* a un sinus presque médian et indiqué par l'inflexion des lignes d'accroissement, j'estime que la position systématique, choisie par Fischer, est la plus rationnelle ; j'admets donc *Thersitea* comme Sous-Genre de *Clavella*, jusqu'à preuve du contraire, bien que plusieurs paléontologistes, frappés de l'aspect strombiforme du splendide échantillon que je leur montrais, m'aient conseillé de rapprocher *Thersitea* d'*Oncoma*, c'est-à-dire des Strombidés.

Fig. 11. -- *Thersitea ponderosa* Coq.

Répart stratigr.

Eocène. — Plusieurs espèces dans le Nummulitique de l'Algérie et de la Tunisie : *T. gracilis, Contejeani, ponderosa,* Coq., coll. Peron et de l'Ecole des Mines ; *T. Coquandi* et *verrucosa* Locard, d'après cet auteur [Explor. scient. Tunisie, 1889, p. 4, pl. II, fig. 2-3]. Quant à *T. strombiformis* Pomel (coll. Peron), dont la spire porte des pustules régulières, il ne me parait guère probable que ce soit un *Thersitea*.

DOLICHOLATHYRUS, Bellardi, 1883 (*em.*).

Forme étroite ; canal droit, long, presque fermé ; columelle plissée en arrière ; labre peu arqué ; protoconque globuleuse.

DOLICHOLATYRUS, *sensu stricto*. Type : *Turbinella Bronni*, Mich[ti]. Mioc.
(= *Latirofusus*, Cossm. 1889.)

Taille moyenne ou assez petite ; forme fusoïde, étroite ; spire
assez longue, généralement aiguë ; protoconque paucispirée, subglobuleuse, à nucléus obtus et à peine dévié ; tours invariablement
ornés de cordonnets serrés, finement crêpés par les accroissements,
et de côtes obsolètes, parfois effacées sur les derniers tours. Ouverture presque égale, ou un peu inférieure à la longueur de la
spire, ovale et courte, terminée en avant par un canal long et
droit, ou à peine tortueux en avant, sans échancrure à son extrémité ; labre peu épais, lacinié sur son contour à l'intérieur, presque vertical ou faiblement arqué ; columelle légèrement excavée,
munie de deux plis obliques ; bord columellaire un peu calleux,
assez étroit, se détachant presque toujours, au-dessus des plis, à
la naissance du canal, de manière à le clore incomplétement en
ce point.

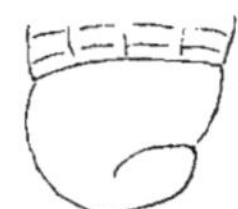

Diagnose refaite d'après une espèce du Calcaire grossier de
Mouchy, type de *Latirofusus* : *Fusus funiculosus* Lamk.
(Pl. I, fig. 5) ; et d'après un plésiotype du Suessonien de
Saint-Gobain : *F. Lamberti* Desh. (Pl. I, fig. 6) ; tous deux
de ma coll. Protoconque grossie de cette dernière espèce,
d'après un individu de Chaussy (**Fig. 12.**) ma coll.

FIG.12.-- *Dolicho-
lathyrus Lam-
berti* Desh.

Observ. — Ainsi qu'on le verra ci-après, à propos du G. *Lathyrus*, l'orthographe *Dolicholatirus* ne tient pas compte de l'étymologie grecque de ce mot,
j'ai donc fait la rectification nécessaire, tout en conservant, bien entendu,
la paternité de ce Genre à Bellardi ; c'est d'ailleurs une dénomination que
j'ai été obligé de substituer à celle que j'avais proposée six ans plus tard,
pour des coquilles très voisines du type de Bellardi.

Rapp. et diff. — Toutes les coquilles de ce Genre ont entre elles un air de
parenté, qui permet de les distinguer sans difficulté et de les grouper ensemble. Bien qu'elles se rattachent intimement au G. *Fusus*, elles s'en
écartent cependant par leur ornementation, par leurs plis columellaires, par
leur bord un peu détaché, qui ferme presque complètement le canal à son

origine ; le labre est peut-être un peu plus arqué que celui de *F. colus,*
mais la différence est peu importante. Quant à la protoconque, elle ressemble
absolument à celle de certains *Fusus* ; mais elle est moins variable, sauf
chez les individus de l'Australie, qui ont un seul tour embryonnaire, tout
à fait déprimé, à nucléus sans saillie ; on sait d'ailleurs que les protoconques
des coquilles de cette région ont presque toujours une forme extraordinaire.

Si l'on compare *Dolicholathyrus* à *Clavella,* qui a souvent la columelle
plissée, on trouve que la forme générale et l'ornementation sont absolument
distinctes, que les embryons ne se ressemblent pas, et que le canal de *Clavella* n'est pas demi-clos, comme celui de *Dolicholathyrus.* D'autre part,
Aptyxis a le canal plus court, *Levifusus* a une sinuosité labiale, enfin *Columbarium* a une carène dentelée, et tous les trois ont le columelle lisse : il
n'y a donc aucune confusion à faire.

Répart. stratigr.

  Paleocene. — Une espèce dans le Landénien du Bassin de Paris : *Latirofusus Mausseneti* Cossm., d'après mon Catalogue de l'Eocène, App. n° 2.

  Eocene. — Deux espèces et une variété, aux trois niveaux parisiens :
Fusus funiculosus Lamk., *F. Lamberti* Desh., *Latirofusus supraeocæ-
nicus* Cossm., ma coll ; la première dans le Cotentin, ma coll. Une
autre espèce dans le Bassin de Nantes : *Latirofusus pachyozodes* Cossm.,
coll. Bourdot. Une espèce probable dans la Vénétie : *Rostella-
ria Pellegrini* de Greg., d'après M. Vinassa de Regny. Deux espèces
dans le Claibornien et le Jacksonien des Etats-Unis : *Fusus pulcher* Lea,
F. leanus, ma coll. Une espèce dans l'Australie du Sud : *F. aciformis*
Tate, ma coll.

  Oligocene. — Une espèce confondue avec l'espèce-type, dans le Tongrien
de l'Allemagne du Nord : *Fusus cognatus* Beyr., d'après la Monographie
de M. Von Kœnen. Une espèce dans le Tongrien de la Ligurie : *L. apenninicus* Bellardi, d'après la figure publiée par cet auteur.

  Miocene. — Une espèce à bord columellaire non détaché, et à labre plissé
intérieurement, dans le Tortonien des Landes : *Fusus Valenciennesi* Grat.,
ma coll. L'espèce-type, dans le Tortonien du Piémont : *Turbinella Bronni*
Mich"., d'après la Monographie de Bellardi.

  Epoque actuelle. — Deux espèces dans l'Australasie : *Fusus acus* Reeve,
F. lancea Gm., d'après le Manuel de Tryon, et la coll. Dauztenberg.

PSEUDOLATHYRUS, Bellardi, 1883 (*em.*). Type: *Fusus bilineatus,*
Partsch. Mioc.

Taille moyenne ; forme fusoïde, étroite ; spire assez longue,
aiguë, étagée ; protoconque lisse, conoïdale ; tours convexes, plus
ou moins canaliculés par une rampe postérieure lisse, et ornés de

carènes spirales qui découpent des dentelures sur les côtes axiales existant au-dessus de la rampe ; base du dernier tour peu excavée, atténuée jusqu'au cou, qui est droit et complétement dépourvu de bourrelet. Ouverture égale à la spire, piriforme, munie d'une étroite gouttière dans l'angle inférieur, terminée en avant par un canal étroit, très allongé, à peu près rectiligne, tronqué sans échancrure à son extrémité ; labre peu épais, parfois plissé à l'intérieur, arqué sur le profil de son contour, antécurrent sur la rampe postérieure ; columelle courte, à peine excavée en arrière, munie au milieu de un ou deux plis obsolètes, peu obliques, quelquefois rugueux, à peu près transverses ; bord columellaire peu calleux, bien limité, non détaché.

Diagnose refaite d'après les échantillons de l'espèce-type, de Lapugy (Pl. II, fig. 11-12), ma col.

Rapp. et diff. — En proposant, dans la 4ᵉ partie de sa Monographie des Fossiles tertiaires du Piémont et de la Ligurie, cette Section du Genre *Lathyrus*, Bellardi ne se dissimulait pas qu'elle présentait plutôt les caractères des *Fusidæ* que ceux des *Fasciolariidæ* ; mais l'existence de plis columellaires, disposés comme ceux de *Lathyrus*, le décida à adopter ce classement que je ne puis conserver. De même que chez *Dolicholathyrus*, dont *Pseudolathyrus* n'est d'ailleurs qu'un Sous-Genre, la plication columellaire n'est qu'un caractère accessoire, en l'absence du bourrelet qui existe sur le cou de tous les *Lathyrus*, sans exception, et de la plupart des *Fasciolariinæ*, en général. En réalité, *Dolicholathyrus* et *Pseudolathyrus* sont des *Fusidæ* à columelle plissée, ainsi que cela se produit déjà chez certains *Clavella*, bien que personne n'ait jamais eu l'idée de placer ce dernier Genre auprès de *Fasciolaria* ; la longueur et la rectitude du canal confirment le classement que nous adoptons. D'autre part, *Pseudolathyrus* se distingue de *Dolicholathyrus* par son ornementation, par son labre arqué, par son bord columellaire non détaché, par sa protoconque différente.

Répart. stratigr.
EOCENE. — Une espèce, avec une variété, dans le « Lignitic stage » de l'Alabama : *Lathyrus tortilis* Whitf, ma coll.
MIOCENE. — Outre l'espèce-type, ci-dessus figurée, plusieurs espèces dans l'Helvétien et le Tortonien du Piémont : *Fasciolaria subcostata* d'Orb., *Lathyrus pinensis, concinnus* et *fornicatus* Bellardi, d'après la Monographie de cet auteur.

PLIOCENE. — Une espèce classée par M. Foresti comme variété de *F. rostra-tus*, dans le Messinien de Castrocaro : *Fusus rarocingulatus* For., d'après Bellardi.

EXILIA, Conrad, 1860.

Forme grêle ; canal long et droit ; columelle plissée à la partie inférieure.

EXILIA, *sensu stricto*.   Type : *E. pergracilis* (¹), Conr. Eoc.
(= *Mitræfusus*, Bellardi, 1871.)

Taille au-dessous de la moyenne de la Famille ; forme étroite et grêle; spire non étagée, un peu subulée ; protoconque composée de trois tours lisses, tours médiocrement convexes, ornés de nombreuses costules curvilignes, qui présentent une inflexion au-dessus de la suture, et qui s'effacent parfois chez certaines espèces. Ouverture à peine dilatée, terminée en avant par un canal assez long, étroit et rectiligne; labre sinueux; columelle droite, munie de deux plis obliques, situés très en arrière et très écartés ; bord columellaire étroit, mince, bien appliqué.

Diagnose complètement refaite d'après des échantillons d'une variété peu ornée de l'espèce-type (Pl. VII, fig. 3-4) de l'Eocène inférieur de l'Alabama, communiqués par M. Gilbert Harris ; d'après la figure originale, publiée par Conrad [Pl. IX, fig. 1] et reproduite ci-contre (**Fig. 13**) ; enfin d'après une espèce plésiotype du Miocène de Colli Torinesi : *Mitræfusus orditus* Bell. (Pl. IV, fig. 8-9), type de la coll. du Musée de Turin, communiqué par M. Sacco.

FIG. 13. -- *Exilia pergracilis* Conr.

Rapp. et diff. — La forme grêle et allongée de cette coquille, sa protoconque polygyrée, et surtout ses plis columellaires, me décident à la placer près de *Pseudolathyrus*, dont elle se distingue cependant par son ornementation,

(¹) **M. von Kœnen** a décrit, de l'Oligocène de l'Allemagne du Nord, *Fusus pergracilis* qui ne fait pas, à proprement parler, double emploi avec l'espèce de Conrad, puisque cette dernière a été, dès le début, décrite sous le nom générique *Exilia*.

par le galbe de ses tours de spire, par ses plis bien plus écartés et situés beaucoup plus bas. D'autre part, *Exilia* ne peut être confondu avec *Dolicholathyrus*
à cause de ses plis columellaires et de son bord non détaché, à cause de sa
protoconque différente et de ses tours moins convexes, enfin, à cause de la
sinuosité de son labre.

J'y réunis *Mitræfusus*, Genre proposé par Bellardi dans sa Monographie des
coquilles tertiaires du Piémont, et dont le classement lui a paru embarrassant : Fischer a placé ce Genre dans la Famille *Strombidæ*, à côté de *Rimella*,
probablement à cause de son ornementation et du canal effilé que représente la
figure originale ; mais le labre de *Mitræfusus* ne paraît être ni digité, ni prolongé le long de la spire ; aussi, en présence de la similitude complète que je
constate entre la figure d'*Exilia pergracilis* et les types de *Mitræfusus* (qui sont
mutilés, tandis que la figure publiée par Bellardi a été évidemment restaurée
avec plus ou moins d'exactitude), j'admets *M. orditus* comme plésiotype
d'*Exilia*, ce qui fixe définitivement sa position dans la Famille *Fusidæ*.

Répart. stratigr.
> Senonien. — Une espèce à peu près certaine dans la Craie supérieure de
> Maëstricht : *Fusus planus* Kaunhowen, d'après la Monographie de cet
> auteur [Gastr. Maestr. 1898, p. 83. pl. X, fig. 7-8].
>
> Paleocene. — Une espèce probable, dans les couches de Copenhague :
> *Fusus crassistria* von Kœnen, d'après la figure de la Monographie de cet
> auteur [Ub. pal. fauna v. Kopenhagen, p. 16, pl. 1, fig. 12]. L'espèce-
> type dans l'Alabama et le Mississipi : *Exilia pergracilis* Conr, d'après la
> Monographie de M. Gilb. Harris sur le « Midway stage » (1896).
>
> Eocene. — Une variété presque lisse de l'espèce-type, ci-dessus figurée,
> (Pl.   , fig.   ). dans le « Lignitic stage » de l'Alabama, d'après les
> échantillons de la coll. de « Cornell University ».
>
> Miocene. — L'espèce plésiotype ci-dessus figurée, dans l'Helvétien des
> environs de Turin. Une espèce voisine, à l'état de fragment, dans le Bas
> sin de Vienne : *Mitræfusus ottnangensis* R. Hœrnes, d'après la figure de
> la Monographie de MM. Hœrnes et Auinger.

EUTHRIOFUSUS, *nov. gen.*

Forme en massue ; columelle coudée ; canal droit, long, rétréci
à sa naissance.

EUTHRIOFUSUS, *sensu stricto.* Type : *Fusus burdigalensis*, Bast. Mioc.

Taille assez grande ; forme fusoïde, en massue, spire relativement
courte, inférieure à la hauteur de l'ouverture, à galbe conique ; pro-

toconque polygyrée, petite, pointue, à nucléus à peine dévié ; tours convexes, ou faiblement anguleux, ornés de costules qui s'effacent graduellement, surtout en arrière, et de filets spiraux assez réguliers. Ouverture piriforme, dilatée au milieu, anguleuse en arrière, avec une étroite gouttière limitée par une côte interne et lamelleuse ; canal allongé, à peu près droit, rétréci dès sa naissance par une contraction subite de l'ouverture, c'est-à-dire par le rapprochement des deux bords opposés, à la manière d'*Euthria* ; pas de bourrelet sur le cou ; labre assez épais, liré à l'intérieur par des plis réguliers et peu allongés, arqué et sinueux sur le profil, antécurrent vers la suture, columelle excavée en arrière, coudée et subplissée à la naissance du canal ; bord columellaire peu calleux, se détachant, chez les individus adultes, vis-à-vis du coude de la columelle.

Diagnose faite d'après des échantillons de l'espèce-type, du Burdigalien de Saucats (Pl. I, fig. 1), ma coll. Protoconque grossie d'un individu de Pont-Pourquey (**Fig. 14**), ma coll.

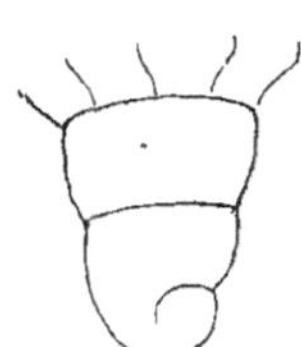

Fig. 14. -- *Euthriofusus burdigalensis* Bast.

Rapp. et diff. — La plupart des auteurs ont placé *F. burdigalensis* dans le Genre *Fasciolaria*, quoique sa columelle n'ait pas, à proprement parler, de plis columellaires. et quoique son canal soit rectiligne comme celui de *Fusus* ; MM. R. Hœrnes et Auinger l'ont classé dans le Genre *Tudicla*, bien que sa protoconque soit absolument différente, mais à cause de son canal long et de son bord détaché. Dans l'impossibilité où je me trouve de rapporter cette coquille à aucun Genre connu des *Fusidæ*, je propose une nouvelle subdivision, mais en l'écartant des *Turbinellidæ*, où se place *Tudicula* à cause de son embryon minuscule. A première vue, *Euthriofusus* a tout à fait l'aspect d'un véritable *Fusus* à spire courte ; mais, outre que sa protoconque est plus petite et plus pointue, son labre est sinueux, et sa columelle est coudée et subplissée, ce qui n'a jamais lieu chez *Fusus s. s.* D'autre part, notre nouveau Genre s'écarte de *Levifusus*, qui a aussi un labre sinueux, par sa protoconque et par sa columelle, par sa gouttière postérieure, par sa spire courte, etc. Si on le compare à *Dolicholathyrus*, qui a aussi la columelle plissée, et dont le bord columellaire forme également une saillie détachée, à la naissance du canal, on remarque que sa spire a un galbe absolument différent, que sa protoconque

est tout à fait distincte, que son labre est plus sinueux, et que sa gouttière,
limitée par une côte pariétale, n'existe pas chez *Dolicholathyrus*. Les différences
sont à peu près les mêmes avec *Pseudolathyrus*.

Répart stratigr.

EOCENE. — Une espèce douteuse dans le Texas : *Fusus Mortoniopsis* Gabb,
d'après un fragment de ma coll.

OLIGOCENE. — Une espèce à spire un peu longue, seulement sillonnée, dans le
Rupélien de la Belgique : *Fusus multisulcatus* Nyst, ma coll.

MIOCENE. — L'espèce-type et ses variétés : dans le Burdigalien de la Gironde,
ma coll. ; dans le Tortonien des Landes, où l'on pourrait même admettre
une espèce distincte, ma coll.; dans la Molasse de la Corse, d'après
M. Locard ; dans la Molasse du Portugal, d'après Pereira da Costa ; dans
l'Helvétien et dans le Tortonien du Piémont, d'après Bellardi, qui la classe
comme *Tudicla* ; dans le Bassin de Vienne, ma coll. Une espèce confondue
avec l'espèce-type, mais évidemment différente, dans l'Helvétien de la Touraine : *E. Dollfusi* Cossm. (Pl. II, fig. 4), ma coll. [voir la description à
l'annexe ci-après]. Une autre espèce, un peu aberrante, dans le Burdigalien des Landes, dans le Tortonien du Piémont et dans le Bassin de
Vienne ; *Fusus virgineus* Grat., ma coll. Une espèce typique, dans la
Caroline du Nord : *Fusus equalis* ([1]) Emmons, ma coll., classée comme
Neptunea par Conrad, et comme *Fusus s. s.* par Dall. Une espèce dans les
couches de Navidad, au Chili : *F. piruliformis* Sow., d'après la figure publiée par M. Möricke [N. Jahrb. fur Miner. 1896].

*

STREPTOCHETUS, Cossmann, 1889.

Taille moyenne ou assez grande ; forme fusoïde ; canal infléchi,
avec un bourrelet sur le cou ; labre peu sinueux.

STREPTOCHETUS, *sensu stricto.*   Type : *Fusus intortus*, Lamk. Eoc.

Taille parfois assez grande ; forme généralement étroite ; spire
égale ou un peu supérieure à l'ouverture, à galbe conique, protoconque paucispirée, à nucléus peu saillant et légèrement dévié ;
tours invariablement ornés de côtes noueuses, qui se succèdent, en

______

([1]) L'étymologie n'étant pas la même que celle de *F. æqualis* Mich[ti], il n'y a pas
strictement double emploi entre ces deux dénominations.

formant une pyramide à sept pans, tordue autour de l'axe ; filets spiraux, plus ou moius obsolètes, qui ne se transforment jamais en carènes. Ouverture piriforme, avec une étroite gouttière dans l'angle inférieur, terminée en avant par un canal un peu allongé, infléchi à droite, ne se redressant pas vers l'axe au delà de cette inflexion, tronqué sans échancrure à son extrémité, et muni, sur le cou, d'un gros bourrelet enroulé, aboutissant à la troncature antérieure ; labre peu épais, un peu réfléchi à l'extérieur, lisse à l'intérieur, à peine sinueux vis-à-vis la saillie noduleuse des côtes, se raccordant presque perpendiculairement à la suture ; columelle profondément excavée en arrière, coudée à la naissance du canal, portant quelquefois un pli oblique et obsolète, qui coïncide avec ce coude ; bord columellaire peu épais et médiocrement étalé en arrière, plus calleux en avant, et généralement détaché du bourrelet, dont il est séparé par une fente ombilicale.

Diagnose complétée d'après l'espèce-type : *F. intortus* Lamk. (Pl. I, fig. 14 et 19), du Calcaire grossier de Parnes, ma coll. Espèce plésiotype, extrêmement voisine de *Kelletia*, même localité : *F. crassicostatus* Desh. (Pl. VIII, fig. 1) coll. Pezant. Autre plésiotype à spire courte : *Neptunea rustica* Conr. (Pl. IV, fig. 20) du Miocène du Maryland, ma coll.

Rapp. et Diff.— Ce Genre se rapproche plus de certains *Fasciolariinæ* que des *Fusidæ* : le bourrelet caractéristique, qui s'enroule sur le cou du canal, n'existe jamais, non seulement chez les véritables *Fusus* ou sur les *Clavella*, mais même chez *Buccinofusus*, qui a le canal infléchi comme *Streptochetus*. D'autre part, la columelle est encore lisse, ou seulement subplissée, au point où elle fait un coude très arqué, par suite de l'inflexion du canal ; les plis de *Pleuroploca* occupent à peu près le même emplacement, mais ce sont de véritables plis obliques et décroissants, tandis que la plication très obsolète, que l'on aperçoit sur certains *Streptochetus*, se rapproche plutôt de celle de quelques *Clavella*. On peut donc conclure que ce Genre, ainsi que ceux qui forment avec lui une petite Sous-Famille que je propose de créer, constituent une transition intermédiaire entre les *Fusinæ* et les *Fasciolariinæ*. On pourrait croire au premier abord, que *Streptochetus* se rapproche de certains *Chrysodomidæ* et particulièrement de *Kelletia* (*Fusus Kelleti*), qui a aussi le canal infléchi, avec un gros bourrelet sur le cou, et dont la spire noduleuse paraît aussi tordue autour de l'axe ; mais *Kelletia* a le cou arqué quand on le regarde

Streptochetus

du côté du dos, tandis que *Streptochetus* a — sinon le cou rectiligne, comme les autres *Fusidæ*, — du moins une déviation moins curviligne de l'ensemble du canal : toutefois j'avoue que l'on peut s'y tromper et que *S. crassicoscatus* Desh. ressemble prodigieusement à *Siphonalia Kelleti*, à ce point qu'il ma fallu en reprendre plusieurs fois l'examen attentif, avant de maintenir la classification telle que je la propose ci-dessus.

EOCENE. — Sept espèces dans le Calcaire grossier parisien : *F. intortus* Lamk., *F. approximatus, crassicostatus, squamulosus, obliquatus, incertus* Desh., et *F. heptagonus* Lamk., ma coll. ; une huitième espèce dans le Suessonien : *F. segregatus* Desh., d'après la figure publiée par l'auteur. Une petite espèce dans le Bassin de Nantes : *F. brachyspira* Cossm., ma coll. ; une autre, inédite, dans le Cotentin, ma coll. Une espèce dans la Vénétie : *Neptunea amara* de Gregorio, d'après la figure publiée par cet auteur. Une espèce daus le Claibornien de l'Alabama : *Fusus limula* Conr., ma coll. Une espèce dans l'Australie du Sud : *F. aldingensis* Tate, ma coll. ; autre espèce douteuse, à canal presque rectiligne ; *F. exilis* (¹) Tate, ma coll.

OLIGOCENE. — Une espèce très répandue dans le Tongrien de la Belgique et de l'Allemagne du Nord : *Fusus elongatus* Nyst, ma coll. ; la même dans l'Oligocène supérieur de Cassel, ma coll., et dans le Stampien de Pierrefitte, coll. Lambert. Une espèce douteuse dans le Rupélien de la Belgique : *Fusus Waeli* Nyst, ma coll.

MIOCENE. — Une espèce bien caractérisée, avec une ride obsolète à la columelle, dans les couches d'Edeghem : *F. sexcostatus* Beyr., ma coll. ; la même dans l'Allemagne du Nord, d'après M. von Kœnen ; l'espèce plésiotype ci-dessus figurée, aux Etats-Unis, ma coll.

PLIOCENE. — Une espèce à peu près certaine dans le Plaisancien des Alpes-Maritimes et de la Toscane : *F. etruscus* d'Anc., ma coll., pour la première de ces provenances.

STREPTOLATHYRUS *nom. mut.* Type : *Streptochetus Mellevillei,* Cossm. Eoc. (= *Pseudolatirus*, Cossm. 1889, *non* Bell. 1883.)

Taille au-dessous de la moyenne ; forme fusoïde et allongée ; spire un peu supérieure à la hauteur de l'ouverture ; protoconque paucispirée, à galbe conoïdal, à nucléus petit et obtus ; tours ornés de filets spiraux et de costules très obsolètes, disparaissant générale-

---

(¹) Cette dénomination fait double emploi avec celle appliquée à une espèce miocénique, décrite par Conrad ; je propose donc, pour l'espèce australienne : **Streptochetus adelomorphus** *nobis*.

ment sur les derniers. Ouverture piriforme, peu dilatée, avec une gouttière plus ou moins profonde dans l'angle inférieur, terminée en avant par un canal médiocrement allongé, fortement infléchi à droite ; labre à peine sinueux, un peu épais, marqué à l'intérieur de quelques plis lirés ; columelle très excavée en arrière, subitement coudée sans trace de plis, à la naissance du canal ; bord columellaire mince, non détaché vis-à-vis du bourrelet enroulé sur le cou, et ne découvrant aucune fente ombilicale.

Diagnose reprise d'après l'espèce-type du Suessonien de Saint-Gobain (Pl. II, fig. 2-3), ma coll.

Observ. — On remarquera que j'ai été obligé de changer le nom que j'avais primitivement donné à ce Sous-Genre, parce que Bellardi avait déjà, ainsi qu'on l'a vu ci-dessus, employé en 1883, cette dénomination pour *Fusus bilineatus*, qui n'est pas de la même Sous-Famille.

. **Rapp. et diff.** — Par la disposition de son canal arqué et de sa columelle excavée en arrière, par son bourrelet dorsal, et par son labre peu sinueux, ce Sous-Genre se rattache intimement à *Streptochetus*, et il n'en diffère que par quelques caractères d'une importance secondaire : d'abord l'ornementation de la spire est complètement différente, les tours ne formant pas de pyramide tordue ; ensuite, la columelle est parfaitement lisse, tandis que le labre est, au contraire, muni de plissements internes qui n'existent jamais chez *Streptochetus s. s.* ; le bourrelet du canal est moins saillant, et il n'est pas séparé du bord columellaire par une fente ombilicale, comme on en constate chez la plupart des *Streptochetus* typiques ; enfin, la protoconque est plus obtuse.

Répart. stratigr.
ÉOCÈNE. — L'espèce-type dans le Suessonien des environs de Paris, ma coll. Une espèce bien caractérisée, dans le Londonien d'Highgate : *F. trilineatus* Sow., ma coll. Une espèce à peu près certaine, dans le « Lignitic stage » des Etat-Unis : *F. interstriatus* (¹) Heilp., ma coll. Une espèce douteuse, dans l'Australie du Sud : *Sipho crebrigranosus* Tate, ma coll.

(¹) Le nom de cette espèce ne peut être conservé, car il fait double emploi avec celui d'une espèce parisienne, décrite comme *Fusus*, par Deshayes, et qui est un *Tritonidea*. Je propose donc, pour l'espèce américaine : **Streptolathyrus Heilprini**, *nobis*.

BUCCINOFUSUS, Conrad, 1868.

Forme fusoïde, un peu dilatée ; canal peu allongé, tortueux, non échancré à son extrémité antérieure ; columelle sans plis.

BUCCINOFUSUS, *sensu stricto*.   Type : *B. parilis*, Conr. Mioc.
(= *Troschelia*, Mörch 1876 ; = *Boreofusus*, Sars 1878.)

Test assez épais. Taille grande ; forme de fuseau buccinoïde ; spire égale à l'ouverture munie de son canal, généralement ornée de gros cordonnets spiraux, avec des costules peu saillantes, parfois totalement effacées ; dernier tour grand, ample, arrondi à la base. Ouverture piriforme, assez dilatée, terminée en avant par un canal relativement court, quoique bien distinct, assez large, tronqué à son extrémité antérieure, mais non échancré, dévié quand on l'examine de face, mais rectiligne en profil ; labre assez épais, lacinié et souvent plissé à l'intérieur, largement et peu profondément excavé en profil, vis-à-vis la convexité du dernier tour, antécurrent vers la suture ; columelle lisse, arquée par une double sinuosité en *S* ; bord columellaire large et peu calleux, extérieurement limité par une rainure peu profonde.

Diagnose refaite d'après de beaux échantillons de l'espèce-type, du Miocène du Maryland : *B. parilis* Conr. (Pl. I, fig. 10), ma coll.

Observ. — Conformément à l'avis de Fischer et de Tryon, je réunis au Genre de Conrad les deux dénominations successivement proposées, par Mörch et par Sars, pour la même coquille vivante (*F. berniciensis* King), qui, ainsi que je l'ai constaté d'après un individu de la coll. Dautzenberg, répond bien à tous les caractères de *Buccinofusus*, quoique cependant les formes fossiles de ce dernier Genre n'aient pas eu l'habitat boréal de cette coquille.

Rapp. et diff. — La brièveté, la largeur, l'inflexion du canal de *B. parilis*, le distinguent, à première vue, des *Fusus* de la première Sous-Famille ; ce caractère suffit, à défaut de la radule, pour justifier la séparation d'un Genre distinct, au lieu que Fischer l'a simplement cité comme Section de

Fusus. D'autre part, on ne peut classer *Buccinofusus* dans la Famille *Chry-sodomidæ* ou *Buccinidæ*, non seulement à cause des différences que présente l'animal, mais encore parce que le canal, tout en paraissant tortueux et dé-vié, quand on le regarde en face, reste encore rectiligne extérieurement, c'est-à-dire vu du côté du cou, et aussi parce que ce canal ne porte pas, à son extrémité, l'échancrure caractéristique des *Buccinidæ*.

La sinuosité du labre n'est pas située, comme chez *Levifusus*, sur la rampe postérieure : elle est placée plus haut, et elle se réduit à une excavation plus largement ouverte; d'ailleurs, le canal est bien plus infléchi, de sorte qu'il n'est pas possible de rapprocher de *Surculofusus* (= *Levifusus*) les es-pèces anglo-parisiennes que j'avais autrefois dénommées *Semifusus*, et que M. Vincent a récemment comparées à son *Surculofusus bruxellensis*. Ces six es-pèces ont seulement le canal un peu plus allongé que *B. parilis*.

Buccinofusus étant ainsi ramené dans la Sous-Famille *Streptochetinæ*, il me reste à indiquer par quels caractères il s'écarte de *Streptochetus* : d'abord l'absence de bourrelet et de fente ombilicale sur le cou; ensuite, l'ornemen-tation, la sinuosité et les plissements internes du labre. Je n'ai pu, mal-heureusement, étudier la protoconque d'aucune des espèces que je rapporte à ce Genre, et vérifier si elle se rapproche ou s'éloigne de celle de *Streptochetus*, ou de *Streptolathyrus* qui a déjà un bourrelet moins saillant et dont l'ornemen-tation ressemble davantage à celle de *Buccinofusus*, en formant déjà une transi-tion, qui explique le classement de *Buccinofusus* dans la même Sous-Fa-mille.

Répart. stratigr.

Turonien. — Une espèce à peu près certaine dans les grès d'Uchaux : *Fu-sus Requienianus* d'Orb., ma coll.

Senonien. — Une espèce probable, ou du moins un fragment, dans le Groupe d'Otatoor (Inde méridionale) : *Fusus verticillatus* Stoliczka. d'après les figures de la Monographie de cet auteur. Une espèce très douteuse, gé-néralement à l'état de moule, dans le Dordonien et le Coniacien de la Charente : *Fusus marrotianus* d'Orb., coll. Joly.

Paleocene. — Une espèce dans le Landénien des environs de Reims : *Melongena Laubrierci* Cossm., ma coll.

Eocene. — Plusieurs espèces à canal très peu infléchi, dans le Suessonien et le Bartonien des environs de Paris : *Fusus distinctissimus* Bayan, *Buc-cinofusus Bezançoni* Cossm., d'après mon Catalogue illustré. Quatre es-pèces à canal un peu long, dans le Londinien de Londres : *Fusus tube-rosus, regularis, conifer* et *complanatus* Sow., ma coll. Une espèce pro-bable dans le « Lignitic stage » des Etats-Unis : *Fusus Harrisi* Aldr., d'a-près la Monographie de M. Gilb. Harris [Bull. Amer. Pal. 1899, n° XI].

Oligocene. — Une espèce à peu près certaine, dans le Rupélien de Bel-gique : *Fusus Deshayesi* de Kon., ma coll. Une espèce confondue avec *F. regularis* Sow., dans le Tongrien de l'Allemagne du Nord, mais pro-

bablement distincte, d'après la figure publiée par M. von Kœnen, dans
sa Monographie.

MIOCENE. — L'espèce-type aux Etats-Unis, ma coll. Une espèce bien caractérisée, dans les couches de Navidad, au Chili : *F. Steinmanni* Möricke,
d'après la figure [N. Jahrb. Miner. 1896].

PLIOCENE. — Une espèce à peu près certaine, dans le Crag jaune de Walton (Angleterre) : *F. costifer* S. Wood, ma coll.; une autre un peu
douteuse, dans le même gisement : *F. nodifer* S. Wood, d'après la figure.

EPOQUE ACTUELLE. — Deux espèces, dans la mer du Nord et au Spitzberg,
d'après le Manuel de Tryon.

LIROFUSUS, Conrad, 1865.

Forme en massue; spire courte; canal court, infléchi, sans plis.

LIROFUSUS, *sensu stricto*.   Type : *Fusus thoracicus*, Conr. Eoc.

Taille petite; forme un peu ventrue, en massue ; spire assez
courte, étagée ; protoconque polygyrée, conique et pointue; tours
treillissés, à sutures canaliculées. Ouverture piriforme, assez large,
sans gouttière postérieure, terminée par un canal étroit et infléchi,
presque sans bourrelet sur le cou; labre vertical, peu épais, lisse à
l'intérieur ; columelle excavée en arrière, coudée sans trace de pli,
à la naissance du canal; bord columellaire peu distinct.

Diagnose faite d'après des échantillons mutilés de l'espèce-type (Pl. II,
fig. 1), ma coll. ; et d'après une espèce plésiotype, provenant également de
Claiborne : *F. mississipiensis* Conr. (Pl. I, fig. 4), ma coll.

Rapp. et diff. — Bien que ce Genre se rapproche de *Streptochetus* par sa
columelle lisse et excavée en arrière, et par son canal infléchi, il s'en écarte :
non seulement par son ornementation, mais surtout par l'absence d'un bourrelet saillant sur le cou, où on n'en distingue qu'une faible trace, par sa protoconque polygyrée et pointue, par son bord columellaire peu distinct, non détaché, etc... Si on le compare à *Buccinofusus*, on trouve qu'il en diffère par son
galbe et par son ornementation, par son labre vertical et lisse, par son canal
un peu plus long et beaucoup plus étroit.

Tryon, sans le caractériser, place *Lirofusus* dans la Famille *Buccinidæ*, malgré son canal de *Fusidæ*, non échancré ; et il lui attribue, comme Sous-Genre, *Sycopsis* Conr., qui me paraît plutôt voisin de *Fulgur*. Fischer classe *Lirofusus* comme simple Section de *Fusus*, ce qui n'est guère admissible, à cause de l'inflexion de son canal et de sa protoconque polygyrée. L'examen attentif des échantillons, qui ont servi de base à la diagnose complète que je donne de ce Genre, me confirme dans l'opinion qu'il est bien à sa place dans la Sous-Famille *Streptochetinæ*.

Répart. stratigr.

EOCENE. — Les deux espèces ci-dessus figurées, dans le Claibornien de l'Alabama, ma coll., et dans le Mississipi, d'après la figure originale publiée par Conrad. Une autre espèce dans le « Lignitic stage » de l'Alabama : *F. subtenuis* Heilp., ma coll.

*

FASCIOLARIA, Lamk. 1801.

Canal assez long et arqué ; labre sillonné à l'intérieur. Columelle munie de plis obliques et décroissants, l'antérieur plus saillant.

FASCIOLARIA, *sensu stricto*. Type : *Murex tulipa*, Lin. Viv.
(= *Terebrispira*, Conr. 1862.)

Taille grande ; forme plus ou moins bulbeuse, un peu ventrue ; spire plus courte que l'ouverture ; protoconque obtuse, en calotte ovoïdale ; tours convexes, lisses, sauf vers la suture à la base du dernier. Ouverture ovale, assez élevée, anguleuse en arrière, terminée en avant par un canal infléchi à droite, relativement court, peu rétréci, tronqué sans échancrure à son extrémité, à peu près dépourvu de bourrelet sur le cou ; labre peu épais, finement liré à l'intérieur, oblique et peu sinueux en profil, un peu rétrocurrent vers la suture ; columelle excavée en arrière, coudée à la naissance du canal, où elle porte un gros pli saillant et très oblique, auquel succèdent, en dessous, deux autres plis plus petits, l'inférieur souvent très obsolète ; bord columellaire indistinct.

Diagnose refaite d'après le type vivant, et d'après une espèce plésiotype, du Miocène de la Caroline du Nord : *F. rhomboidea* Rogers (Pl. II, fig. 6), ma coll.

Rapp. et diff. — La séparation des véritables *Fasciolaria* et des *Fusinæ*, est facile à faire, à cause de leurs plis columellaires très obliques, décroissants comme ceux de *Voluta*, et, en outre, à cause de leur canal infléchi, de leurs plis lirés à l'intérieur du labre, etc. ; mais le premier de ces caractères est le plus important, celui qui a toujours guidé les auteurs dans leurs déterminations génériques ; car, même chez ceux des *Fusinæ* dont la columelle est subplissée, les plis occupent un emplacement plus inférieur et ils n'ont jamais l'obliquité des plis de *Fasciolaria*. Quant à l'inflexion du canal, elle commence déjà à apparaître chez la Sous-Famille *Streptochetinæ*, comprenant des Genres tels que *Buccinofusus*, par exemple, qui est presque un *Fasciolaria* sans plis. Les plissements internes du labre existent chez quelques *Fusinæ*, de sorte qu'on ne peut en tirer une indication bien certaine pour le classement des espèces dans l'un ou l'autre groupe.

Il ressort de ce qui précède, qu'il serait bien difficile d'admettre une délimitation absolue entre deux Familles distinctes, qui comprendraient, l'une *Fusus* ainsi que les Genres les plus proches, et l'autre *Fasciolaria* avec toutes les formes à columelle plissée : c'est ce qui explique pourquoi je me suis borné à proposer des Sous-Familles, groupant seulement les Genres dont l'affinité est plus intime ; cette solution s'impose aux Paléontologistes qui n'ont pas à leur disposition les caractères anatomiques.

A l'exemple de M. Dall, je réunis à *Fasciolaria* le Genre *Terebrispira* Conrad, proposé pour une espèce dont la figure originale, assez inexacte, représenterait plutôt un échantillon de *Volutopsis* ; mais, l'excellente figure publiée dans le récent ouvrage de M. Dall, me permet de rectifier cette appréciation : on peut dire de *Terebrispira* que c'est un *Fasciolaria* étroit, avec un bourrelet rudimentaire sur le cou.

Répart. stratigr.

MIOCENE. — L'espèce plésiotype ci-dessus figurée, dans la Caroline du Nord, ma coll. Deux autres espèces dans les mêmes gisements : *Fasciolaria acuta* et *elegans* Emmons (cette dernière, type du Genre *Terebrispira* Conrad), d'après la Monographie de M. Dall [Tert. Flor. II, 1892].

PLIOCENE. — L'espèce-type dans la Floride, d'après la Monographie précitée de M. Dall. Une autre espèce, et ses variétés, dans la Caroline du Sud et la Floride : *F. distans* Lamk , *F. apicina, monocingulata* Dall, d'après cet auteur.

EPOQUE ACTUELLE. — Deux espèces aux Indes occidentales, et sur les côtes de l'Atlantique, d'après le Manuel de Tryon.

LIOCHLAMYS, Dall., 1890.   Type : *Mazzalina bulbosa*, Heilp. Plioc.

Taille assez grande ; forme bulbeuse et ventrue comme *Sycum* ; spire courte, à galbe conique et subulé, vernissée jusqu'au sommet

Fasciolaria

par l'expansion du manteau ; protoconque obtuse, dissimulée sous
le vernis ; dernier tour très grand, arrondi, lisse, à base excavée sans
bourrelet. Ouverture deux fois plus haute que la spire, étroitement
anguleuse en arrière, dilatée au milieu, terminée en avant par un canal extrêmement court, tronqué sans échancrure à son extrémité ;
labre assez mince, liré par de nombreux plissements à l'intérieur et à
quelque distance du bord, à profil un peu sinueux, fortement rétrocurrent près de la suture ; columelle très excavée en arrière,
coudée en avant et portant, vis-à-vis du coude, trois forts plis obliques, qui décroissent d'avant en arrière, avec quelques rides inter-
calées, mais non enroulées sur la columelle; bord columellaire mince
et vernissé, étalé sur une grande partie de la base, sur le bord opposé, sur une partie de la suture du dernier tour et s'étendant jusqu'au sommet de la spire.

Diagnose refaite d'après un échantillon de l'espèce-type, du Pliocène de la
Floride (Pl. II, fig. 5). ma coll.

Rapp. et diff. — Bien que, par sa forme générale, par la position de ses plis
columellaires et par l'inflexion de son canal, ce Sous-Genre se rattache à *Fasciolaria s. s.*, il s'en écarte essentiellement : par la brièveté de ce canal, qui
est tronqué presque au dessus des plis ; par la disposition de ces plis, moins
obliques et moins décroissants, entremêlés de rides sur la face antérieure de
l'ouverture ; enfin par le vernis calleux qu'a déposé le manteau de l'animal
sur une grande partie de la spire, et dont l'expansion rappelle les *Cypræidæ*.
On pourrait être, au premier abord, tenté de classer *Liochlamys* auprès de
Sycum, dans la Famille *Turbinellidæ* ; mais la plication columellaire est bien
celle de *Fasciolaria*, de sorte que la place, assignée par l'auteur lui-même à
cette subdivision, paraît tout à fait rationnelle.

Répart. stratigr.
    MIOCENE. — Une seule espèce, type du Sous-Genre, dans les couches de la
Floride, ma coll.

PLEUROPLOCA, Fischer, 1884. Type : *Fasciolaria trapezium*, Lin. Viv.

Taille souvent très grande ; forme fusoïde, allongée ; spire étagée,
généralement égale ou inférieure à l'ouverture : tours ornés d'une

carène noduleuse ou épineuse, à l'intersection de côtes généralement
interrompues sur la rampe postérieure; base subitement excavée autour du cou du canal, sur lequel s'enroule un bourrelet très oblique, avec des filets plus ou moins grossiers. Ouverture allongée, piriforme, avec une gouttière inférieure anguleuse, limitée par une
côte interne spirale; canal assez long, infléchi à droite et tortueux,
subtronqué sans échancrure à son extrémité; labre assez mince, liré
à l'intérieur par de nombreux plis, à profil peu arqué, sauf en face
des épines, antécurrent vers la suture; columelle excavée en arrière, fortement coudée à la naissance du canal, où elle est munie des trois plis caractéristiques de *Fasciolaria*; bord columellaire
étroit, un peu calleux, surtout en avant où il s'applique hermétiquement sur le bourrelet.

Diagnose complétée d'après le type vivant, et d'après un plésiotype du
   Burdigalien de la Gironde: *Fasciolaria Tarbelliana* Grat. (Pl. II, fig. 7),
   de Peloua, ma coll.

Rapp. et diff. — Fischer a séparé, avec juste raison, ces coquilles de *Fasciolaria*; mais il a simplement indiqué, comme motif, les caractères de la forme
extérieure qui est, en effet, bien différente. Or, à mon avis, les caractères différentiels, beaucoup plus importants, sont, chez *Pleuroploca*: l'existence d'un
bourrelet sur le cou du canal, qui est aussi plus allongé; la direction antécur-
rente du profil du labre vers la suture; enfin l'excavation de la base, qui contribue à former un cou au canal. Parmi les fossiles, c'est le plus grand nombre
des espèces, dénommées *Fasciolaria*, qu'il faut classer dans ce Sous-Genre;
toutefois les auteurs ont uniformément donné le nom *Fasciolaria* à toute
coquille fusiforme, à columelle plissée, sans vérifier si ces plis ont bien
l'emplacement et l'obliquité typiques; or on a déjà vu ci-dessus que beaucoup de *Fusinæ* ont la columelle subplissée; d'autre part, on verra ci-après
que *Lathyrus* et ses Sous-Genres ont aussi des plis à la columelle: de
sorte qu'en définitif, il y a beaucoup à restreindre dans l'attribution au
Sous-Genre *Pleuroploca* des prétendus *Fasciolaria* fossiles.

Répart. stratigr.
   Eocene. Plusieurs espèces, à protoconque globuleuse et paucispirée, dans
      l'Australie du Sud: *Fasc. cristata, rugata, Morundiana, decipiens* Tate, ma
      coll.

OLIGOCENE. — Une espèce douteuse, dans le Tongrien de l'Allemagne du Nord : *Fusus Sandbergeri* Beyr., d'après la Monographie de M. von Kœnen, qui n'a pu indiquer si la columelle est — ou n'est pas — plissée.

MIOCENE. — L'espèce plésiotype ci-dessus figurée, dans le Burdigalien de la Gironde, ma coll., dans la Molasse du Portugal, d'après Pereira da Costa, et dans le bassin de Vienne, d'après Hœrnes et Auinger. Une autre espèce dans l'Aquitanien : *Fasc. Jouanneti* Mayer, d'après la figure publiée par cet auteur. Une espèce bien caractérisée, dans l'Helvétien de la Touraine : *Fasc. nodifera* Duj. ma coll. Deux espèces dans le Bassin de Vienne : *Fasc. Hœrnesi* Seguenza, *Fasc. pirulæformis* Hœrn. et Auinger, d'après la Monographie de ces auteurs. Une espèce dans l'Helvétien du Piémont : *Fasc. verrucosa* Bellardi, d'après la Monographie de cet auteur. Une espèce à plis parfois peu saillants, dans le Plaisancien de la Toscane: *Fasc. fimbriata* Brocchi, ma coll.

PLIOCENE. — Deux espèces dans le Floridien de Caloosahatchie : *Fasc. scalarina* Heilp., ma coll., *Fasc. cf. gigantea* Kiener, d'après la Monographie de Heilprin [Explor. W. Coast of Florida, 1887, p. 69].

EPOQUE ACTUELLE. — Nombreuses espèces dans toutes les mers, sous le nom *Fasciolaria*, d'après le Manuel de Tryon.

LATHYRUS, Montfort, 1810 (*em.*).

Canal assez court, presque rectiligne; columelle plissée, non excavée; labre généralement crénelé ou plissé à l'intérieur.

LATHYRUS, *sensu stricto.*   Type : *Murex gibbulas*, Gmelin. Viv.
(= *Polygona*, Schum. 1817; = *Plicatella*, Swainson, 1840;
= *Eolatirus*, Bell. 1883; = *Plesiolatirus*, Bell. 1883.)

Taille moyenne, ou assez petite; forme fusoïde, plus ou moins allongée, parfois ventrue; spire habituellement plus longue que l'ouverture; protoconque polygyrée, conoïdale, à nucléus obtus; tours anguleux, avec une rampe postérieure, ornés de côtes polygonales et de carènes spirales, entremêlées de filets plus fins; dernier tour subitement contracté à la base, dont l'excavation dégage le cou droit, avec un bourrelet plus ou moins distinct, situé très en avant. Ouverture piriforme, peu dilatée, munie d'une gouttière assez étroite dans l'angle inférieur, terminée en avant par un canal peu allongé, à peu près droit, obliquement tronqué sans échancrure à son extrémité ; labre épais, à contour presque vertical ou à peine sinueux, portant à l'intérieur des crénelures allongées, ou des plis peu serrés, columelle presque rectiligne en arrière, portant au milieu trois plis peu obliques, rapprochés, presque égaux, parfois très obsolètes ; bord columellaire assez large, médiocrement calleux, détaché à son extrémité antérieure, généralement séparé du bourrelet par une fente ombilicale plus ou moins ouverte.

Diagnose complétée d'après l'espèce vivante *L. polygona* Schum., et d'après un plésiotype du Burdigalien de Peloua, dans la Gironde : *Fasc. Lynchi* Bast. (Pl. 11, fig. 10) ma coll. ; autre plésiotype, à canal court, du Tortonien de Lapugy : *Fasc. pleurotomoides* Hœrn. et Auinger (Pl. 11, fig. 8), ma coll.

Observ. — Tout d'abord, conformément à l'indication du répertoire d'Hermannsen, d'après Latreille, il y a lieu de rectifier l'orthographe de ce Genre, que la plupart des auteurs écrivent *Latirus*, quoique l'étymologie soit λαθυρος. En second lieu, l'espèce-type indiquée par Fischer (*L. polygonus*) n'est pas conforme à l'indication d'Hermannsen, pas plus d'ailleurs que pour le Genre synonyme *Polygona* Schum., qui aurait pour type, d'après Fischer, précisément *Turb. gibbula* Gm., tandis qu'Hermannsen indique *Murex infundibulum* Gm. pour *Polygona*, et *Turb. gibbula* pour *Lathyrus*. Cette question n'a d'ailleurs qu'un intérêt secondaire, attendu que toutes ces espèces ne diffèrent entre elles que par la longueur de leur canal, qui présente invariablement la même disposition, et par l'ouverture plus ou moins visible de leur fente ombilicale, entre le bourrelet dorsal et le bord columellaire : c'est pour ces motifs que je réunis *Polygona* comme synonyme de *Lathyrus*, de même que *Plicatella* Swainson. J'ai d'ailleurs fait figurer, comme plésiotypes fossiles, deux formes qui représentent : la première (*L. Lynchi*) un exemple de *Polygona*, la seconde (*L. pleurotomoides*) un *Lathyrus* typique.

Dans la quatrième partie de sa Monographie des « Fossiles du Piémont et de la Ligurie » (1883), Bellardi a classé dans ce Genre, en le divisant en de nombreuses Sections, des espèces à columelle plissée, dont la plupart ne présentent pas les caractères de la forme typique, de sorte que j'ai nécessairement disséminé dans plusieurs Sous-Familles différentes ces Sections dont le lecteur retrouvera les noms à leur véritable place. Néanmoins, quoique je n'adopte pas absolument toutes les conclusions de Bellardi, comme sa classification a été faite avec le plus grand soin, au point de vue de la répartition des espèces, et qu'elle peut servir de guide dans certains cas, je crois utile de la résumer ci-après :

I. Eolatirus, ne diffère pas sensiblement de *Lathyrus*, le 3ᵉ pli columellaire est seulement peu visible. — II. Latirus, subdivisé en huit séries, qui ne diffèrent que par des détails de l'ornementation ; c'est la plus grande partie des espèces de ce Genre. — III. Plesiolatirus, tantôt cinq plis columellaires, tantôt un seul ; le type est *L. nodosus*, fragment mal caractérisé ; en définitive, il ne paraît pas y avoir de raisons sérieuses pour admettre cette Section. — IV. Polygona, à canal court : ce sont précisément les espèces qui se rapprochent le plus de ma Section *Lathyrulus*, et qui ressemblent le moins à *L. infundibulum*, type de *Polygona*. — V. Dolicholatirus ; on a vu ci-dessus que cette dénomination doit légitimement remplacer mon Genre *Latirofusus*, et que ce sont de véritables *Fusinæ*, à exclure des *Fasciolariinæ*. — VI. Neolatirus : ce sont des *Lathyrus* à columelle excavée, dont la surface est lisse, sauf sur les premiers tours ; il n'y a que deux espèces un peu dissemblables dans cette Section. — VII. Ascolatirus. Ces coquilles, par leur canal court, ombiliqué, tronqué, muni d'un gros bourrelet, me paraissent très voisines de *Peristernia*. — VIII. Peristernia, avec trois séries non dénommées, et basées sur la longueur relative de la spire ; mais ce ne sont pas des espèces conformes au type de Mörch, et la plupart ressemblent plutôt à ma Section *Lathyrulus*. — IX. Pseudolatirus. Ici, le canal étant long et peu tortueux, absolument dépourvu de bourrelet, la columelle ne portant qu'un ou deux plis, il y a lieu de rapprocher ce groupe de *Dolicholathyrus*, c'est-à-dire de le classer dans la Sous-Famille *Fusinæ*.

En résumé, à l'exception de *Neolatirus* et d'*Ascolatirus*, que je conserve à peu près dans les environs immédiats de *Lathyrus*, les subdivisions nouvelles, proposées par le savant professeur de l'Université de Turin, sont à déplacer ou à supprimer, parce qu'il n'a pas repris les véritables types de *Lathyrus*, de *Polygona*, de *Peristernia*, et que, par suite, il a interprété ces Genres autrement que ne l'ont fait leurs auteurs.

Rapp. et diff. — Le Genre *Lathyrus* mérite évidemment d'être séparé de *Fasciolaria*, principalement à cause de sa columelle presque rectiligne en arrière, à la place de l'excavation qu'on observe chez *Fasciolaria* et *Pleuroploca*; à cause aussi de la position des plis qui sont toujours situés plus bas que le coude de la columelle, qui sont moins obliques, non décroissants, à peu près égaux; d'autre part, le labre a un profil beaucoup plus droit que celui des deux autres groupes précités, il n'est ni rétrocurrent, ni antécurrent vers la suture.

Répart. stratigr.

Eocene. — Aucune espèce dans le Bassin de Paris : celles que j'ai désignées sous ce nom générique, sont, pour la plupart, des *Jania*. Trois espèces dans le Jacksonien du Mississipi ou du Texas : *Fusus protractus* Conr., *L. humilior* Meyer, *L. Singleri* Gilb. Harr., ma coll. Deux espèces probables dans l'Australie : *Peristernia crassilabrum* Tate, *L. Tatei*

Geo. Harris, d'après la Monographie [Australasian] de ce dernier auteur, et à l'exclusion des autres espèces qu'il cite comme *Lathyrus*.

OLIGOCENE. — Une espèce certaine dans le Stampien de Pierrefitte et du Bassin de Mayence : *Fusus retrorsicosta* Sandb., ma coll. Deux espèces dans le Tongrien de l'Allemagne du Nord : *Fusus elatus* v. Kœn., et *Turbinella dubia* Beyr., d'après la Monographie de M. von Kœnen. Une espèce, type d'*Eolatirus*, dans la Ligurie : *L. præcedens* Bellardi, d'après cet auteur.

MIOCENE. — Plusieurs espèces dans le Burdigalien de la Gironde et des Landes : *Turbinella Lynchi* Bast., *T. crassinoda* Grat., ma coll.; la première dans la Molasse du Portugal, d'après Pereira da Costa. Une petite espèce inédite, dans l'Aquitanien de Mérignac : **L. Benoisti,** *nobis* [voir l'annexe, Pl. II, fig. 9]. Une espèce dans les couches supérieures d'Edeghem et de l'Allemagne du Nord : *Fusus Rothi* Beyr., ma coll. Deux espèces bien caractérisées, dans le Bassin de Vienne : *Fasc. pleurotomoides* et *moravica* Hœrn. et Auinger, ma coll. Nombreuses espèces typiques, dans l'Helvétien et le Tortonien du Piémont : *L. lynchoides* Bell., *L. taurinus* Mich", *L. carinatus, dertonensis* Bell., *Turbinella Bellardii, crassicostata* Mich", *L. spinifer, Gastaldii, subspinosus, Mayeri* Bell. L'une d'elles (*T. Bellardii*) dans le Redonien des environs de Nantes, d'après M. G. Dollfus, coll. Dumas. Trois espèces dans les « couches à silex » de la Floride : *L. floridanus* Heilp., *L. rugatus* ([1]) Dall, ma coll., *L. callimorphus* Dall, d'après la Monographie de cet auteur.

PLIOCENE. — Plusieurs espèces dans le Plaisancien et l'Astien du Piémont : *L. affinis, albigonensis, sabaticus, subfimbriatus, minor* ([2]), *asper* Bellardi, d'après la Monographie de cet auteur; dans le Plaisancien et le Messinien de la Toscane : *Fasciolaria Pecchiolii* Semper, ma coll. Une espèce inédite, à Gourbesville, dans le Cotentin, ma coll. Une espèce dans la Floride : *L. tessellatus* Dall., d'après la Monographie de cet auteur. Plusieurs espèces dans les couches récentes de Java : *L. madiunensis, fasciolariæformis, nangulananus* Martin, d'après la Monographie de cet auteur.

EPOQUE ACTUELLE. — Nombreuses espèces dans l'Océan indien, le Pacifique, les mers de Chine et l'Atlantique, d'après le Manuel de Tryon.

LATHYRULUS, Cossmann, 1899.   Type : *Fusus subaffinis*, d'Orb. Eoc.

Taille petite; forme étroite; spire au moins deux fois plus longue que l'ouverture; protoconque conoïdale, à nucléus obtus; tours

---

([1]) Ne pas confondre cette espèce avec *Fasc. rugata* Tate, ni avec *Fusus rugatus* Aldr., qui ne font pas double emploi.

([2]) Ne pas confondre avec *Fusus minor* Desh., que j'avais classé comme *Lathyrus*, mais qui n'appartient pas à ce Genre, de sorte qu'aucune correction de nomenclature n'est à faire.

convexes, ornés de filets spiraux et de côtes axiales qui se succèdent, en formant une pyramide plus ou moins tordue autour de l'axe vertical; base rapidement excavée autour du cou, qui est légèrement infléchi et sur lequel s'enroule un bourrelet assez saillant. Ouverture courte, rhomboïdale, terminée par un canal tortueux, brièvement tronqué, sans échancrure à son extrémité; labre un peu arqué, intérieurement crénelé par quelques plis écartés; columelle à peine excavée, munie de trois rides obliques; bord columellaire mince, bien limité, à peine détaché en avant.

Diagnose reproduite d'après un échantillon de l'espèce-type, du Suesso-nien de Cuise (Pl. II, fig. 13), ma coll.

Rapp. et diff. — Cette Section s'écarte de *Lathyrus s. s.* par la forme étroite et par la longueur de la spire, par la brièveté du canal, par le coude plus arqué de la columelle, à la naissance de ce dernier. *Lathyrulus* correspond exactement à la seconde série de la quatrième Section du classement de Bellardi, qui l'intitule *Polygona* (= *Plicatella*) : or on a vu ci-dessus que le type de *Polygona* est un véritable *Lathyrus* et que *Plicatella* en est synonyme; d'ailleurs, les trois espèces citées par Bellardi dans cette série, s'écartent complètement de celles de la première série, qui sont bien de vrais *Lathyrus*, tandis qu'elles ressemblent absolument à notre fossile du Suessonien.

On peut également rapprocher *Lathyrulus* de *Streptochetus*, à cause de son canal coudé, de son bourrelet basal et de son ornementation en pyramide tordue : toutefois, il s'en distingue par ses rides columellaires, par sa columelle peu excavée en arrière, par son cou plus infléchi, par sa protoconque plus développée, à nucléus différent, etc...

Répart. stratigr.
> EOCENE. — L'espèce-type dans le Bassin de Paris, ma coll. Une espèce dans le Bassin de Nantes : *L. gouetensis* Cossm., ma coll. Une espèce douteuse, en Australie : *Peristernia apicilirata* Tate, ma coll.
>
> OLIGOCENE. — Une espèce dans le Stampien des environs de Paris, classée comme *Siphonalia* dans ma « Revision de l'Oligocène » : *Fusus Speyeri* Desh., ma coll., coll. de l'Ecole des Mines.
>
> MIOCENE. — Deux espèces dans l'Helvétien du Piémont : *Turbinella coarctata* Mich"., *Turb. crassa* Sism., d'après les figures de la Monographie de Bellardi. Deux espèces probables, dans le Bassin de Vienne : *Turbinella elegans* d'Anc., *Lathyrus fusiformis* Hœrnes et Auinger, d'après les figures de la Monographie de ces deux auteurs.

PLIOCENE. — Deux espèces dans l'Astien du Piémont : *Lathyrus astensis*, *Iriæ* Bellardi, d'après les figures de la Monographie de cet auteur. Une espèce dans les marnes de Caloosahatchie (Floride) : *Lathyrus hypsipettus* Dall., d'après la Monographie de cet auteur.

EPOQUE ACTUELLE. — Deux espèces polynésiennes, d'après le Manuel de Tryon.

NEOLATHYRUS, Bellardi em. 1883.   Type: *Fasciol. recticauda*, Fuchs. Mioc.

Test épais. Taille assez grande; forme clavatulée; spire assez longue, non étagée, étroite, subulée; tours peu convexes, lisses ou à peine sillonnés; base subitement excavée, dégageant le gonflement du cou, qui est orné de filets obsolètes et réguliers, et qui est muni d'un bourrelet peu saillant. Ouverture piriforme, assez élevée, munie d'une gouttière dans l'angle inférieur, terminée en avant par un canal assez long, plus ou moins infléchi au milieu; labre assez mince, à peine arqué, plissé à l'intérieur; columelle un peu excavée en arrière, munie de trois plis très obsolètes, au-dessous de l'inflexion du canal; bord columellaire calleux, muni d'un renflement pariétal près de la gouttière, souvent un peu détaché du bourrelet, du côté antérieur.

Diagnose complétée d'après des échantillons de l'espèce-type, du Miocène de Turin (Pl. III, fig. 3); et d'après un plésiotype à canal plus infléchi : *Lathyrus obliquicauda* Bell. (Pl. III, fig. 1); tous deux communiqués par M. Sacco [types de Bellardi, au Musée de Turin].

Rapp. et diff. — La séparation de cette Section est justifiée : non seulement par sa forme clavatulée, par sa spire entièrement lisse; mais encore par la courbure de la columelle, par l'effacement des plis columellaires, par le gonflement du cou qui remplace le bourrelet tordu. Bellardi a réuni, dans cette Section, deux espèces qui, à première vue, paraissent très dissemblables, à cause de l'inflexion de leur canal; mais, en examinant attentivement les types, au lieu des figures, on constate que ces coquilles, dont aucune n'est intacte, devaient évidemment présenter la même disposition, quand l'ouverture était complète : l'obliquité du canal de *Fasciolaria recticauda* commence à se produire très près du point où tous les échantillons sont brisés; d'autre part, *L. obliquicauda*, à qui le premier tour manque à moitié, semble, pour ce motif, avoir le canal plus tordu qu'il ne doit l'être

en réalité. Tous les autres caractères génériques sont, d'ailleurs, identiques
chez ces deux espèces ; il n'y a, entre elles, que des différences spécifiques,
telles que la brièveté de la spire et l'existence de costules au sommet de
L. obliquicauda. La réunion de ces deux formes dans une même Section,
comme l'a proposé Bellardi, est donc justifiée.

Répart. stratigr.

MIOCENE. — Les deux espèces ci-dessus figurées, dans l'Helvétien du Piémont, coll. du Musée de Turin. Une espèce voisine, dans le Bassin de
Vienne : *Fasciolaria Bellardii* (¹) Hœrnes, d'après Bellardi.

DERTONIA, Bellardi, 1884.   Type : *D. Iriæ*, Bell. Mioc.

« Coquille subfusiforme ; spire courte ; tours peu nombreux,
» élevés, convexes ; dernier tour peu déprimé en avant, assez régu-
» lièrement atténué par un canal un peu long, un peu large, obli-
» quement dévié à droite, supérieur à la moitié de la longueur to-
» tale. Surface longitudinalement costulée, et transversalement or-
» née de cordonnets. Ouverture oblongue, allongée ; labre lisse à
» l'intérieur ; bord columellaire un peu étalé sur l'avant-dernier
» tour ; columelle un peu arquée, triplissée ; plis comprimés, proé-
» minents, très obliques, écartés, l'antérieur enroulé au-dessus de
» la moitié de la hauteur. »

Reproduction de la figure originale (**Fig. 14**).

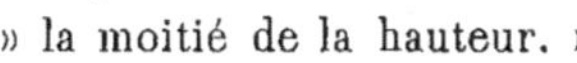

Observ. — Il y n'a que peu de chose à ajouter à la
diagnose qui précède, textuellement traduite d'après celle
de Bellardi ; car l'unique fragment figuré est dans un état
de conservation qui rend tout à fait téméraire la création
d'un Genre nouveau. La pointe manque et l'ouverture est
très mutilée ; toutefois, par les accroissements, on peut se
rendre compte que le labre était à peu près vertical, et
qu'il aboutissait orthogonalement à la suture ; il ne paraît
y avoir aucune trace de bourrelet sur le cou du canal, où

FIG. 14 .-- *Derto-
nia Iriæ* Bell.

s'enroulent simplement des filets obliques ; son extrémité est obliquement
tronquée sans aucune échancrure.

(¹) Ne pas confondre avec *Lathyrus Bellardii* Mich". (*Turbinella*) ; cependant, le
nouveau classement de l'espèce viennoise, dans la Section *Neolathyrus* du Genre *Lathyrus*, peut prêter à la confusion entre les deux espèces.

Rapp. et diff. — Bellardi a placé ce Genre près des *Turbinellidæ*, quoique les plis soient beaucoup plus obliques que ceux de *Turbinella*; je préfère rapprocher *Dertonia* de *Lathyrus*, parce que sa coquille a le même galbe que plusieurs des Sous-Genres de ce Genre ; toutefois, on l'en distingue par la disposition des plis columellaires, et par l'absence probable de bourrelet.

Répart. stratigr.

MIOCENE. — Un seul échantillon de l'espèce-type, dans le Tortonien du Piémont, d'après la figure publiée par l'auteur : cet échantillon est au Musée de Rome, et il n'a pu m'être communiqué.

PERISTERNIA, Mörch, 1852.   Type : *Turbinella nassatula*, Lamk. Viv.

Taille moyenne ou au-dessous ; forme buccinoïde, courte, ventrue ou trapue, un peu étagée ; spire peu allongée, à galbe conique ; tours treillissés par des côtes axiales et par des filets spiraux, régulièrement espacés ; base du dernier tour rapidement atténuée, dégageant le cou qui est court et gonflé par un gros bourrelet, obliquement enroulé, parfois orné de tubulures qui marquent les arrêts de l'accroissement de la troncature du canal. Ouverture ovale arrondie, avec une très petite gouttière dans l'angle inférieur, subitement contractée à la naissance du canal qui est très court, ordinairement inférieur à la hauteur de l'ouverture proprement dite, obliquement dévié à droite, largement tronqué sans échancrure à son extrémité ; labre épaissi par la dernière côte, crénelé à l'intérieur, à peu près vertical ; columelle excavée sur toute la hauteur de l'ouverture, coudée, avec un pli saillant, à la naissance du canal, munie au-dessous de ce pli, de un ou deux plissements obsolètes, souvent invisibles ; bord columellaire assez large et calleux, bien limité à l'extérieur, détaché en avant et séparé du bourrelet par une fente ombilicale bien ouverte.

Diagnose refaite d'après l'espèce-type et d'après un plésiotype du Miocène de la Virginie : *Fasciolaria filicata* Conr. (Pl. II, fig. 16), ma coll.

Rapp. et diff. — Il s'est établi une telle confusion, au sujet des caractères distinctifs entre *Peristernia* et *Lathyrus s. s.*, que la plupart des Paléontolo-

gistes classent indifféremment les coquilles fossiles, tantôt dans l'un de ces
groupes, tantôt dans l'autre ; Bellardi lui-même a désigné comme *Peristernia*
de véritables *Lathyrulus*. Il est donc nécessaire de remonter au type authentique
de *Peristernia* et de le comparer au type de *Lathyrus* ; j'ai fait cette comparaison très attentive, et j'ai constaté que le premier diffère du second par trois
caractères importants, ayant une valeur sous-générique : d'abord — et surtout —, l'excavation de la columelle, qui est à peu près rectiligne chez
Lathyrus, de sorte qu'à ce point de vue, *Peristernia* se rapproche plutôt de
Fasciolaria ou de *Pleuroploca* ; ensuite, la brièveté du canal obliquement
dévié, qui est plus allongé chez *Lathyrus* et encore davantage chez *Pleuroploca* ; enfin, la saillie coudée du pli columellaire antérieur, contractant l'ouverture et l'effacement presque complet des plis inférieurs, au lieu des trois
plis subégaux de *Lathyrus*. Ces différences justifient la séparation, proposée
par Mörch, si ce n'est d'un Genre distinct, au moins d'un Sous-Genre. Si on
compare *Peristernia* avec *Lathyrulus*, on trouve qu'il en diffère essentiellement
par son galbe trapu, par sa columelle plus excavée, par son pli saillant et par
son gros bourrelet.

Répart. Stratigr.

EOCENE. — Une espèce douteuse dans le Bassin de Nantes : *Lathyrus diffici-
lis* Cossm., ma coll.

MIOCENE. — Le plésiotype ci-dessus figuré, aux Etats-Unis, ma coll.

PLIOCENE. — Quatre espèces dans les couches néogéniques de Java : *P. wood-
wardiana, bandangensis, acaulis* et *losariensis* Martin, d'après la Monographie de cet auteur.

EPOQUE ACTUELLE. — Nombreuses espèces dans la Polynésie, l'Océan Indien,
les mers de Chine, à l'exclusion de l'Atlantique, d'après le Manuel de
Tryon.

ASCOLATHYRUS, Bellardi *em*. 1883.   Type : *Latirus Borsoni*, Bell. Mioc.

Test épais. Forme courte, trapue, spire peu allongée, à galbe
conoïdal ; tours peu convexes, ornés de costules épaisses, peu régulières, et de filets alternés, souvent effacés, avec de petits plis cour-
bés au-dessus de la suture ; base excavée, dégageant bien le gonflement du cou, sur lequel s'enroule un gros bourrelet lisse. Ouverture
inférieure à la longueur de la spire, ovale, avec une gouttière
étroite dans l'angle inférieur, terminée en avant par un canal très
court obliquement tronqué à son extrémité et médiocrement infléchi à droite ; labre épais, à peu près vertical, muni de crénelures

allongées et écartées, à l'intérieur ; columelle un peu excavée en arrière, munie de trois plis médians, minces, et presque tout à fait transverses, infléchie avec le canal au dessus de ces plis ; bord columellaire calleux, portant un renflement pariétal, contre la gouttière, complétement détaché du bourrelet, dont il est séparé par une large fente ombilicale.

Diagnose complétée d'après le type, du Miocène de Stazzano, aux environs de Turin (Pl. III, fig. 2), communiqué par M. Sacco, Musée de Turin.

Rapp. et diff. — D'après la seule inspection des figures, j'avais d'abord réuni cette Section avec le Sous-Genre *Peristernia ;* mais, ayant eu la bonne fortune d'examiner les types de Bellardi, grâce à l'obligeance de notre excellent confrère, M. Sacco, j'ai pu me convaincre que la séparation, proposée par Bellardi, est justifiable à titre de Section. *Ascolathyrus* se distingue, en effet, de *Peristernia* : par son canal beaucoup moins infléchi, par ses trois plis columellaires égaux et transverses, par sa columelle moins arquée et surtout moins coudée en avant. Si on compare avec *Lathyrus s s.*, on remarque que : sa forme est beaucoup plus trapue, son canal est plus court et largement ombiliqué, sa columelle est un peu plus excavée en arrière. Cette Section se rattache donc plutôt à *Peristernia* qu'à *Lathyrus*.

Répart. stratigr.
MIOCENE. — Trois espèces dans le Tortonien du Piémont et du Portugal : *Latirus Borsoni* et *Bonellii* Bell., *Turbinella, Allionii* Mich"., d'après les Monographies de Bellardi et de Pereira da Costa.

LEUCOZONIA, Gray, 1847. Type: *Turbinella cingulifera* (¹), Lamk. Viv

Taille moyenne: forme trapue, biconique ; spire assez courte, peu ou point étagée ; tours convexes en avant, excavés en arrière, avec un bourrelet obsolète près de la suture, cerclés par des cordons spiraux, qui portent des nodosités plus ou moins apparentes, sur la région convexe du côté antérieur ; base du dernier tour excavée, dégageant bien le cou, qui est très court, avec un gros bourrelet plissé par les accroissements de la troncature du canal..

(¹) *Murex nassa* Gmelin (*ex parte*).

Lathyrus

Ouverture peu élevée, quoique supérieure à la hauteur de la spire,
piriforme, munie en arrière d'une étroite gouttière spirale, terminée en avant par un canal assez large, court et obliquement dévié à
droite, tronqué et même paraissant subéchancré à son extrémité antérieure, parce qu'il est très courbé en dehors ; labre vertical, sans
sinuosité, intérieurement plissé ; columelle presque droite en arrière,
infléchie en avant avec le canal, portant au milieu trois ou quatre
plis égaux, assez obliques, puis en arrière, une carène pariétale
qui, avec le pli opposé du labre, forme la profonde gouttière ci-dessus
mentionnée ; bord columellaire limité par une rainure bien marquée, calleux et arrondi en avant, où il est séparé du
bourrelet basal par une dépression ombilicale, profonde, mais imperforée.

Diagnose refaite d'après l'espèce type ; reproduction de la
figure originale du plésiotype de l'Eocène : *L. Boutillieri*
Cossm. (Fig. 15).

Fig. 15. — *Leuco-
zonia Boutillieri,*
Cossm.

Rapp. et diff.— Ce Sous-Genre se distingue de *Lathyrus s. s.*,
non seulement par la brièveté de son canal et par sa forme trapue, mais encore
par la gouttière postérieure de l'ouverture qui est limitée par une côte pariétale tout à fait caractéristique. Hermannsen indique, comme type de *Leucozonia : Murex nassa* Gm., que beaucoup d'auteurs, Tryon entr'autres, considèrent
comme synonyme de *Turbinella cingulifera* Lamk., indiqué comme type de
Leucozonia par Fischer : par conséquent, quel que soit le choix à faire entre ces
deux noms spécifiques, il ne peut y avoir d'hésitation sur la forme à laquelle
doit être appliquée la dénomination *Leucozonia*.

Répart. stratigr.
    Eocene. — Une espèce dans le Bartonien du Bassin de Paris : *L. Boutillieri*
      Cossm., d'après le Catalogue de l'Eocène, coll. Boutillier. Une espèce dou-
      teuse, dans le « Midway stage » de l'Alabama : *L. biplicata* Aldr., d'après
      M. Gilb. Harris [Bull. Amer. pal., 1895, pl. IX, fig. 4].
    Miocene. — Une espèce douteuse, dans le Tortonien du Piémont : *Fasciolaria
      turbinata* Bellardi, d'après la figure publiée par cet auteur.
    Pliocene. — L'espèce-type dans les couches néogéniques des îles Chatham,
      d'après M. Geo. Harris [Australasian].
    Epoque actuelle. — Plusieurs espèces exclusivement atlantiques, sur les
      côtes d'Amérique et d'Afrique, d'après le Manuel de Tryon.

Lathyrus

MAZZALINA, Conrad, 1860.   Type : *M. pirula*, Conrad. Eoc.
    (= *Lagena*, Schum. 1807, *non* Walker et Boys 1794,
    nec Bolten 1798 ; = *Latirolagena*, Geo. Harris 1897).

Taille souvent assez grosse ; forme globuleuse, ventrue ; spire courte, non étagée, conoïdale : protoconque paucispirée, subglobuleuse, mamillée, à nucléus petit, non saillant ; tours un peu convexes, cerclés par des filets spiraux, parfois croisés par des costules d'accroissement, qui produisent de petites perles à leur intersection ; sutures rainurées ; base du dernier tour régulièrement atténuée et peu excavée jusqu'au cou, qui est court et muni d'un faible bourrelet, non ombiliqué. Ouverture ovale, peu dilatée, anguleuse en arrière, avec une étroite gouttière, terminée en avant par un canal très court, un peu obliquement dévié, tronqué, et subéchancré à son extrémité ; labre presque vertical, ou à peine arqué, épaissi et liré à l'intérieur, à quelque distance du contour ; columelle excavée en arrière, bombée au milieu, où elle porte trois plis assez transverses, déviée en avant avec le canal, de sorte que l'ensemble forme une *S* allongée ; bord columellaire assez large, peu calleux, non détaché.

Diagnose refaite d'après un plésiotype de l'Eocène d'Australie : *Leucozonia staminea* Tate (Pl. II, fig. 17), ma coll. Protoconque grossie de cette espèce (Fig. 16).

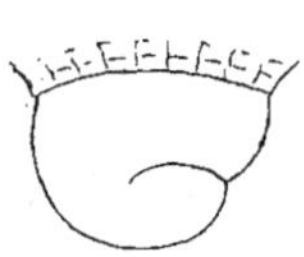

Fig. 16. — *Leucozonia staminea*, Tate,

Observ. — Le nom *Lagena* ayant été employé avant Schumacher, il était nécessaire de le remplacer : M. Geo. Harris, dans son Etude sur les fossiles australasiens du British Museum [1897, p. 150], explique qu'il n'est pas possible de le remplacer par *Plicatella* Sw., dont le type est identique à celui de *Lathyrus*, ni par *Polygona* Schum, qui, dans la pensée de son auteur, ne pouvait évidemment s'appliquer à la même coquille que *Lagena* simultanément proposé par lui. En fait, nous avons établi ci-dessus que *Plicatella* et *Polygona* sont exactement synonymes de *Lathyrus* Montfort : par conséquent la nouvelle dénomination, proposée par M. Geo. Harris, serait tout à fait admissible (sous réserve d'une rectification orthographique : *Lathyrolagena*), s'il n'existait antérieurement un Genre *Mazza-*

lina proposé par Conrad pour un fossile éocénique, non figuré par lui, mais repris dans le Manuel de Tryon ; ce fossile me paraît génériquement identique à *Buccinum smaragdulum* Lin., que Schumacher a pris pour type de son Genre *Lagena*. Dans ces conditions, il est plus correct de reprendre *Mazzalina* que de créer une nouvelle dénomination, comme l'a proposé M. Geo. Harris.

Rapp. et diff. — La séparation de cette Section du Sous-Genre *Leucozonia* paraît justifiée, non seulement à cause du galbe et de l'ornement de la coquille, mais surtout parce que sa columelle est plus excavée, et que la côte qui limite la gouttière postérieure de l'ouverture, est tout à fait rudimentaire. Le plésiotype fossile ci-dessus figuré n'a pas le canal aussi brièvement tronqué que l'espèce vivante, mais ses autres caractères sont conformes à la diagnose.

Répart. stratigr.

CRETACE. — Une espèce à columelle peu excavée dans le « Fox Hill group » du Missouri supérieur : *Fasciolaria buccinoides* Meek et Hayd., d'après la photographie des échantillons types du Musée de Washington, envoyée par M. Stanton.

PALEOCENE. — Une espèce mal conservée, à la base du « Midway stage » de la Géorgie : *Mazz. impressa* Galb, d'après M. Gilbert Harris [Bull. Amer. Pal., I, p. 206, pl. IX, fig. 5-6].

EOCENE. — Outre l'espèce-type de *Mazzalina*, aux Etats-Unis, l'espèce plésiotype ci-dessus figurée, en Australie, ma coll. ; Une autre espèce, simplement sillonnée, du même gisement : *Leucozonia micronema* Tate, d'après la figure publiée par l'auteur. Une espèce douteuse dans l'Alabama : *Latirus alabamiensis* Aldrich, d'après la figure [Bull. Amer. Pal. 1895, p. 63, pl. I, fig. 1]. Une autre espèce dans le Claibornien de l'Arkansas : *Mazz. Oweni* Dall, d'après la Monographie de cet auteur sur la Floride.

MIOCENE. — Quatre espèces bien caractérisées, dans le Bassin de Vienne : *Turbinella Dujardini* et *Haueri* M. Hœrnes, *Latirus Cossmanni* et *badensis* R. Hœrn., d'après la Monographie de Hœrnes et Auinger. Une espèce non figurée, dans la Floride : *Mazz. costata* Dall, d'après la Monographie de cet auteur.

PLIOCENE. — Une espèce dans les couches néogéniques de Java : *Lagena javana* Martin, d'après la Monographie de cet auteur.

EPOQUE ACTUELLE. — L'espèce-type de Schumacher (*Bucc. smaragdulum*), aux îles Philippines et Viti ; deux autres espèces aux Indes Occidentales, d'après le Manuel de Tryon.

*

PTYCHATRACTUS, Stimpson, 1865.

Forme fusoïde ou columbelloïde ; canal court, columelle plissée ; spire sillonnée.

PTYCHATRACTUS *s. stricto.*   Type : *P. ligatus*, Migh. et Ad. Viv.

Taille moyenne ou assez petite ; forme de *Fusus* étroit, ou parfois
de *Columbella* ; spire allongée, en général étroite et subulée ; protoconque polygyrée, conoïdale, à nucléus petit, lisse sur deux tours et
demi, costulée sur le tour qui précède la spire non embryonnaire ;
tours sillonnés, souvent lisses au milieu, mais invariablement rai-
nurés au-dessus des sutures, qui sont subcanaliculées ; base excavée et
sillonnée, dégageant le cou un peu gonflé, mais absolument dépourvu
de bourrelet. Ouverture inférieure à la spire, quelquefois atteignant.
à peine le tiers de la longueur totale, avec une faible gouttière dans
l'angle inférieur, terminée en avant par un canal court, étroit, faiblement dévié à droite, tronqué sans échancrure à son extrémité ;
labre mince, plissé à l'intérieur, arqué en arrière, antécurrent vers
la suture ; columelle faiblement sinueuse, un peu bombée au milieu,
et portant sur ce bombement plusieurs plissements obliques et rapprochés, qui semblent être le prolongement des filets enroulés sur le
cou du canal ; bord columellaire indistinct.

Diagnose refaite d'après un plésiotype de l'Eocène inférieur de
Highgate ; *Euthria interrupta* Sow. (Pl. II, fig. 18), ma coll.;
et d'après une espèce columbelloïde, du Bartonien de l'Aisne :
Fusus cylindraceus Desh. (Pl. II, fig. 19), ma coll. Protoconque de *Fusus bastropensis* Gilb. Harr. (**Fig. 17**). ma coll.

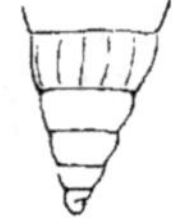

Fig. 17 — *Pty-
chatractus
bastropensis,*
Harr.

Rapp. et diff. — Lorsque j'ai, dans mon Catalogue de l'Eocène [IV, p. 168],
rapporté à ce Genre de Stimpson plusieurs espèces du Bassin anglo-parisien,
j'ai signalé qu'il n'y avait pas une identité absolue de tous les caractères ; néanmoins, je persiste actuellement dans la même opinion que ces fossiles sont bien
des *Ptychatractus*, et je me borne à ajouter qu'on pourrait, à la rigueur, les subdiviser en deux groupes : l'un rappelant complètement le type vivant, avec des
plis à l'intérieur du labre, et présentant une forme encore fusoïde ; l'autre, se
rapprochant plutôt, par sa forme, de *Columbella*, et ayant le labre lisse à l'intérieur, mais se reliant au premier groupe par quelques formes intermédiaires
de sorte qu'il serait bien difficile de distinguer une Section comprenant exclusivement les espèces du second groupe.

Fischer a placé *Ptychatractus* dans la Famille *Turbinellidæ*, tandis que Tryon en fait une Sous-Famille de *Fasciolariidæ* ; j'adopte cette dernière opinion, les *Ptychatractinæ* se rattachant, par leur coquille et par leur plication columellaire, beaucoup plus à *Lathyrus* qu'à *Turbinella*. Du reste, ainsi que j'aurai l'occasion de le répéter encore ci-après, la Famille *Turbinellidæ* est, dans le Manuel de Fischer, composée de formes très hétéroclites, dont la radule est peut-être semblable, mais qu'il est impossible de grouper ensemble au point de vue conchyliologique. Quant aux rapports de *Ptychatractus* avec *Columbella*, ils n'existent guère que pour la forme extérieure ; car ce Genre n'a jamais le canal échancré des *Columbellidæ*.

Répart stratigr.

PALEOCENE. — Une espèce dans le « Midway stage » des Etats-Unis ; *Astyris bastropensis* Gilb. Harr., ma coll.

EOCENE. — Outre l'espèce plésiotype des environs de Londres, ci-dessus figurée, quatre espèces dans le Bassin de Paris : *Fusus cylindraceus, exceptiunculus* et *angustus* Desh., *P. hemigymnus* Cossm., ma coll. Une espèce dans le « Lignitic stage » des Etats-Unis: *Astyris subfraga* Gilb. Harr., d'après la figure [Bull. Amer. Pal. 1899] ; une espèce probable dans le Claibornien de l'Alabama : *Exilifusus thalloides* Conr., d'après la figure reproduite dans le Manuel de Tryon. Une autre espèce douteuse, à canal tronqué, classée par M. Gilb. Harris dans le Genre *Æsopus* : *Sipho erectus* Aldr., ma coll.

OLIGOCENE. — Une espèce dans le Tongrien de l'Allemagne du Nord, confondue avec *F. læviusculus* Sow., par M. von Kœnen : *Fusus semiaratus* Beyr., d'après la figure ; une autre espèce columbelloïde du même gisement : *Fusus nudus* Beyr., d'après la figure de la même Monographie.

EPOQUE ACTUELLE. — Outre le type provenant de la côte atlantique de l'Amérique du Nord, deux espèces douteuses, au Japon et dans la Polynésie, d'après le Manuel de Tryon.

TRITONOATRACTUS, *nov. subgenus*. Type : *Fusus pearlensis*, Aldr. Eoc.

Taille petite ; forme fusoïde, un peu ventrue ; spire tritonienne, à sommet pointu, à galbe conique ; protoconque lisse, polygyrée, conique, à nucléus petit et obliquement dévié ; tours convexes, séparés par des sutures profondes, ornés de rubans spiraux, croisés par des côtes axiales qui sont parfois variqueuses, et finement cancellés par des stries d'accroissement très serrées; dernier tour très grand, arrondi, un peu excavé à la base, sur laquelle persistent seuls les cordonnets spiraux, et qui dégage un cou droit, dépourvu de

bourrelet. Ouverture petite, piriforme, peu anguleuse en arrière et
sans gouttière postérieure, terminée en avant par un canal médiocrement allongé, presque droit, atténué en pointe sans échancrure à son
extrémité ; labre à peu près vertical ou peu arqué en arrière, subvariqueux à l'extérieur, plissé à l'intérieur ; columelle verticale, un
peu bombée au milieu, portant cinq ou six plis obliquement enroulés, qui se terminent en rides transverses sur le bord columellaire,
lequel est étroit, un peu calleux, subdétaché en avant.

Diagnose faite d'après des échantillons de l'espèce-type de l'Eocène supérieur de Jackson (Mississipi) : *Fusus pearlensis* Aldr. (Pl. IV, fig. 16-17),
ma coll.

Rapp. et diff. — Cette coquille ne ressemble guère à la forme columbelloïde de *Ptychatractus*, mais elle se rapproche davantage du galbe de *P. ligatus*
qui est le type de ce Genre ; toutefois, on l'en distingue, à première vue, non
seulement par son ornementation cancellée et subvariqueuse, mais encore par
son canal un peu plus long et plus droit, enfin par les plis ou rides de sa columelle, qui sont plus nombreux ; d'autre part, le labre est moins arqué en
arrière, la protoconque conique a un angle spiral plus ouvert, les tours crois-
sent plus rapidement, etc... En résumé, il y a des différences suffisantes pour
justifier l'établissement d'un Sous-Genre distinct.

Si l'on compare *Tritonatractus* à *Triton* (= *Lampusia*), auquel il ressemble
par sa forme générale et par sa spire cancellée et variqueuse, on remarque
immédiatement : que son canal n'est ni tordu, ni échancré comme celui des
Tritonidæ : que son labre ne porte pas de crénelures internes aussi dentiformes
mais seulement de simples plis : que sa columelle est plus verticale et réellement plissée ; enfin que les varices elles-mêmes n'occupent pas sur les tours
de spire, la position fixe qu'on observe chez l'autre Famille. La position inférieure des plis columellaires pourrait faire penser que *Tritonatractus* serait
mieux à sa place dans la Famille *Turbinellidæ* ; mais, outre que la protoconque
n'a pas l'aspect proboscidiforme qui caractérise ces dernières coquilles, le
canal est bien plus contracté à son origine, comme cela a lieu chez les *Fusidæ* ;
enfin, il est plus droit, plus pointu.

Répart. stratigr.
    EOCENE. — L'espèce-type, dans le Jacksonien des Etats-Unis, ma coll.

CRYPTORHYTIS, Meek, 1876.

Cryptorhytis, *sensu stricto.*   Type : *Rostell. fusiformis* Meek
et Hayd. (*non* d'Orb.). [= *Gladius cheyemensis* M. et H.]. Crét.

« Taille généralement au-dessous de la moyenne, avec des tours
» convexes, contractés en arrière, et pourvus de côtes axiales régu-
» lières ou de petits plis ; plis columellaires très obliques, peu visi-
» bles à l'entrée de l'ouverture, et occupant la même position que
» dans le groupe typique (*Fasciolaria*) ; labre lisse à l'intérieur ».

Forme fusoïde, assez étroite ; spire un peu allongée, plus ou
moins étagée ; base du dernier tour régulièrement atténuée jusqu'au
cou du canal, qui est dépourvu du bourrelet. Ouverture un peu supérieure à la longueur de la spire, étroite, subpiriforme, anguleuse en
arrière, terminée en avant par un canal assez long, légèrement infléchi à droite ; labre un peu arqué au milieu, lisse à l'intérieur ; columelle à peine excavée en arrière, munie d'un pli antérieur très
oblique et anguleux, qui est à peine perceptible à l'entrée de l'ouverture, et d'un second plissement inférieur, beaucoup plus obsolète,
toujours effacé à l'ouverture des individus complets, visible seulement sur la columelle des individus mutilés ; bord columellaire assez
large, non détaché.

Diagnose originale, reproduite entre guillemets et complétée d'après un
plésiotype du Turonien d'Uchaux : *Fusus Renauxianus* d'Orb. (Pl. II,
fig. 14-15), ma coll. Autre espèce à canal long, dans le Sénonien supérieur
de Vaals : *Raphitoma gracilis* Böhm (Pl. II, fig. 20), coll. du Musée
d'Aix-la-Chapelle, type communiqué par M. Holzapfel.

Rapp. et diff. — Ainsi que l'a fait remarquer Meek [Invert. Cret. and Tert.
upper Missouri country, p. 356], la plupart des formes crétaciques, impropre-
ment dénommées *Fusus* et dont la columelle est obscurément plissée, doivent
appartenir à *Cryptorhytis* ou à *Piestochilus*, que cet auteur classe comme Sous-
Genres de *Fasciolaria*. Je ne m'écarte de cette opinion que sur un point en ce
qui concerne le classement de *Cryptorhytis*, dont *Piestochilus* n'est à mon avis,
qu'une Section : ce ne sont pas des *Fasciolariinæ*, à cause de leur canal peu
infléchi, et surtout à cause de l'absence d'un bourrelet sur le cou, comme en

porte *Lathyrus* qui a aussi le canal droit. On pourrait, d'autre part, les rapprocher de *Dolicholathyrus* qui a aussi la columelle plissée, mais dont les plis sont
situés plus bas, dont le bord columellaire est détaché, et dont le canal est bien
plus long, beaucoup plus droit. En définitive, il me paraît plus correct de placer *Cryptorhytis* auprès de *Ptychatractus*, qui a aussi le canal droit et dépourvu
de bourrelet avec des plis souvent peu visibles à la partie antérieure de la
columelle.

Les espèces américaines, qui ont été rapportées à ce Genre, sont, en général,
à l'état de moule, très imparfaitement conservées ; les côtes axiales et l'ornementation spirale ne peuvent y être étudiées comme j'ai pu le faire sur le plésiotype, muni de son test silicifié, et d'après lequel j'ai complété ci-dessus la
diagnose originale de Meek ; mais il me paraît évident que c'est bien au même
Genre qu'il y a lieu de le rapporter ; je suis confirmé dans cette opinion par la
citation, qu'a faite Meek lui-même, d'espèces indiennes décrites par Stolictzka,
qu'il considère comme appartenant bien à son Genre *Cryptorhytis*, et dont l'une
notamment (*Fasc. rigida*) à la plus grande analogie avec notre *Fusus Renauxianus*.

Répart. stratigr.

CENOMANIEN. — Un fragment, assimilé par d'Orbigny à *Fusus Renauxianus*,
dans le « Jallais du Mans », d'après l'Album paléontologique de la Sarthe,
par Guéranger.

TURONIEN. — L'espèce plésiotype ci-dessus figurée, dans les grès d'Uchaux ;
la même, avec deux autres espèces, dans les couches de Gosau : *Fusus bac-
catus* et *turbinatus* Zekeli, d'après la Monographie de cet auteur, qui toutefois ne mentionne pas leurs plis columellaires. Une autre espèce visible-
ment plissée, dans les mêmes gisements, et à Sougraignes, dans l'Aude, coll.
de Grossouvre. Deux espèces, dans le groupe « Dakota » : *Fasciol. cheyennensis*
et *flexicosta* Meek et Hayden, d'après la Monographie de ces auteurs. Une espèce en Tunisie : *Fusus Tournoueri* Thomas et Peron, d'après les figures
de l'Exploration scientifique de la Tunisie.

SENONIEN. — Trois espèces dans le groupe de Trichinopoly, de l'Inde méridionale : *Fasciol. assimilis* et *Carnatica* Stol., *Fasc. rigida* Bailey, d'après la
Monographie de Stoliczka. Une espèce douteuse dans l'Utah et le Colorado :
Neptunea utahensis Meek, d'après la Monographie de M. Stanton. Une espèce à canal droit, mais à labre sinueux : *Raphitoma gracilis* Böhm ; une
autre espèce plus douteuse, dans le même gisement de Vaals : *Fusus scala*
Holzapfel, d'après les échantillons types du Musée d'Aix-la-Chapelle, communiqués par M. Holzapfel. Une espèce probable, dans les couches de Pilsen en Bohême : *Fusus depauperatus* Reuss, d'après la figure publiée par
M. Fritsch [Böhm. Kreide, V. p. 86, fig. 83]. Une autre espèce très douteuse, à columelle inconnue, dans la Craie supérieure de Westphalie :
Fusus Proserpinæ Munst., d'après l'échantillon-type du Musée de Munihc,
communiqué par M. von Zittel.

PIESTOCHILUS, Meek et Hayden, 1876.   Type: *Fus. Scarboroughi*, M. et
H. Crét.

« Coquille de petite taille, avec la spire et le canal allongés ; tours
» aplatis ou modérément convexes, et finement ornés de stries spi-
» rales, parfois avec des plissements axiaux ; pli ou plis columel-
» laires non directement visibles à l'entrée de l'ouverture, très obli-
» ques et occupant une position semblable à celle des précédents
» (*Fasciolaria*) ; labre lisse à l'intérieur. »

Forme fusoïde, subulée, étroite ; spire pointue au sommet, à galbe
conique ; tours élevés, à sutures rainurées ; dernier tour bien supérieur au reste de la spire, ovale, atténué à la base, qui est régulièrement déclive jusqu'au cou du canal. Ouverture étroite, lancéolée, anguleuse en arrière, terminée par un canal
long et droit, presque sans aucune inflexion, obliquement tronqué à son extrémité ; labre mince, appliqué
contre la base vers la suture, à peine arqué au milieu ;
columelle très peu excavée, portant au milieu de un à
quatre plis qui s'effacent avant d'atteindre le bord columellaire, d'ailleurs peu limité et peu calleux.

Diagnose originale, reproduite et complétée d'après les
figures de l'ouvrage de Meek et Hayden. Reproduction de
la figure de *P. Culbertsoni* M. et H. (**Fig. 18**). Vue de la
columelle de l'un des échantillons de l'espèce-type
(Pl. VII, fig. 6) d'après une photographie envoyée par
M. Stanton.

Rapp. et diff. — Il y a, entre les deux diagnoses de *Cryp-*
torhytis et de *Piestochilus*, tellement peu de différence, qu'on
pourrait être tenté de réunir ces deux formes ; toutefois, en

Fig. 18. -- *Piesto-*
chylus Culbert-
soni, M. et H.

examinant attentivement les figures publiées par Meek, pour
les espèces qu'il a classées dans ses deux Sous-Genres, je me suis
décidé à conserver *Piestochilus* comme Section de *Cryptorhytis*, à cause de l'aspect extérieur de la spire qui est différent, et de l'ornementation des tours qui
est tout autre : les côtes qui existent chez *Cryptorhytis s. s.* disparaissent
presque entièrement chez *Piestochilus,* dont les tours sont subulés et simplement

striés, dépourvus de la rampe qui accentue la convexité des tours de *Crypto-rhytis* ; les caractères de la columelle sont identiques, et le canal est à peine un peu plus droit chez *Piestochilus*. Il ne faut pas perdre de vue, d'ailleurs, qu'il s'agit d'échantillons extrêmement défectueux, généralement dépourvus de test, et pour lesquels il est bien téméraire de proposer de nouvelles dénominations génériques. Les photographies que M. Stanton a bien voulu faire faire pour moi, d'après deux échantillons mutilés, du Musée de Washington, montrent l'axe de la coquille, avec l'enroulement interne des plis columellaires, très obliques et antérieurs.

Rapp. stratigr.

SÉNONIEN. — Quatre espèces dans les couches de « Fox Hill », du Missouri supérieur : *Fusus Scarboronghi, Culbertsoni, galpinianus, cretaceus* Meek et Hayden, d'après leur Monographie.

TURBINELLIDÆ, Swainson 1840.

Forme piroïde, solide ; canal généralement assez long, tantôt droit, tantôt infléchi, peu contracté à sa naissance, non échancré à son extrémité, muni, sur le cou, d'un bourrelet qui disparaît chez certains groupes, columelle plissée ou parfois lisse ; plis situés très en arrière, quand ils existent ; labre généralement sinueux et liré à l'intérieur. Opercule corné, ovale-unguiforme, à nucléus apical.

Observ. — Si l'on rapproche cette diagnose de celle de la Famille *Fusidæ*, on constate qu'elles sont susceptibles de se confondre sur la plupart des points, à cause de leurs termes nécessairement un peu vagues, et de la variabilité de leurs caractères. En fait, quand il s'agit de coquilles récentes, il n'y a pas d'hésitation possible, à cause des différences que présentent les deux Familles dans la disposition de leur radule ; quant aux fossiles, pour ceux du moins qui ne se rapportent pas à des Genres récents, on ne peut distinguer les *Turbinellidæ* des *Fusidæ* qu'en se guidant d'après des caractères différentiels, calqués sur ceux qu'on observe chez les coquilles actuelles des deux Familles, et par conséquent très éclectiques : ainsi, les plis, quand la columelle en porte, sont placés assez bas et tout à fait transverses ; si, au contraire, la columelle est subplissée ou lisse, le canal, assez long et infléchi, ne se rétrécit pas subitement à sa naissance. Quelques coquilles de cette Famille paraissent avoir le canal échancré à son extrémité, quand on les examine de face ; mais, en les tournant du côté du dos, on s'aperçoit que c'est simplement une sinuosité à peine sensible de la troncature. De même que chez les *Fusidæ*, quelle que soit l'obliquité du canal, le cou reste encore à peu près droit, au lieu d'être excavé et dévié, comme chez les *Buccinidæ*, et chez les *Chrysodomidæ* que j'en ai séparés.

D'ailleurs, si la diagnose de cette Famille est peu précise, cela tient à ce que l'on y réunit des éléments très dissemblables : en éliminant les *Ptychatractinæ* et *Strepturidæ*, pour lesquels on ne peut invoquer la similitude de la radule et que j'ai classés ailleurs, il reste encore quatre Sous-Familles, dont les deux dernières pourraient encore, à mon avis, être érigées en Familles distinctes, si l'on cessait de prendre la radule comme base exclusive de la classification, et si l'on n'avait d'égard que pour la structure conchologique ; ces quatres Sous-Familles sont: *Turbinellinæ, Tudiculinæ* Cossm. (1901), *Fulgurinæ, Melongeninæ*. A l'exception de la seconde, que je propose à cause de la différence de sa plication columellaire, les trois autres sont déjà indiquées dans le Manuel de Fischer. Quant a Tryon, il a, dans son Manuel, placé *Turbinella* près de *Voluta, Melongena* avec les *Buccinidæ,* et *Fulgurinæ* parmi les *Fusidæ* ; cette dispersion me paraît encore moins rationnelle : car, tout en estimant que *Fulgurinæ* et *Melongeninæ* peuvent former des Familles distinctes, je les laisserais dans l'ordre indiqué ci-dessus, comme formant une transition tout à fait naturelle entre *Fusidæ* et *Buccinidæ*.

Tableau des Genres, Sous-Genres et Sections

*

TURBINELLINÆ (Trois à cinq plis colum., labre droit).

TURBINELLA (Canal long, faible bourrelet)	Turbinella Protoconque cylindrique, nucléus papilleux)	*Turbinella* (Surface lisse) **(A) Scolymus** (Spire noduleuse)
VASUM (Canal court, bourrelet épais)	Vasum (Protoconque conique)	*Vasum* (Spire hérissée)
HOLZAPFELIA (Canal court et dévié, faible bourrelet)	Holzapfelia (Protoconque saillante)	*Holzapfelia* (Spire cancellée)

*

TUDICULINÆ (Un ou deux plis obliques, labre un peu sinueux).

TUDICULA (Canal long et droit, faible bourrelet)	Tudicula Spire couronnée, un pli colum.)	*Tudicula* (Protoconque paucispirée, papilleuse) *Papillina* (Protoconque polygyrée, en calotte)
	Perissolax (Spire costulée, pas de pli colum.)	*Perissolax* (Protoconque?)
STREPTOSIPHON (Canal long et infléchi, faible bourrelet)	Streptosiphon (Spire couronnée, deux plis obsolètes)	*Streptosiphon* (Protoconque proboscidiforme)
	Hercorhynchus (Columelle lisse, spire sillonnée)	*Hercorhynchus* (Protoconque proboscidiforme)
	Streptopelma (Deux plis saillants)	*Streptopelma* (Protoconque paucispirée, papilleuse)

*

FULGURINÆ (Un pli très oblique, labre sinueux)

FULGUR (Canal large et long, pas de bourrelet)	**FULGUR** (Canal infléchi, un pli très oblique avec rainure)	*Fulgur* (Protoconque paucispirée, papilleuse)
LIROSOMA (Canal étroit et assez long, pas de bourrelet)	**LIROSOMA** (Canal infléchi, un pli oblique avec rainure)	*Lirosoma* (Protoconque paucispirée, en calotte)
	(B) Taphon (Canal infléchi, columelle lisse)	*Taphon* (Protoconque ?)
SYCUM (Canal large et court, bourrelet)	**SYCUM** (Canal peu infléchi, columelle lisse)	*Sycum* (Protoconque papilleuse, surface lisse)
	BULBIFUSUS (Canal infléchi, columelle plissée, avec rainure)	*Bulbifusus* (Protoconque ? crénelures suturales)
	PALÆATRACTUS (Canal infléchi, columelle lisse)	*Palæatractus* (Surface treillissée)
PIRIFUSUS (Canal très court, pas de bourrelet)	**PIRIFUSUS** (Canal à peine infléchi, columelle lisse)	*Pirifusus* (Surface cancellée)

*

MELONGENINÆ (Pas de plis, labre subéchancré ou sinueux en arrière).

MELONGENA (Canal large et court, gros bourrelet)	**MELONGENA** (Canal presque droit, columelle à peine sinueuse)	*Melongena* (Deux rangées d'épines écartées)
	CORNULINA (Canal infléchi, columelle coudée)	*Cornulina* (Deux rangées d'épines rapprochées)
	PUGILINA (Canal presque droit, columelle peu sinueuse)	*Pugilina* (Une seule carène tuberculeuse ou lisse)
		Solenostira (Côtes spirales crénelées)
	NEPTUNELLA (Canal très court) columelle droite)	*Neptunella* (Costules subanguleuses)
SEMIFUSUS (Canal long et droit, faible bourrelet)	**(C) Semifusus** (Spire costulée, forme élancée)	*Semifusus* (Protoconque paucispirée, papilleuse)
	MAYERIA (Spire carénée, forme ventrue)	*Mayeria* (Protoconque paucispirée, non papilleuse)
	(D) Megalatractus (Canal ombiliqué)	*Megalatractus* (Protoconque proboscidiforme)

Genres, Sous-Genres et Sections non connus à l'état fossile.

A. — Scolymus, Swainson 1840. — Néotype : *Turbinella scolymus* Gmelin.
Section très douteuse, attendu qu'elle ne diffère de *Turbinella s. s.*, que par
les tubercules épineux qui ornent la spire; même *T. fusus* Sow. représente
un état intermédiaire, dans lequel le développement des tubercules a été
arrêté, de sorte que c'est un demi *Scolymus*. En tous cas, quelqu'opinion
qu'on ait sur la valeur de cette Section, il est impossible de désigner
Scolymus comme synonyme de *Vasum*, ainsi que l'a fait Fischer : on verra
ci-après que *Vasum* est bien distinct.

B. — Taphon, H. et A. Adams 1853. — Type : *Fusus striatus* Gray. Coquille à tours arrondis et striés spiralement, dont l'ouverture ovale se termine par un canal long et oblique, plus rétréci·que celui de *Fulgur*; la
figure publiée dans le Manuel de Tryon, n'indique aucun pli columellaire,
mais le labre paraît épaissi et plissé à l'intérieur. D'autre part, aucune mention n'est faite de la forme de la protoconque : il en résulte que, comme
l'indique d'ailleurs Fischer, le classement de ce Genre est assez douteux.

C. — Semifusus, Swainson *em.* 1840 (= *Cochlidium*, Gray 1850, *non* Breyn.
1732; = *Thatcheria*, Angas 1877). Type: *Fusus colosseus* Lamk. Swainson a
orthographié *Hemifusus*, étymologie mal formée qui a été corrigée en *Semifusus*. Les espèces fossiles que j'ai précédemment, à l'exemple de quelques
auteurs, rapportées à ce Genre, sont: ou bien des *Pugilina* à canal court ;
ou bien des *Buccinofusus* à canal infléchi et tortueux, contracté à l'origine
comme chez les *Fusidæ*. La sinuosité du labre sur la rampe inférieure n'est
pas un caractère particulier à *Semifusus*, puisqu'elle se rencontre aussi chez
Levifusus et chez *Buccinofusus*. Quant à *Thatcheria*, le type (*T. mirabilis*
Angas) n'est, d'après Tryon, qu'une monstruosité, et c'est bien à *Mayeria*
que doivent être rapportées les espèces parisiennes que j'avais autrefois
désignées sous ce nom. Par conséquent, en définitive, *Semifusus* ne paraît
pas avoir existé à l'état fossile.

D. — Megalatractus, Fischer 1884. — Type: *Fusus proboscidifer* Lamk.
Cette coquille, d'une taille gigantesque, a tout à fait l'aspect de certains
Mayeria éocéniques ; mais on la distingue immédiatement par l'ombilic
très inattendu, que porte le canal, sans qu'il y ait cependant de bourrelet,
et surtout par sa protoconque polygyrée, cylindrique, à nucléus aplati
(d'après la figure), formant un prolongement proboscidiforme de la spire,
et contribuant à lui donner un galbe extraconique.

Genres et Sous-Genres à éliminer de la Famille.

Strepsidura, Swainson 1840. — Type: *Fusus ficulneus* Lamk. Fischer a placé
ce Genre dans la Famille *Turbinellidæ*, en le rapprochant de *Streptosiphon*, à
cause de son canal infléchi et de ses deux plis columellaires. Je ne partage pas

cet avis, et je crois que ce Genre doit être reporté, comme le fait d'ailleurs Tryon, dans les *Buccinidæ*, ou du moins à proximité de cette Famille, à cause de son canal profondément échancré et de la rainure bicarénée qui s'enroule sur le cou, à la place du bourrelet très rudimentaire de *Streptosiphon*.

*

TURBINELLA, Lamarck, 1799.

Coquille piriforme, peu ornée; canal long, avec un faible bourrelet; protoconque cylindrique, à nucléus papilleux; trois à cinq plis subpariétaux.

TURBINELLA, *sensu stricto.* Type: *Voluta pirum*, Lin. Viv.
(= *Mazza*, Klein 1753, *in* H. et A. Adams 1853; = *Xancus*,
Bolten 1798, *fide* Mörch 1852; = *Turbinellus*, Oken 1815, *ex parte*;
= *Buccinella*, Perry 1811; = *Turbofusula*, Rovereto 1900.)

Test épais. Taille souvent très grande; forme piroïde, spire généralement courte, à galbe extraconique, à sommet proboscidiforme; protoconque lisse, polygyrée, subcylindrique, à nucléus gros et papilleux; tours subnoduleux et sillonnés, souvent munis d'un bourrelet sutural; dernier tour renflé, à peu près lisse, avec une rampe postérieure, subitement excavée à la base, qui porte des cordons, spiraux jusque sur le cou gonflé, tandis que le bourrelet, peu proéminent, n'est orné que de plis d'accroissement. Ouverture oblongue, peu dilatée, avec une gouttière dans l'angle inférieur, terminée par un canal assez long, presque droit, peu rétréci à son origine, largement tronqué sans échancrure à son extrémité; labre à peu près vertical, un peu antécurrent vers la suture, lisse à l'intérieur; columelle à peine sinueuse, légèrement déviée en avant, portant en arrière trois plis pariétaux, rarement quatre ou cinq, transverses, écartés, égaux, ou croissant d'avant en arrière, situés à une assez grande distance au-dessous de l'emplacement qu'occupent les plis des *Fasciolariidæ*; bord columellaire peu calleux en

arrière, parfois détaché en avant, et séparé du bourrelet par une
fente ombilicale.

Diagnose refaite et complétée d'après l'espèce-type, et d'après un plésiotype
du Tongrien de Cassinelle (Ligurie) : *Fusus episoma* Mich^ll (Pl. VII, fig. 16),
échantillon gigantesque du Musée de Turin, communiqué par M. Sacco.

Rapp. et diff. — Ce Genre se distingue, à première vue, des *Fasciolariidæ* :
par la situation pariétale et la direction transverse de ses plis, croissant d'avant
en arrière (quand ils ne sont pas presque égaux), au lieu de décroître ; par sa
protoconque proboscidiforme, papilleuse au sommet. Quand on restreint le
Genre *Turbinella* à ces limites précises, il faut en éliminer un très grand nombre de formes fossiles, qui y ont été classées à tort et qui appartiennent à la
Famille précédente.

Dans sa Monographie sur les fossiles tongriens de Ligurie (1900), M. Rovereto
a proposé (p. 109) une nouvelle Section *Turbofusula*, ayant pour type *T. fusus*
Sow., et comprenant précisément le plésiotype fossile ci-dessus figuré (*T. episoma*) ; le motif de cette séparation est simplement que la spire est un peu plus
longue, chez ces deux espèces, que chez *T. pirum*. Je puis d'autant moins me
rallier à cette opinion, que M. Rovereto désigne, comme espèce à classer dans
sa nouvelle Section : *T. rapa* Lamk., que Tryon considère comme synonyme de
T. pirum, et *T. scolymus* Gmelin, que Swainson a pris comme type de son Genre
Scolymus, à cause des épines qui ornent sa spire. Enfin les Turbinelles miocé-
niques de la Floride ont un galbe intermédiaire, qui ne permettrait de les rapporter exactement ni à *Turbinella*, ni à *Turbofusula*, de sorte qu'on serait dans
l'obligation de proposer, pour elles, encore une autre Section ! Je cite donc
Turbofusula en synonymie de *Turbinella*, et si je m'abstiens d'en faire de même
à l'égard de *Scolymus*, c'est que, d'après la figure, la columelle paraît faire
avec la base un angle moins ouvert, et qu'il s'agit d'un Genre actuel.

Répart. stratigr.
    OLIGOCENE. — L'espèce plésiotype ci-dessus figurée, dans le Tongrien de la
      Ligurie, d'après l'échantillon-type de Bellardi. Une espèce dans le Vicks-
      burgien du Mississipi : *T. Wilsoni* Conr., d'après M. Dall [Tert. Flor.,
      1890, p. 96].
    MIOCENE. — Deux espèces dans les couches à silex de la Floride : *T. polygo-
      nata* Heilp. et *T. Chipolana* Dall, d'après la Monographie précitée de cet
      auteur (Oligocène supérieur, ou Aquitanien).
    PLIOCENE. — Une espèce voisine du plésiotype, dans l'Astien du Piémont :
      T. brevispira Bell., d'après la figure publiée dans la Monographie de Bel-,
      lardi. Deux espèces typiques dans les couches de Caloosahatchie (Floride
      méridionale) : *T. regina* Heilprin et *T. scolymoides* Dall, d'après la Mono-
      graphie précitée de cette auteur. Une variété de l'espèce-type, dans les

couches néogéniques de Karikal : *T. rapa* Gmelin, d'après un gros fragment de la coll. Bonnet.

Epoque actuelle. — Trois espèces, le type dans l'Océan indien, les deux
autres sur les côtes du Brésil, d'après le Manuel de Tryon.

VASUM [Bolten, 1798], Link, 1807.

Coquille trapue, hérissée de protubérances épineuses : canal très
court, avec un épais bourrelet.

Vasum, *sensu stricto.*   Type : *Turb. cornigera*, Lamk. Viv.
  (= *Cynodonta*, Schum. *em.* 1817 ; = *Volutella*, Perry 1811.)

Teste très épais et pesant. Taille moyenne ; forme trapue, biconique, parfois aussi large que haute, à cause des saillies de l'ornementation de la spire qui est, en outre, courte ; protoconque
polygyrée, à galbe conique, à nucléus petit et papilleux ; tours ornés de nodosités axiales, qui se succèdent et qui se transforment
souvent en de véritables tubulures muriquées, dont la coquille est
littéralement hérissée, croisées par des cordons spiraux et alternés : après une courte interruption sur la base, les nodosités ou
épines reparaissent sur le cou, où elles forment deux ou trois
rangées obliques et un peu moins saillantes, plus un bourrelet
très épais, aboutissant à la troncature du canal. Ouverture étroite
et large, avec une faible gouttière postérieure, terminée par un canal
très court, presque aussi large que l'ouverture, à peine dévié, tronqué à son extrémité sans une véritable échancrure ; labre à peu
près vertical, lacinié sur son contour ; columelle presque rectiligne,
munie de quatre plis transverses, saillants, inéquidistants, et souvent
d'un cinquième intercalé entre les deux inférieurs plus écartés ;
bord columellaire largement étalé, peu épais, appliqué sur la cavité
ombilicale qui le sépare du gros bourrelet dorsal.

. Diagnose refaite d'après l'espèce-type, et d'après un plésiotype du Tongrien de Cassinelle : *Scolymus crenatus* Mich" (Pl. III, fig. 5), type de Bellardi, au musée de Turin, communiqué par M. Sacco.

Observ. — La dénomination *Cynodona*, ultérieurement amendée en *Cynodonta* Schum., est postérieure à *Vasum*, adopté par Link en 1807 ; cela rend inutile la rectification proposée par M. Rovereto [Richerche syn. 1899], qui a repris *Volutella* Perry 1811, bien que ce soit un terme douteux, désignant à la fois des coquilles de *Ricinula* et de *Cynodonta*, d'après Hermanssen. Toutefois, M. Rovereto [Illustr. Moll. foss. tongr., 1900, p. 169] dit qu'il a recherché, dans l'ouvrage de Perry, toutes les espèces classées dans ce Genre *Volutella*, que ce sont toutes des *Cynodonta*, sauf un *Melongena*, et que la première citée est bien *V. cornigera* de sorte que Perry aurait bien eu effectivement en vue le type de *Cynodonta*. Cela peut être très exact, mais cela n'infirme nullement l'antériorité de *Vasum*, adopté dès 1807 (voir Hermannsen), et non pas en 1852, par Mörch, comme l'écrit à tort M. Rovereto : c'est pourquoi j'ai conservé *Vasum*.

Rapp. et diff. — A première vue, il ne paraît pas y avoir de rapprochement à faire entre *Turbinella* et *Vasum*, à cause de l'aspect radicalement différent des types de ces deux Genres, surtout à cause de l'ornementation de la spire et du cou, de la brièveté du canal chez *Vasum*, etc. Cependant la plication columellaire, la disposition à peu près semblable de la protoconque, plus conique toutefois chez *Vasum*, la rectitude du labre, offrent des points de comparaison entre ces deux formes, qui se rattachent l'une à l'autre par l'intermédiaire de la Section *Scolymus*.

Répart. stratigr.

Eocene. — Une espèce commune dans le Parisien inférieur des environs du Caire : *Turbinella frequens* Mayer-Eymar, ma coll.; autre espèce plus douteuse dans le Parisien supérieur d'Egypte : *Tudicla umbilicaris* Mayer-Eymar, d'après la figure publiée par cet auteur, dans le Journ. de Conchyl.

Oligocene. — L'espèce plésiotype ci-dessus figurée, dans le Tongrien de la Ligurie. Une espèce dans le Tongrien de Gaas : *Turbinella subpugillaris* d'Orb., coll. de l'Ecole des Mines.

Miocene. — Une magnifique espèce dans le Tertiaire de Haïti : *Turb. haitensis* Sow. (= *Vasum tuberculatum* Gabb), d'après la figure publiée par Guppy [Quart. Journ. 1876, pl. XXIX, fig. 3]. Une autre espèce plus élancée dans les couches à Silex de la Floride : *V. subcapitellum* Heilp., ma coll. Une espèce dans le Burdigalien de Dax : *Turbinella submuricata* d'Orb., coll. de l'Ecole des Mines.

Pliocene. — Une espèce dans les couches de Caloosahatchie (Floride) : *V. horridum* Heilp., d'après la figure publiée par l'auteur [Tert. Flor. 1887, pl. XV, fig. 44].

Epoque actuelle. — Plusieurs espèces aux îles Philippines, aux Indes occidentales, sur la côte du Brésil et sur celle de Zanzibar, ma coll.

HOLZAPFELIA, *nov. gen.*

Coquille bucciniforme, sillonnée et cancellée ; canal court et
dévié, faible bourrelet ; quatre plis columellaires : base non ombiliquée.

HOLZAPFELIA, *sensu stricto.*   Type : *Latirus Dewalquei*, Holz. Séu.

Taille petite ; forme buccinoïde, trapue ; spire assez courte, subulée, à galbe conique ; protoconque saillante ; tours sillonnés et cancellés par des côtes qui disparaissent parfois ; sutures profondes ;
dernier tour grand, arrondi ou subanguleux à la périphérie de la
base, qui est excavée, simplement sillonnée, dégageant le cou tordu
sur lequel s'enroule obliquement un bourrelet peu saillant. Ouverture ovale, assez large, anguleuse, sans gouttière du côté postérieur,
terminée en avant par un canal très court et très dévié, non échancré à son extrêmité ; labre mince, plissé à l'intérieur, à profil non
sinueux et presque vertical ; columelle excavée en arrière, munie
de quatre plis transverses, l'antérieur plus épais et plus écarté que
les trois inférieurs, infléchie en avant et à droite avec le canal ;
bord columellaire peu distinct en arrière, faiblement calleux en
avant, et séparé du bourrelet par une dépression peu profonde.

Diagnose faite d'après deux échantillons de l'espèce-type, du Sénonien
supérieur de Vaals, près d'Aix-la-Chapelle (Pl. IV, fig. 1-2), communiqués par M. Holzapfel.

Rapp. et diff. — Ce Genre se rattache évidemment à *Vasum*, par la disposition de ses quatre plis columellaires ; mais il s'en écarte, non seulement par
son ornementation, mais encore par l'inflexion que suit son canal, ainsi que par
la faible saillie de son bourrelet basal. L'espèce que je prends pour type a été placée, par M. Holzapfel, dans le Genre *Lathyrus*, dont elle se distingue par ses plis
columellaires plus nombreux, plus transverses et placés beaucoup plus bas, par
son canal plus tordu et dépourvu de fente ombilicale. L'autre espèce du même
gisement, qui est aussi intitulée *Lathyrus* dans la Monographie de M. Holzapfel
(*Voluta Benedeni* Muller), ne peut rester dans le Genre *Lathyrus*, ni être classée

dans notre nouveau Genre *Holzapfelia* : elle a une ornementation de *Cancellaria*, deux gros plis columellaires, tordus et enroulés, et quoiqu'elle ait un canal rudimentaire, elle me semblerait plus à sa place dans la Famille *Cancella-riidæ*, dont la rapprochent ses côtes variqueuses.

Répart. statigr.

Senonien. — L'espèce-type ci-dessus figurée, dans les sables de Vaals.

*

TUDICULA [Bolten 1798], Link, 1807 *em.*

Spire courte ; canal droit et allongé ; columelle plissée ; protoconque assez grosse, à nucléus papilleux ou en calotte,

Tudicula, *sensu stricto.*   Type : *Murex spirillus*, Lin. Viv.
    (= *Spirilla* [Humphrey 1797], G. B. Sow. 1842 [*Spirillus*] ;
      = *Pyrella*, Swainson 1835 ; = *Pyropsis*, Conr. 1860 ;
      = *Heteroterma*, Gabb 1869 ; = *Apiotropis*, Meek 1876),

Taille assez grande ; forme piroïde, en massue ; spire très courte, déprimée, ou à galbe conique sous un angle très ouvert ; protoconque paucispirée, croissant rapidement, généralement saillante, lisse, à nucléus papilleux ; tours presque plans, festonnés aux sutures par les aspérités épineuses qui couronnent le dernier tour ; celui-ci est très grand, renflé à la périphérie. excavé à la base, qui dégage le cou extrêmement long, et parfois un peu gonflé. Ouverture ovale, assez large, munie en arrière d'une gouttière limitée par une côte spirale, subitement rétrécie à la naissance du canal, qui est habituellement rectiligne, très long, tronqué sans échancrure à son extrémité ; labre à peine sinueux. antécurrent vers la suture, épaissi et plissé à l'intérieur, un peu en deçà du contour ; columelle excavée en arrière, portant assez bas plusieurs plissements qui s'anastomosent, avec l'âge, en un seul pli parfois caréné ; bord columellaire calleux, se détachant de la base chez les individus très adultes, où il participe au plissement de la columelle, appliqué en avant sur le reste du canal.

Diagnose refaite d'après le type vivant, et d'après une espèce plésiotype : *Fusus rusticulus* Bast. (Pl. III, fig. 12-13), du Burdigalien de la Gironde, ma coll. Protoconque grossie de *T. spirillus* (**Fig. 19**), ma coll.

Fig. 19. — *Tudicula spirillus*, Lin.

Rapp. et diff. — Bien qu'à première vue, il n'y ait guère de ressemblance entre *Tudicula* et *Turbinella*, ce Genre se rattache à la même Famille, non seulement par sa protoconque semblable, par son opercule et par les caractères anatomiques de l'animal, mais même par certains détails de l'ouverture, par la columelle, par exemple, qui porte plusieurs plis dans le jeune âge. Toutefois *Tudicula* s'écarte absolument de *Vasum* par la longueur et le rétrécissement de son canal.

J'y réunis *Pyropsis* Conr., malgré l'avis opposé de Meek, qui a même proposé une Section *Apiotropis* de ce Genre : en effet, *Pyropsis perlata* Conr. a complétement l'aspect de *T. spirillus*, même forme, même gouttière dans l'angle inférieur de l'ouverture, même bord détaché; on objectera peut-être que, d'après la diagnose, il n'y a pas de pli à l'intérieur du labre, pas de plis columellaires (ce qui est inexact), et que la protoconque n'est pas papilleuse ; or, il s'agit d'échantillons crétaciques, et dans l'état de conservation où on les recueille, il est plus prudent de s'en rapporter surtout aux caractères dont on est certain, c'est-à-dire précisément ceux qui sont pareils chez les deux formes. Quant à *Apiotropis* Meek, il ne diffère de *Pyropsis* que par la double couronne de son dernier tour, et par l'existence d'une sorte de bourrelet limitant une fente ombilicale, à la partie antérieure du canal ; là encore, comme il s'agit de moules plus ou moins restaurés, je ne suis pas d'avis qu'il y ait lieu de tenir compte de ces différences, et je conserve provisoirement ces coquilles dans le Genre *Tudicula*.

Peut-être est-ce aussi dans ce dernier Genre qu'il y a lieu de placer *Heteroterma* Gabb, qui, ainsi que je l'ai indiqué dans la 3e livraison de ces « Essais » (p. 64), ne paraît pas bien classé dans la Famille *Pleurotomidæ* : la coquille a une forme de *Tudicula*, mais l'auteur indique l'existence d'une échancrure à la suture. En définitive, cette question demande à être revisée.

Répart. stratigr.

CRÉTACÉ. — Deux espèces à l'état de moules, dans les sables ou les grès d'Aix-la-Chapelle : *Pirula planissima* Binkh., et *P. quadricarinata* Muller, d'après la Monographie de M. Holzapfel. Une espèce bien caractérisée, dans le Sénonien inférieur de Brunswick : *Pirula depressa* Münst., d'après la Monographie de M. Muller [Moll. untersenon. Braunsch. 1898, p. 121, pl. XVI. fig. 7-9]. Trois espèces dans la Craie du Missouri : *Pyropsis perlata* Conr., *P. Bairdi* Meek et Hayden, *P. Richardsoni* Tuomey, d'après la Monographie de Meek et Hayden ; une autre espèce dans les grès à *Pugnellus* du Colorado : *P. coloradoensis*, d'après la Monographie de M. Stanton. Deux espèces dans les groupes d'Arrialoor et de Trichinopoly (Inde méridionale) : *Tudicla eximia* et *Rapa andoorensis* Stoliczka, d'après les figures de la Monographie de cet auteur.

PALÉOCÈNE. — Une espèce douteuse, en Californie ; *Heteroterma trochoidea* Gabb, type du Genre synonyme *Heteroterma*, d'après la figure de Gabb.

EOCÈNE. — Une espèce typique dans l'Australie du Sud : *T. angulata* T. Woods, ma coll. ; deux autres espèces dans les mêmes gisements : *T. turbinata* et *costata* Tate, d'après les figures de l'auteur. Une espèce probable, mais très incomplète, dans le Londinien et le Parisien d'Egypte : *T. Ægyptiaca* Mayer-Eymar, d'après la figure publiée par cet auteur, dans le Journal de Conchyliologie (1895).

MIOCÈNE. — Le plésiotype ci-dessus figuré, dans le Burdigalien de la Gironde, dans l'Helvétien du Bassin de Vienne, ma coll. ; la même dans l'Helvétien et le Tortonien du Piémont, d'après la Monographie de Bellardi ; dans la Molasse du Portugal, d'après la Monographie de Pereira da Costa.

ÉPOQUE ACTUELLE. — Outre le type et une espèce voisine, dans l'Océan indien et la mer de Chine : deux espèces à columelle pluriplissée, et armées d'épines sur le cou du canal, comme *Vasum*, d'après le Manuel de Tryon, qui fait remarquer que ces espèces auraient été séparées par Adams, sous le nom *Tudicula*, tandis que ce nom est simplement une rectification de *Tudicla* (instrument servant à écraser les olives, d'après Mayer-Eymar).

PAPILLINA, Conrad, 1865.   Néotype : *Fusus dumosus*. Conr. Eoc.
(= *Clavifusus*, Conr. 1866.)

Test assez épais. Taille moyenne ; forme piroïde ; spire peu allongée, à galbe extraconique ; protoconque énorme, polygyrée, à tours étroits, à galbe conoïdal, à sommet en calotte, à nucléus petit, non papilleux ; tours couronnés d'épines tubulées, ornés de filets spiraux qui persistent sur la base, ainsi que d'épaisses costules correspondant aux tubulures du dernier tour ; cou droit, un peu gonflé, sur lequel s'enroulent des filets obliques, avec un minuscule bourrelet, tout à fait à l'extrémité antérieure du canal. Ouverture piriforme, dépourvue de gouttière postérieure, terminée par un canal long et droit, tronqué sans échancrure ; labre lisse à l'intérieur, peu arqué, sauf vis-à-vis des épines où se forme une entaille tubulée ; columelle un peu excavée en arrière, coudée par un pli obtus et bien visible, à la naissance du canal ; bord columellaire peu calleux, assez large, non détaché, aminci en pointe le long du canal.

Diagnose faite d'après un individu de l'espèce-type (Pl. III, fig. 8), de Jackson (Mississipi), ma coll. Protoconque de *P. papillata* Conr. (Fig. 20) ma coll.

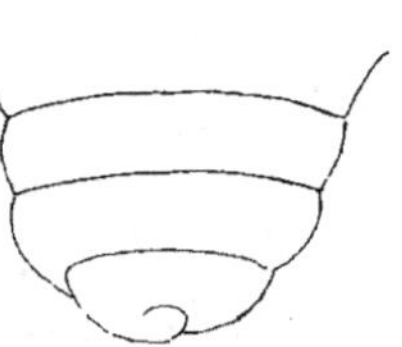

Fig. 20. — *Papillina papillata,* Conr.

Rapp. et diff. — Les caractères différentiels, qui séparent *Papillina* de *Tudicula*, n'ont, à mon avis, que la valeur d'une Section: la protoconque est encore plus développée, sans être cependant cylindrique, comme celle de *Turbinella*, et le nucléus n'en est pas papilleux, de sorte que la dénomination choisie par Conrad est précisément inexacte ; d'autre part, l'ouverture ne porte pas de côte interne limitant une gouttière pariétale ; enfin, le labre n'est pas plissé, et le bord columellaire n'est pas détaché, mais il existe une apparence de bourrelet rudimentaire sur le cou du canal. M. Dall a fait remarquer [Tert. Flor. 1890, p. 126] que Conrad, sans caractériser le Genre *Papillina*, y a placé alphabétiquement [Check list, p. 19] trois espèces : *Fusus' altilis, dumosus* et *papillatus* ; la première a été ensuite désignée par lui sous le nom générique *Clavifusus*, qui paraît synonyme de *Papillina*, bien que la figure, probablement peu exacte, représente un canal moins droit que celui de *F. dumosus*, et une columelle à peu près dépourvue de pli ; en outre, la protoconque fait défaut. Pour ces divers motifs, j'adopte, à l'exemple de M. Dall, *F. dumosus* comme néotype de *Papillina* ; seulement je le rattache à *Tudicula*, tandis que notre confrère en fait un Sous-Genre de *Fusus*, ce qui me paraît inadmissible, à cause de la présence d'un pli columellaire, à cause de la forme de la protoconque ; l'entaille tubulée du labre ressemble, il est vrai, à celle de *Columbarium*, mais les autres caractères sont bien distincts.

Répart. stratigr.

EocENE. — Les trois espèces précitées, dans le Claibornien et le Jacksonien des États-Unis

OLIGOCENE. — L'une de ces trois espèces, sous le nom *mississipiensis* Conr., dans le Vicksburgien des États-Unis.

PERISSOLAX, Gabb 1861.,   Type : *P. brevirostris,* Gabb. Crét.

Taille assez grande ; forme piroïde, en massue ; spire courte, conique, tectiforme ; tours subulés, costulés, principalement le dernier, qui est ventru, arrondi ou obtusément anguleux, excavé à la base ; cou droit, dépourvu de bourrelet. Ouverture piriforme, assez large, anguleuse en arrière, terminée en avant par un canal long et droit, tronqué sans échancrure ; labre lisse à l'intérieur, paraissant vertical ; columelle excavée en arrière dépourvue de pli au milieu, où il existe seulement un faible bombement ; bord columellaire indistinct.

Diagnose complétée d'après la figure de l'espèce-type, reproduite ci-contre (**Fig. 21**).

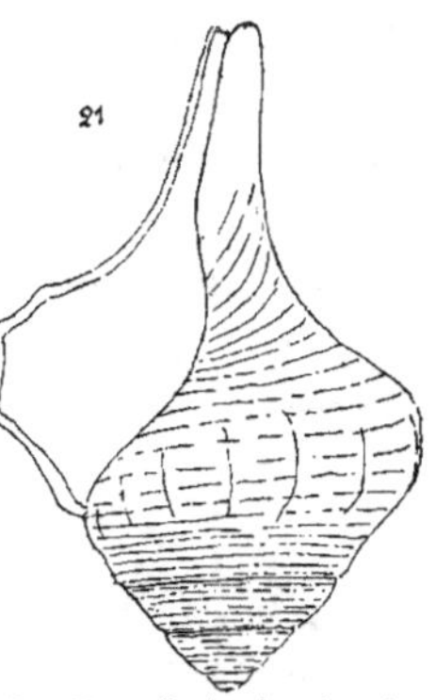

Fig. 21. — *Perissolax, brevirostris,* Gabb.

Rapp. et diff. — Bien que je sois persuadé que ce Sous-Genre est, en réalité, identique à *Pyropsis*, c'est-à-dire à *Tudicula*, et que les différences signalées sont dues à l'état de conservation de ces fossiles crétaciques, je conserve provisoirement *Perissolax*, qui ne m'est connu que par des figures probablement inexactes, ou restaurées d'après les moules ou des contre-empreintes. Le principal caractère différentiel, selon les auteurs américains, réside dans l'absence de pli à la columelle ; or il existe des *Tudicula* fossiles dont le pli est à peine visible, et d'autre part, il se peut que les échantillons de *Perissolax*, ne laissent pas apercevoir ce plissement, tant il est obsolète. La forme courte de la spire, la longueur du canal, accidentellement brisé sur l'échantillon de *P. brevirostris* provenant de la Californie, rappellent complètement *Tudicula* ; les côtes même, dont la spire est ornée, sont peut-être la trace des saillies épineuses que portait le test de la coquille.

Gabb a classé son Sous-Genre *Perissolax*, auprès de *Fusus* ; mais Tryon a jugé, avec raison, comme Fischer d'ailleurs, qu'il ressemble plus étroitement à *Tudicula*. Du reste, Gabb a classé, auprès du type de *Perissolax*, une seconde espèce (*P. Blakei*), qui a deux carènes granuleuses au dernier tour, un canal très long, la spire un peu plus longue que celle de *P. brevirostris* : ces anomalies augmentent encore l'incertitude relative au classement de *Perissolax*, et elles prouvent, jusqu'à l'évidence, l'inconvénient de créer des Genres nouveaux sur des moules ou des contre-empreintes.

Répart. stratigr.

Senonien. — Les deux espèces précitées dans le groupe « Martinez », en Californie. Deux espèces probables, quoique incomplètes du côté du canal, dans les groupes de Trichinopoly et d'Arrialoor (Inde méridionale) : *Hemifusus cinctus* et *acuticostatus* Stoliczka, d'après les figures de la Monographie de cet auteur.

STREPTOSIPHON, Gill., 1867.
(? = *Afer* Conrad., 1858.)

Spire un peu allongée : canal infléchi, rétréci à sa naissance ; deux plis columellaires très obliques. Type : *Tudicla porphyrostoma*, Ad. et Reeve. Viv.

HERCORHYNCHUS, Conrad, 1868.   Type : *Fusus tippanus*, Conr. Crét.

Taille moyenne ; forme piroïde ; spire assez courte, à galbe extra-conique ; protoconque proboscidiforme et saillante, avec un nu-cléus assez gros ; tours étroits, couronnés ou bordés en avant vers la suture, excavés en arrière ; dernier tour très grand, avec une rampe creuse au-dessus de la suture, un peu déprimé sur les flancs au-dessus de la couronne de nodosités, orné de cordonnets spiraux, excavé à la base qui est simplement sillonnée ; cou mince et arqué, avec un faible bourrelet. Ouverture au moins égale à deux fois la hauteur de la spire, ovale, avec une étroite gouttière dans l'angle infé rieur, rétrécie à la base du canal qui est généralement assez long, étroit, infléchi à droite dès sa naissance, tronqué sans échancrure à son ex-trémité ; labre un peu sinueux, rétrocurrent vers la suture, parfois épaissi et plissé à l'intérieur : columelle excavée en arrière, paraissant dépourvue de plis, infléchie avec le canal en avant ; bord columellaire calleux, bien limité, presque détaché en avant.

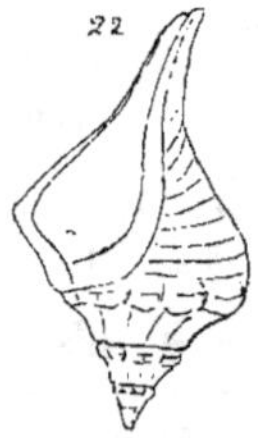

Diagnose refaite d'après la figure de l'espèce-type repro-duite ci-contre (**Fig**. 22) ; et d'après un plésiotype du Sénonien de Vaals : *Rapa Monheimi* Muller (Pl. II, fig. 21), type de la collection « Technische Hochschule » d'Aix-la-Chapelle, communiqué par M. Holzapfel.

Rapp. et diff. — Le Sous-Genre *Hercorhynchus*, proposé par Conrad [Amer. Conch. IV, Journ. p. 247], pour une espèce de la Craie du Mississipi, déjà décrite dès 1858 [Journ. Amer. nat. Sc., p. 286, pl. XLVI, fig. 42], s'écarte de *Tudicla* par l'in-flexion subite qui dévie le canal à droite, dès sa naissance ; en outre, ce

Fig. 22. — *Herco-rhynchus tippanus*, Conr.

canal est un peu moins long, mais il reste rectiligne, au delà de son inflexion, ce
qui fait que *Streptosiphon* appartient bien aux *Tudiculinæ*, comme l'indique d'ailleurs sa protoconque, et ne peut pas être rapproché de *Streptochetus*, qui a une
inflexion, ramenant en avant, vers l'axe, le canal d'abord dévié à droite. La columelle, moins excavée que celle de *Tudicula*, ne porte pas un pli coudé aussi saillant; même les deux plissements obliques, qu'il est souvent difficile de distinguer
chez *Streptosiphon*, disparaissent chez *Hercorhynchus*. La gouttière inférieure
de l'ouverture n'est pas disposée de la même manière, et elle est dépourvue de
côte pariétale ; le labre est rétrocurrent, au lieu d'être antécurrent vers la
suture. La spire 'est aussi allongée que celle de *Papillina*, mais elle n'est pas
munie d'épines tubulées, et la protoconque n'a pas la même forme en calotte.

Fischer réunit à *Streptosiphon* le Genre *Afer* Conrad, qui, proposé sans description, paraît avoir pour type *Murex afer* Gmelin ; d'après la figure de cette
coquille, le canal ne semble pas aussi infléchi, mais les autres caractères sont
bien les mêmes. D'ailleurs, le Genre *Afer*, mal formé, a été interprété d'une
manière très différente par Meek, qui émet l'avis que les espèces fossiles que
Conrad y a classées, sont des *Pirifusus*, de sorte qu'il n'est pas possible de
dénommer *Afer* les formes crétaciques pour lesquelles Conrad a ultérieurement
proposé le nom *Hercorhynchus*. D'autre part, ces coquilles ayant la columelle
lisse, et aucune forme tertiaire assimilable à *Streptosiphon*, n'ayant été trouvée
jusqu'à présent, je conserve *Hercorhynchus* comme Sous-Genre de *Streptosiphon*, dont il est évidemment l'ancêtre.

Répart. stratigr.

CRETACE. — Plusieurs moules tronqués d'une espèce inédite appartenant
probablement à ce Genre, dans le Santonien et le Dordonien de la Charente, coll. Joly. Le type dans les couches de « Tippah Co » (Missouri).
Le plésiotype ci-dessus figuré, dans le Sénonien supérieur d'Aix-la-Chapelle. Trois espèces contestables, ayant bien le galbe d'*Hercorhynchus*,
mais avec une fente ombilicale, dans le groupe de Trichinopoly (Inde
méridionale) : *Rapa nodifera* et *corallina* Stol., *Pirula cancellata* Sow.,
d'après les figures de la Monographie de Stoliczka. Cette dernière espèce
dans les grès de Chlomek, en Bohême, d'après la figure publiée par
M. Fritsch [Böhm. Kreide, VI, p. 46, fig. 41]. Une autre espèce probable,
dans la Craie supérieure de Westphalie : *Fusus bicarinatus* Munst., d'après
les échantillons du Musée de Munich, communiqués par M. von Zittel.

STREPTOPELMA ([1]), *nov. subgenus.* Type : *Peristernia lintea*, Tate. Eoc.

Taille au-dessous de la moyenne ; forme fusoïde, un peu allongée
peu ventrue ; spire médiocrement longue, à galbe conoïdal ; proto-

([1]) Στρεπτος, tordu ; πελμα, queue d'un fruit.

conque lisse, paucispirée, subglobuleuse, à nucléus assez petit et papilleux ; tours convexes, à sutures peu profondes, ornés de filets spiraux ou de carènes, parfois avec quelques traces obsolètes de renflements axiaux ; dernier tour un peu supérieur aux deux tiers de la
longueur totale, arrondi, excavé à la base, qui est simplement ornée
comme la spire, et qui dégage le cou infléchi du canal, sur lequel
s'enroule obliquement un bourrelet rudimentaire. Ouverture
piriforme, étroitement ovale, munie d'une gouttière dans l'angle
inférieur, contractée à l'origine du canal, qui est assez long, étroit,
d'abord infléchi à droite, puis un peu redressé vers son extrémité, où
il est tronqué sans échancrure ; labre à peine arqué, fortement épaissi
et crénelé à l'intérieur chez les individus adultes, orthogonal à la
suture ; columelle peu excavée en arrière, munie au milieu de deux
plis minces, saillants et obliques, l'antérieur plus fort que l'inférieur,
et parfois d'une troisième ride postérieure ; bord columellaire calleux, bien limité, presque détaché du bourrelet antérieur.

Diagnose faite d'après un échantillon de l'espèce-type de Muddy-Creck (Pl. III, fig. 14),
ma coll. Protoconque grossie de la même
espèce (Fig. 23).

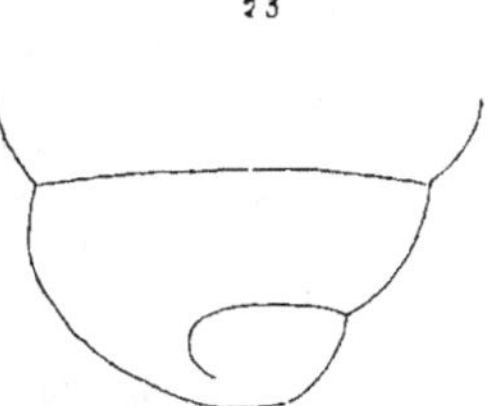

FIG. 23. -- *Streptopelma
linteum*, Tate.

Rapp. et diff. — J'ai d'abord hésité à séparer
cette coquille de *Streptosiphon* et de *Hercorhynchus*,
mais il aurait fallu élargir tellement les diagnoses de ces Genre et Sous-Genre, qu'elles auraient manqué de précision; en effet, les plis
columellaires sont plus saillants, la spire est tout à fait différente, la
protoconque est beaucoup moins saillante, le labre n'est ni rétrocurrent, ni
antécurrent vers la suture; enfin le canal est moins obliquement infléchi, et il
se redresse un peu à son extrémité.

D'autre part, la forme et l'ornementation de la spire de *Streptopelma* ont une
réelle analogie avec celles de *Taphon*, coquille peu connue que Tryon et Fischer
rapprochent de *Fulgur*, sans indiquer toutefois si la columelle est plissée;
comme la figure publiée par Tryon représente une columelle lisse, je n'ai pu
y rapporter nos coquilles éocéniques à columelle plissée; d'ailleurs, le canal
de *Taphon* parait régulièrement infléchi, non contracté à sa naissance, comme

chez les *Fulgurinæ*, et ce n'est pas le cas de *Streptopelma*, dont le redressement rappelle un peu *Streptrochetus*, quoique tous les autres caractères de la coquille soient absolument différents.

Répart. stratigr.

ÉOCÈNE. — L'espèce-type et deux autres espèces, dans l'Australie : *Peristernia subundulosa* et *interlineata* Tate, ma coll. (Ce ne sont évidemment pas des *Peristernia*, à cause de la longueur et de l'inflexion du canal).

*

FULGUR, Montfort, 1810.

Coquille piriforme : canal allongé, infléchi, large au début, graduellement rétréci ; pli columellaire très oblique, peu saillant.

FULGUR, *sensu stricto.*   Type : *Murex perversus*, Lin. Viv.
(= *Busycon* [Bolten], Mörch 1852 ; = *Sycopsis*, Conr. 1867 ;
= *Sycotypus* [Brown], Gill 1867.)

Test assez épais. Taille généralement grande ; forme piroïde ; spire courte, à galbe conique ou à peine extraconique ; protoconque lisse, paucispirée, à nucléus épais, papilleux et dévié ; tours séparés par des sutures profondes, rainurées ou même creusées dans un canal spécial ; ornementation composée de filets spiraux, et presque toujours d'une couronne d'épines courtes et écartées, qui apparaissent au moins sur le dernier tour ; celui-ci est très grand, arrondi au-dessus de la rampe postérieure et déclive, un peu excavé à la base, qui s'atténue progressivement jusqu'au cou, sur lequel il n y a presque pas de bourrelet. Ouverture grande, ovale, avec une gouttière dans l'angle inférieur, ou dans le repli du labre quand les sutures sont canaliculées, terminée en avant par un canal assez long et assez large, dont l'origine est indécise parce qu'il se rétrécit graduellement, et qui est tronqué sans échancrure à son extrémité ; labre mince, liré à l'intérieur, bisinueux en

profil, avec un arc proéminent entre les deux sinuosités, aboutissant orthogonalement à la suture ; columelle largement excavée,
infléchie et portant, au point d'inflexion, un large pli aplati, limité
en dessous par une rainure visible à tout âge, mais surtout profonde chez les jeunes individus ; bord columellaire très mince,
à peine distinct de la base, un peu plus calleux et très étroit
contre le canal, du côté antérieur.

Diagnose complétée d'après des échantillons fossiles de l'espèce-type (Pl. III, fig. 11), et d'après
un plésiotype : *Fulgur pirum* Dillw. (Pl. III,
fig. 15), du Miocène de Duplin Co, dans la
Caroline du Nord, ma coll. Protoconque grossie
de la seconde espèce (Fig. 24).

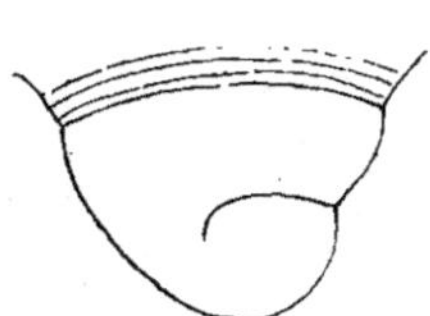

FIG. 24. -- *Fulgur pirum,*
Dillw.

Rapp. et diff. — Ce Genre, très important par la
taille et le nombre de ses membres, mais très limité
comme *habitat* géographique et stratigraphique, est classé par Fischer et
par M. Dall dans la Famille *Turbinellidæ*, quoique son unique pli oblique
ne ressemble guère aux plis transverses et presque pariétaux de *Turbinella* ou de *Vasum* ; toutefois Fischer admet une Sous-Famille *Fulgurinæ*, qui sera ultérieurement érigée en Famille distincte, quand on ne se
laissera plus exclusivement guider par la similitude des radules. Ce
qui caractérise principalement cette Sous-Famille, c'est la largeur du canal,
tandis que chez les *Turbinellinæ* et les *Tudiculinæ*, le canal, plus rétréci dès
son origine, constitue une région distincte du reste de l'ouverture, comme
chez les *Fusidæ* d'ailleurs. La protoconque de *Fulgur* se rapproche beaucoup
de celle de *Tudicula* ; mais la double sinuosité du labre, la minceur du bord
columellaire, l'inflexion du canal, etc., l'écartent complètement de ce Genre.

J'y réunis *Busycon* et *Sycopsis*, qui sont complètement synonymes, parce
que les espèces-types sont des *Fulgur* bien caractérisés ; quant à *Sycotypus*,
le type est *F. canaliculatum*, la coquille ne diffère exclusivement que par ses
sutures canaliculées ; Tryon et Fischer ont néanmoins conservé *Sycotypus*
comme Section de *Fulgur* ; mais, à l'exemple de M. Dall, je pense que cette faible différence ne justifie pas même la séparation d'une Section.

Répart. stratigr.

OLIGOCENE. — Une espèce dans le Vicksburgien des Etats-Unis : *F. spinigerum* Conr., d'après M. Dall.

MIOCENE. — Nombreuses espèces ou variétés, dans les couches de la Caroline
du Nord et de la Floride : *Murex perversus* Lin., *F. maximum, concinnum,*

tuberculatum, coronatum, fusiforme, elongatum Conr., *F. pirum* Dillw.,
ma coll. ; *F. scalaspira* Conr., *F. æpinotum, incile, stellatum* Dall, d'après
la Monographie de cet auteur.

PLIOCENE. — Plusieurs des espèces précédentes, avec quelques autres spé-
ciales, dans la Floride : *F. excavatum* Conr., *F. planulatum, echinatum*
Dall, d'après cet auteur.

EPOQUE ACTUELLE. — Outre le type, une espèce et sa variété sur les côtes
de la Floride, d'après le Manuel de Tryon.

LIROSOMA, Conrad *em.* 1862.

Coquille piriforme ; canal un peu allongé, infléchi, rapidement
rétréci ; pli columellaire oblique, saillant.

LIROSOMA, *sensu stricto.*   Type : *Fasciolaria sulcosa,* Conr. Mioc.
          (= *Tortifusus,* Conr. 1867.)

Taille au-dessous de la moyenne : forme piroïde, ventrue ; spire
peu allongée, à galbe subconoïdal ; protoconque paucispirée, peu
saillante, en calotte ; tours étagés par une rampe au-dessus de la
suture, ornés de carènes spirales, crénelées par des plis d'accroissement un peu courbes ; dernier tour très grand, arrondi, excavé
à la base qui dégage un cou assez droit, et sur laquelle se prolongent les carènes spirales, transformées en funicules obliques sur le
cou, sans aucune trace de bourrelet. Ouverture piriforme, ovale,
assez large, presque sans gouttière dans l'angle inférieur, contractée
à la naissance du canal, qui est médiocrement allongé, assez étroit,
infléchi à droite, tronqué sans échancrure à son extrémité ; labre
peu épaissi, plissé à l'intérieur, faiblement excavé en profil, antécurrent vers la suture : columelle peu excavée en arrière, munie,
à la naissance du canal, d'un pli assez saillant, oblique, avec une
rainure obsolète en dessous, infléchie avec le canal au dessus de
ce pli ; bord columellaire indistinct en arrière, à peine plus calleux en avant, à partir du pli.

Diagnose refaite d'après des échantillons de l'espèce type (Pl. III, fig. 4), du Miocène de James River, ma coll.

Rapp. et diff. — Tandis que Tryon place ce Genre dans les *Fasciolariidæ,* Fischer le rapproche de *Fulgur*; j'adopte cette dernière opinion, confirmée d'ailleurs par M. Dall, qui considère *Lirosoma* comme l'ancêtre direct de *Fulgur* : en effet, ces deux Genres, quoique leur aspect paraisse bien différent, tant à cause de la forme qu'à cause de l'ornementation, possèdent un caractère commun, c'est-à-dire une rainure columellaire au-dessous de leur pli antérieur. D'autre part, le canal est moins large et moins infléchi chez *Lirosoma* que chez *Fulgur*, mais il n'a pas la rectitude de celui des *Fasciolariinæ*. Enfin, le labre n'est pas bisinueux, comme celui de *Fulgur*, mais simplement excavé.

En ce qui concerne le Genre *Tortifusus* Conrad, que Tryon ainsi que Fischer ont classé près de *Fulgur*, il ne paraît pas, d'après la figure, distinct de *Lirosoma* : le canal présente la même inflexion, il est seulement un peu plus large ; l'ornementation de la spire est à peu près semblable, et, d'autre part, le gisement est contemporain.

On pourrait encore être tenté de rapprocher *Lirosoma* de *Lirofusus*, dans la Famille *Fusidæ*, à cause de la similitude de l'ornementation et de la disposition infléchie du canal ; mais on remarque que la protoconque est tout à fait différente et que la columelle, lisse chez *Lirofusus*, est ici plissée et rainurée à la hauteur de l'inflexion.

Répart. stratigr.

MIOCENE. — L'espèce-type et le type de *Tortifusus* (*T. curvirostra* Conr.) dans la Caroline du Nord et la Virginie, ma coll.

SYCUM, Bayle, 1880.

Coquille lisse, piriforme ; canal court, large, peu infléchi ; columelle sans plis, à bord calleux ; bourrelet basal subcaréné.

SYCUM, *sensu stricto.*   Type : *Fusus bulbiformis*, Lamk. Eoc.

(*non* Sycon Risso, 1826 ? *sec.* Scudder ; = *Liostoma* Sw. *em.* 1840,
non Lacépède 1802.)

Test pesant. Taille assez grande: forme piroïde par excellence, ventrue, régulièrement ovale ; spire courte, subulée, à galbe extra-conique, pointue au sommet, entièrement lisse, sauf quelques filets spiraux, toujours obsolètes, sur certaines espèces ; protoconque papilleuse, paucispirée ; tours étroits, à sutures linéaires, se recouvrant successivement et en partie ; dernier tour formant la plus grande partie de la coquille, ovale arrondi, à base convexe, seulement excavée contre le cou, qui porte un bourrelet peu saillant et limité, du côté de la région ombilicale, par une petite carène oblique. Ouverture ovale, allongée, munie dans l'angle inférieur d'une étroite gouttière rainurée, non rétrécie à l'origine du canal, qui est large, court, à peine dévié vers la droite, tronqué presque sans aucune échancrure à son extrémité ; labre mince sur son contour, quelquefois plissé à l'intérieur, à peine sinueux au milieu, légèrement rétrocurrent vers la suture ; columelle excavée en arrière, bombée au milieu, sans aucune trace de plis, s'infléchissant en avant avec le canal ; bord columellaire large et très calleux, surtout dans l'angle inférieur, où il contribue à rétrécir la gouttière, bien appliqué sur la dépression ombilicale qui le sépare de la carène du bourrelet, terminé en pointe effilée à l'extrémité antérieure.

Diagnose refaite d'après l'espèce-type (Pl. III, fig. 9), du Calcaire grossier de Damery, ma coll. ; et d'après un plésiotype du Calcaire grossier de Villiers : *Pirula bulbus* Sol. (Pl. III, fig. 10), ma coll.

Rapp. et diff. — Ce Genre, exclusivement du Tertiaire inférieur, se rapproche évidemment de *Fulgur* : par sa protoconque, par la forme générale et piroïde de la coquille, par la disposition graduellement rétrécie de son canal ; mais il s'en distingue : par sa columelle dépourvue de plis, par son bourrelet caréné sur le cou, par son épaisse callosité columellaire, par le profil du labre et par la légère sinuosité qui échancre l'extrémité du canal, sans que ce soit pourtant une échancrure comparable à celle des *Buccinidæ*.

La dénomination que Bayle a substituée à *Liostoma* (= *Leiostoma* Sw..) déjà employé en Zoologie, pourrait, à la rigueur, être considérée comme grammaticalement synonyme de *Sycon* Risso, puisque l'une et l'autre dérivent du même mot grec Συχον. Cependant, comme la seconde ne m'est connue que par le répertoire de Scudder, qui n'en mentionne même pas exactement la date, et qui ne renseigne pas l'ouvrage dans lequel elle a été proposée, je me borne à signaler ce rapprochement, sans faire de rectification.

Répart. stratigr.

PALEOCENE. — Une espèce à peu près certaine, dans les couches de Copenhague : *Liostoma striatum* von Kœnen, d'après la Monographie de cet auteur [Uber pal. fauna Copenhagen, 1885, p. 19, pl. 1, fig. 15].

EOCENE. — Quatre espèces aux trois niveaux du Bassin de Paris et dans le Bartonien d'Angleterre : *Pirula bulbus* Sol., *Murex pirus* Sol. (= *Pirula subcarinata* Lamk.), *Fusus bulbiformis* Lamk., *Fusus globatus* Desh., ma coll.

OLIGOCENE. — Une espèce bien certaine dans le Tongrien inférieur de l'Allemagne du Nord : *Liostoma ovatum* Beyr., d'après les figures de la Monographie de M. von Kœnen [Unterolig.]. Une espèce probable, dans le Tongrien de la Ligurie : *Liostoma canaliculatum* Bellardi, d'après la Monographie de cet auteur.

BULBIFUSUS, Conrad, 1865.   Type : *Fusus inauratus*, Conr. Eoc.

Taille au-dessous de la moyenne ; forme piroïde, ventrue ; spire courte, à galbe conique ; tours plans ou légèrement excavés, lisses sauf une rangée de crénelures perlées au-dessous de la suture antérieure ; dernier tour très grand, arrondi, excavé à la base qui dégage bien la torsion du cou, sur lequel s'enroule un bourrelet étroit, peu saillant, faiblement caréné. Ouverture piriforme, avec une petite gouttière dans l'angle inférieur, large et ovale au milieu, un peu rétrécie à l'origine du canal, qui est peu allongé, fortement courbé à droite de l'axe, sans échancrure à son extrémité ; labre un peu arqué en profil, antécurrent vers la suture, mince et lisse à l'intérieur ; columelle très excavée en arrière, bombée ou subplissée au milieu, avec la trace d'une rainure très oblique au-dessous de ce pli rudimentaire, infléchie avec le canal en avant ; bord columellaire large et peu calleux.

Diagnose refaite d'après des échantillons de l'espèce-type (Pl. III, fig. 6-7), du Claibornien de Clairborne, ma coll.

Rapp. et diff. — Ce Sous-Genre, que quelques auteurs ont, à tort, rapproché de *Strepsidura*, se rattache évidemment à *Sycum* par la plupart de ses caractères ; mais il mérite d'en être distingué : à cause de sa columelle subplissée et rainurée, à l'instar de celle de *Fulgur* ; à cause de son canal

plus étroit et plus courbé, bien différent aussi de celui de *Fulgur*; à cause
du profil du labre, et à cause de son bord columellaire moins calleux; à
cause de sa base plus excavée; enfin, parce que sa spire porte des crénelures
suturales, qui rappellent l'ornementation de *Fulgur*, mais avec cette différence qu'elles sont situées en avant de chaque tour, tandis que, dans le
Genre de Montfort, les ornements forment une couronne postérieure, au-dessus du canal sutural.

Répart. stratigr.
ÉOCÈNE. — L'espèce-type dans l'Alabama, ma coll.

PALÆATRACTUS, Gabb, 1869.   Type : *P. crassus*, Gabb. Crét.

Test épais. Taille petite ; forme piroïde, ovale ; spire courte, à
galbe conoïdal ; tours étroits, convexes, à sutures bien marquées,
ornés de cordons spiraux, croisés par des plis d'accroissement ;
dernier tour très grand, régulièrement arrondi, atténué et excavé
à la base, qui dégage un peu le cou muni d'un faible bourrelet. Ouverture fusoïde, un peu dilatée au milieu, anguleuse en
arrière, terminée en avant par un canal court, infléchi à droite,
tronqué sans échancrure à son extrémité ; labre assez mince, non
plissé à l'intérieur, presque vertical, avec une petite sinuosité
au-dessus de la suture ; columelle excavée en arrière, coudée, mais
non plissée à la naissance du canal ; bord columellaire peu distinct.

Diagnose refaite d'après la figure de l'espèce-type,
  reproduite ci-contre (**Fig. 24** *bis*); et d'après un plésiotype médiocrement conservé, du Sénonien supérieur
  de Vaals, près d'Aix-la-Chapelle: *P. minimus* Hœning.
  (Pl. IV, fig. 3), collection de l'École technique supérieure, communiqué par M. Holzappel.

FIG. 24 *bis*.-- *Palæatractus crassus*, Gabb.

Rapp. et diff. — Gabb a rapproché ce Sous-Genre de
Neptunea; je suis plutôt d'avis, conformément à l'opinion de
Fischer, qu'il doit être rattaché à *Sycum*, dont il ne diffère
guère que par sa surface treillissée et par sa columelle plus
coudée en avant, moins calleuse en arrière. Les individus d'Aix-la-Chapelle,
que M. Holzapfel a rapportés à *Palæatractus*, et que je cite comme plésiotypes,

paraissent bien classés dans ce Sous-Genre : toutefois, leur canal étant incomplet, ils ont l'aspect plus buccinoïde, plus tronqué à la base que l'échantillontype, du Crétacé de Californie.

Répart. stratigr.

> SÉNONIEN. — L'espèce-type dans le Crétacé supérieur de la Californie. Deux plésiotypes dans les sables de Vaals, près d'Aix-la-Chapelle : *Pirula minima* Hœning., ci-dessus figuré, et *Palæatractus Rœmeri* Holz., d'après la Monographie de M. Holzapfel. Une espèce probable, dans le groupe d'Arrialoor (Inde méridionale), classée par Stoliczka dans le Genre *Neptunea*, et rapportée (à tort selon moi) à l'espèce de Gosau : *Voluta rhomboidalis* Zekeli, d'après les figures de la Monographie de Stoliczka ; il est à remarquer que les figures de Zekeli indiquent un canal non infléchi, mais il est possible qu'elles soient inexactes.

PIRIFUSUS, Conrad, 1858.

Forme buccinoïde, à canal presque nul, non échancré, sans bourrelet ; columelle lisse et sinueuse.

PIRIFUSUS, *sensu stricto.*   Type : *P. subdensatus,* Conr. Crét.

Taille moyenne ; forme ovale, subglobuleuse, subpiroïde ; spire très courte, un peu étagée à la suture, à galbe conique ; tours cancellés par des cordons spiraux qui produisent des crénelures sur les côtes axiales ; dernier tour très grand, avec une rampe excavée au-dessous de la suture, régulièrement arrondi, excavé à la base, sur laquelle se prolonge l'ornementation de la spire, et qui s'atténue, sans bourrelet, jusqu'à l'extrémité du cou. Ouverture assez large, piriforme, très anguleuse en arrière, avec une étroite gouttière postérieure se raccordant par une courbe régulière à l'extrémité du canal qui est tout à fait court, un peu dévié, tronqué sans échancrure en avant ; labre à peine arqué ; columelle excavée en arrière, sinueuse et déviée en avant comme le canal ; bord columellaire assez large et étalé.

Pirifusus

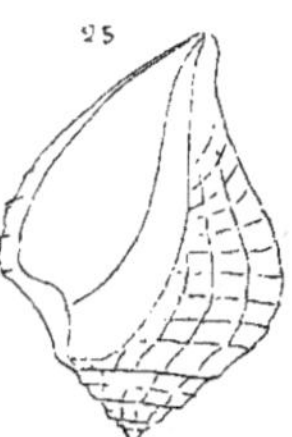

Diagnose refaite d'après la figure de l'espèce-type, reproduite ci-contre (**Fig.** 25); et d'après un plésiotype
des sables de Vaals : *Strombus fenestratus* Muller
(Pl. VI, fig. 22), collection de l'école technique supérieure d'Aix-la-Chapelle, communiqué par M. Holzapfel.

Rapp. et diff. — Ce Genre n'a pas été caractérisé par Conrad ; la seule trace que j'en trouve est dans une figure n° 2
de la Planche XLVII du « Journ. Acad. Sc. nat. », sans aucune
diagnose dans le texte qui accompagne cette planche, et qui
est relatif à un certain nombre d'espèces nouvelles, crétaciques et tertiaires.
Cette figure est faite au trait, sans ombres, et elle donne l'aspect d'un *Sycum*,
à canal presque nul et à surface ornée. Seize ans plus tard, Meek reprenant le
Genre de Conrad, l'a interprété d'une manière tout à fait différente, et en a rapproché son Sous-Genre *Neptunella*, qui ne paraît avoir aucun rapport avec *Pirifusus*, tout en reconnaissant cependant qu'il y a, entre ces deux formes, de
grosses différences, notamment la courbure de la columelle, qui est presque
rectiligne chez *Neptunella*. Dans ces conditions, je ne crois pas qu'on puisse les
classer ensemble, de sorte que, pour se conformer à la pensée de Conrad, *Pirifusus* doit être placé près de *Sycum*, après *Palæatractus*, dont il se rapproche
par sa forme ovale, par son canal court, et par sa columelle sinueuse, mais dont
il s'écarte par son ornementation, par la brièveté plus grande du canal, enfin
par la disparition complète du bourrelet basal.

Répart. stratigr.

    Albien. — Une espèce douteuse, dans le Gault de Cosne : *Fusus subclathratus*
        d'Orb. ; d'après la figure publiée par M. de Loriol, dans sa Monographie
        [Pl. II, fig. 12-13].

    Cenomanien. — Une espèce à l'état de moule ou de fragment, dans le « Jal-
        lais » du Mans : *Fusus cenomanensis* Guéranger, d'après l'Album paléonto-
        logique de la Sarthe, par cet auteur.

    Senonien. — L'espèce-type dans le Crétacé supérieur de Tippah (Missouri).
        L'espèce plésiotype ci-dessus figurée, aux environs d'Aix-la-Chapelle, clas-
        sée comme *Pollia* dans la Monographie de M. Holzapfel. Une espèce incer-
        taine, dans l'Inde méridionale : *Tritonidea granulata* Stoliczka, d'après les
        figures représentant des individus incomplets.

    Turonien. — Une espèce douteuse à Gosau : *Voluta crenata* Zekeli, d'après la
        figure de la Monographie de cet auteur.

*

MELONGENA, Schumacher, 1817.

Coquille épineuse ; canal large et court, avec un gros bourrelet ; columelle lisse, plus ou moins sinueuse.

MELONGENA, *sensu stricto*.   Type : *Murex melongena*, Lin. Viv.

(= *Myristica*, Swainson 1840 ; = *Cassidula* Humphrey 1797,
fide Sw. 1840 ; = *Galeodes*, Martini, *fide* Schröter).

Test épais et pesant. Taille parfois très grande ; forme piroïde, ovale ou biconique, très ventrue en général ; spire courte, à galbe conique ou extraconique, à sommet pointu ; tours étroits, anguleux en avant, couronnés, sur cet angle, de nodosités carénées, qui se transforment en épines saillantes et aiguës sur le dernier tour, où elles forment une couronne placée plus ou moins bas, et séparée de la suture par une rampe déclive, quelquefois un peu convexe ; base atténuée, non excavée, portant très en avant une seconde couronne oblique d'épines, qui aboutit au contour antérieur du labre ; bourrelet du cou très épais, saillant, presque transversalement enroulé. Ouverture piriforme, très haute, médiocrement dilatée au milieu, munie en arrière d'une gouttière qui échancre généralement la jonction calleuse du labre avec la base, non contractée à l'origine du canal qui est large, à peine infléchi à droite, horizontalement tronqué et légèrement échancré à son extrémité ; labre peu épais, lisse à l'intérieur, ou simplement lacinié par les sillons de la surface, presque vertical, entaillé vis-à-vis des épines, subéchancré à la suture ; columelle peu excavée en arrière, légèrement bombée au milieu sans aucune trace de plis, faiblement déviée à droite avec le canal : bord columellaire largement étalé, médiocrement calleux, appliqué en avant sur la dépression ombilicale.

Melongena

Diagnose complétée d'après l'espèce-type, et d'après deux plésiotypes du Miocène des environs de Bordeaux : *Pirula cornuta* Agass. (Pl. V, fig. 11), et *Pirula Lainei* Bast. (Pl. IV, fig. 10), tous deux de ma coll.

Rapp. et diff. — C'est surtout par la brièveté de son canal que la Sous-Famille *Melongeninæ* se distingue de *Fulgurinæ*, et même de *Turbinellinæ*, malgré les épines qui l'y rattachent encore ; en outre, la columelle devient tout à fait lisse, et le canal se charge, sur le cou, d'un gros bourrelet, d'autant moins oblique qu'il est très court, et reproduisant les accroissements de l'échancrure basale ; celle-ci, sans être réellement échancrée, présente une légère sinuosité qu'on n'observe jamais chez les autres *Turbinellidæ*, ce qui rapproche déja *Melongena* des *Buccinidæ*.

Tandis que Tryon n'admet qu'un seul Genre *Melongena*, et ne mentionne même pas *Myristica* Swainson, Fischer fait de ce dernier une Section du Genre principal, au même titre que *Pugilina* ; or, après un examen attentif des figures des formes vivantes, d'ailleurs très variables pour chaque espèce, et respectivement classées dans les deux divisions *Melongena* et *Myristica*, je conclus qu'il n'est pas possible de séparer génériquement, ni même sectionnellement, *Melongena melongena* de *Myristica galeodes*. Si l'on fait la même comparaison entre les plésiotypes fossiles : *Pirula cornuta*, qui ressemble au type de *Melongena*, et *P. Lainei* qui est, au contraire, l'homologue fossile de *M. galeodes*, on trouve qu'ils ne se distinguent que par des caractères spécifiques, tels que ceux de l'ornementation, mais que tous les caractères essentiels de l'ouverture sont identiques. La réunion que je propose paraît donc tout à fait justifiée. Quant aux dénominations *Cassidula* et *Galeodes*, elles sont absolument synonymes de *Melongena*, et doivent être rejetées comme n'ayant été régulièrement publiées qu'après Schumacher.

Répart. stratigr.

OLIGOGÈNE. — Deux espèces dans le Tongrien de la Ligurie : *Myristica basilica* Bell., et *M. carcarensis* Mich"., d'après les figures de la Monographie de Bellardi. Une troisième espèce dans les mêmes gisements, classée comme *Anura* par Bellardi, et comme *Pugilina* par M. Rovereto : *Fusus laxecarinatus* Mich"., d'après la figure publiée par Bellardi.

MIOCÈNE. — Les deux plésiotypes ci-dessus figurés, dans l'Aquitanien et le Burdigalien de la Gironde, ma coll. Les mêmes : à Golubaz, en Serbie, ma coll. ; dans l'Helvétien de la Touraine, d'après la liste de MM. Dollfus et Dautzenberg ; dans l'Helvétien du Piémont, d'après la Monographie de Bellardi. L'une d'elles (*P. cornuta*) dans le Bassin de Vienne, d'après la Monographie de R. Hœrnes et Auinger, et dans la Molasse du Portugal, d'après la Monographie de Pereira da Costa.

PLIOCÈNE. — Deux espèces dans les couches néogéniques de Java : *Pirula gigas* Mart., *P. bucephala* Lamk., d'après les types exposés, en 1900, au pavillon des Indes néerlandaises,

Melongena

Époque actuelle. — Plusieurs espèces aux Indes occidentales, sur les côtes du Pérou et du Brésil, dans la Mer Rouge, l'Océan indien et la Polynésie, d'après le manuel de Tryon.

CORNULINA, Conrad. 1865. Type : *C. armigera*, Conr. Eoc.

Test épais. Taille assez grosse ; forme globuleuse, buccinoïde, à peine plus haute que large ; spire courte, à galbe conique ; protoconque polygyrée, à nucléus petit et papilleux ; tours étagés en avant par une couronne de nodosités épineuses, souvent très écartées ; dernier tour très grand, ventru, portant en arrière une première rangée d'épines saillantes et pointues, séparée de la suture par une rampe déclive, puis, à la périphérie de la base, une seconde chaînette peu éloignée de la première, formée d'épines plus courtes et plus nombreuses ; base excavée, ornée de profondes rainures spirales et écartées, dégageant le cou qui est très court, presque nul chez le type, et qui porte un énorme bourrelet caréné, très oblique ou presque transversal. Ouverture ovale, assez large, peu allongée, avec une gouttière inférieure non échancrée, peu contractée en avant, à la naissance du canal, qui est large, très court, subitement dévié vers la droite, sans aucune inflexion terminale du côté de l'axe, et tronqué par une faible sinuosité à son extrémité ; labre assez épais, lacinié sur son contour, entaillé vis-à-vis des épines, presque vertical, sauf une petite échancrure à la suture ; columelle lisse, bien excavée en arrière, brusquement coudée avec le canal, à l'origine duquel elle fait un angle très net ; bord columellaire assez largement étalé, séparé du bourrelet antérieur par une dépression ombilicale assez profonde.

Diagnose refaite d'après un magnifique échantillon de l'espèce type (Pl. IV, fig. 5), du Claibornien de l'Alabama, ma coll. ; et d'après une espèce plésiotype du Bartonien du Ruel : *Fusus minax* Lamk. (Pl. V, fig. 10), ma coll.

Rapp. et diff. — Dans mon Catalogue de l'Eocène des environs de Paris [T. IV. p. 164], j'ai classé *Fusus minax* dans la Section *Myristica*, suivant l'exemple de Fischer qui y réunit *Cornulina*. Actuellement, j'ai changé d'opinion par suite de l'examen des columelles de ces deux formes ; j'ai constaté que *Fusus minax* se rattache intimement à *Cornulina armigera*, et qu'il n'en diffère que par des caractères spécifiques, de sorte que ces deux coquilles, qui s'écartent d'ailleurs de *Myristica*, c'est-à-dire de *Melongena*, appartiennent bien au même Sous-Genre, comme l'a d'ailleurs indiqué aussi M. Dall. [Tert. Flor., p. 118]. Outre l'inflexion de la columelle et du canal, *Cornulina* se distingue de *Melongena* par un écartement moindre de ses deux rangées d'épines, l'antérieure étant à la périphérie de la base, au lieu d'être située sur la base elle-même.

Répart. stratigr.

Eocène. — L'espèce-type à Claiborne, ma coll. Le plésiotype ci-dessus figuré, aux trois niveaux éocéniques du Bassin de Paris, à Bracklesham, en Angleterre, ma coll. Une autre espèce bien distincte, dans le Bassin de Nantes : *Melongena namnetica* Vasseur, ma coll.

Pugilina, Schumacher, 1817.   Type : *Fusus morio*, Lin. Viv.

(= *Volema*, Bolten 1798, *ex parte*.)

Taille moyenne ou un peu au-dessus ; forme biconique, ventrue ; spire étagée, médiocrement allongée, à galbe conique ; protoconque polygyrée, conique, à tours plans : tours plus ou moins élevés, séparés par des sutures linéaires, carénés au milieu de leur hauteur, et ornés de costules axiales qui forment des nodosités saillantes et pointues sur l'angle médian ; surface finement treillissée par des cordonnets spiraux alternés, et par des plis d'accroissement très serrés ; dernier tour grand, avec une rampe déclive au-dessous de la carène épineuse, ovalement atténué à la base, avec un bourrelet assez épais sur le cou. Ouverture subtriangulaire, anguleuse sans gouttière postérieure, un peu dilatée au milieu, se rétrécissant graduellement sans contraction vers le canal, qui est large, court, faiblement dévié à droite, transversalement tronqué ou à peine sinueux à son extrémité ; labre vertical, lacinié sur son contour, médiocrement épais et lisse à l'intérieur ; columelle faiblement excavée en arrière, lisse et simplement bombée au milieu, infléchie en avant avec le canal ; bord columellaire assez large, peu calleux et à peine distinct en arrière, plus épais en avant, séparé du bourrelet par une dépression ombilicale.

Melongena

Diagnose refaite d'après des figures de l'espèce-type, et d'après un plésiotype du Bartonien de Mortefontaine : *Fusus subcarinatus* Lamk. (Pl. VI,
fig. 11), ma coll.

Rapp. et diff. — Ce Sous-Genre s'écarte de *Melongena* et de *Cornulina* par
l'absence d'une seconde rangée antérieure d'épines ; en outre, ses tours sont
plutôt carénés que franchement épineux, et les nodosités subépineuses y sont
formées par les côtes axiales ; d'autre part, le labre n'est pas échancré à la
suture, et il n'y a pas de gouttière dans l'angle inférieur de l'ouverture ; enfin,
l'inflexion de la columelle et du canal est intermédiaire entre la courbure
presque nulle chez *Melongena*, et brisée au contraire chez *Cornulina*. Certains
auteurs ont classé dans le Genre *Semifusus* les espèces fossiles que je cite
ci-après comme représentant, dans le Tertiaire, le Sous-Genre *Pugilina* : c'est
une erreur à mon avis, attendu que *Semifusus* a le canal plus long, redressé
à son extrémité, et complètement dépourvu de bourrelet sur le cou ; de plus,
le labre de *Semifusus* fait une sinuosité sur la rampe inférieure, tandis qu'il
est rectiligne et orthogonal à la suture, chez *Pugilina*.

La dénomination *Volema* s'applique à un mélange de coquilles qui appartiennent à plusieurs Genres distincts ; d'ailleurs, le catalogue de Bolten n'est
admis comme faisant loi, en matière de nomenclature, à moins que les divisions qu'il contient n'aient été ultérieurement adoptées, avec un sens défini,
par un auteur subséquent : par conséquent, il y a lieu d'adopter de préférence *Pugilina*, qui est de beaucoup antérieur à cette naturalisation de *Volema*.

Répart. stratigr.
SÉNONIEN. — Une contre-empreinte douteuse, dans le Sénonien inférieur
du Brunswick : *Fusus (Hemifusus Kœneni* ([1]) Muller, d'après la Monogra-
phie de cet auteur [Moll. untersenon. Brunschweig, 1898, p. 120, pl. XVI,
fig. 6-7].
EOCENE. — Outre le plésiotype ci-dessus figuré, plusieurs espèces dans ce
Calcaire grossier parisien : *Fusus muricoides* Desh., *F. ditropis* Bayan,
F. interpositus Desh., *F. abbreviatus* Lamk., ma coll. Deux espèces voisines des précédentes, dans le Bassin de Nantes : *Melongena Dumasi* et *conu-
loides* Cossm., ma coll. Une espèce dans les tufs noirs de Roncà : *Fusus
Brongniarti* d'Orb., ma coll.
OLIGOCENE. — Une espèce voisine du plésiotype, dans le Stampien des environs de Paris : *Murex Berti* Stan. Meun., ma coll. Une espèce bien caractérisée, dans les marnes de Gaas : *Fusus pagodulus* Grat., ma coll. Une
espèce probable, dans le Tongrien de l'Allemagne du Nord : *Fusus Auer-
bachi* v. Kœnen, d'après la figure publiée par l'auteur.
MIOCENE. — Une espèce bien connue, dans l'Aquitanien du Bordelais et de

---

([1]) Cette dénomination doit être modifiée, pour cause de double emploi avec l'espèce
oligocénique de MM. Cossmann et Lambert (1883). Je propose, en conséquence, pour
l'espèce sénonienne : **Pugilina ? Mulleri**, *nobis*.

la Ligurie : *Fusus æqualis* Mich[ii], ma coll. pour la première de ces provenances. Une espèce douteuse dans l'Helvétien de la Touraine : *Semifusus Cossmanni* Mayer, d'après MM. Ivolas et Peyrot. Deux espèces dans l'Helvétien du Piémont : *Murex pirulatus* Bon.. *Hemifusus crassicostatus* Bellardi. d'après la Monographie de cet auteur. Une espèce et sa variété. dans la Floride : *Melongena sculpturata* Dall, d'après la figure publiée par cet auteur ; une espèce bien caractérisée, dans la Californie : *Trophon ponderosum* Gabb, d'après les figures de la Monographie de Gabb.

PLIOCÈNE. — Deux espèces dans les couches de Caloosahatchie (Floride) : *Melongena subcoronata* Heilp., ma coll.. et *M. aspinosa* Dall. d'après la figure publiée par M. Dall. Plusieurs espèces dans les couches de Java : Murex, *cochlidium* Lin.. *Melongena ponderosa* ('), *rex, madjalenkensis* Martin, d'après la Monographie de cet auteur.

SOLENOSTIRA, Dall em. 1890.   Type : *Pirula anomala*. Reeve. Viv.

Taille petite; forme piroïde, ventrue; spire courte, à galbe conique; protoconque lisse, petite. à nucléus bulbeux, de un tour et demi (*fide* Dall); tours convexes, étroits, ornés de côtes ou carènes spirales, régulièrement crénelées par des côtes axiales arrondies; dernier tour très grand, égal aux trois quarts de la hauteur totale, quand on le mesure de face, arrondi, ventru. excavé à la base sur laquelle cessent les côtes axiales. tandis que les carènes s'enroulent obliquement jusqu'en deçà du gros bourrelet situé sur le cou, lequel ne porte que des accroissements curvilignes. Ouverture piriforme, avec une étroite gouttière dans l'angle inférieur, contractée en avant et terminée par un canal modérément allongé, peu infléchi, tronqué sans échancrure à son extrémité : labre épais. convexe, plissé à l'intérieur ; columelle lisse, un peu arquée en arrière, à peine coudée en avant; bord columellaire assez calleux, détaché du côté antérieur et séparé du bourrelet par une fente ombilicale large, mais peu pofonde.

Diagnose complétée d'après la figure de l'espèce-type, dans le Manuel deTryon, et d'après
la figure d'un plésiotype pliocénique de la
Floride : *S. mengeana* Dall [Tert. Flor. 1, p.
122, pl. IX, fig. 1] ; reproduction de la figure
originale (Fig. 26 ci-contre).

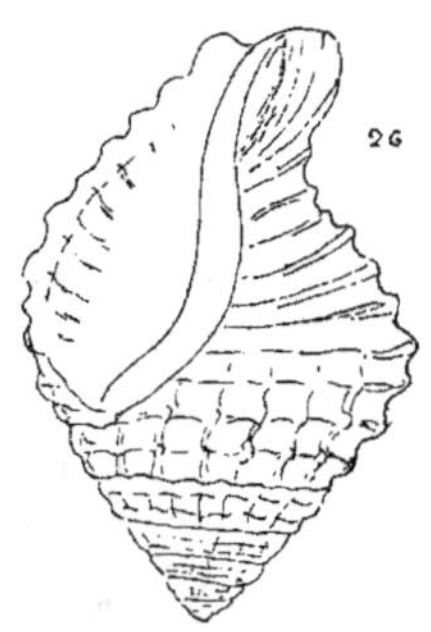

Fig. 26. — *Selenostira mengeana*, Dall.

Rapp. et diff. — M. Dall a proposé le Genre *So-
lenosteira* (qu'il faut orthographier *Solenostira*, la
diphtongue *æ* n'existant pas en latin) pour une
espèce vivante, placée par Reeve dans le Genre *Pirula*,
par Tryon dans le Genre *Melongena*, et d'ailleurs très
variable, puisque Tryon la réunit à *M. pallida*, avec
M. anceps. A mon avis, *Solenostira* n'est tout au plus qu'une Section de
Pugilina, qui est lui-même Sous-Genre de *Melongena* : les caractères principaux de l'ouverture sont les mêmes, et je n'aperçois guère d'autre différence
que celle de l'ornementation qui, chez *Solenostira*, paraît dépourvue de l'angle
caréné ou subépineux qui persiste encore chez *Pugilina*, comme trace des épines primitives des *Melongeninæ*; toutefois, si la protoconque a bien la disposition qu'indique M. Dall, elle diffère évidemment de celle des autres membres de la Sous-Famille, ce qui justifierait la séparation d'une Section.

Répart. stratigr.

PLIOCENE. — Deux espèces dans les marnes et couches à silex de la Floride : *S. mengeana* et *inornata* Dall, cette dernière non figurée [*loc.
cit.*].

EPOQUE ACTUELLE. — L'espèce-type et ses variétés, sur la côte occidentale
de l'Amérique centrale, d'après le Manuel de Tryon.

NEPTUNELLA, Meek, 1864. Type : *Fusus Newberryi*, Meek et H. Crét.

« Coquille avec les tours de spire arrondis; columelle non si-
» nueuse ; spire égale à la moitié ou aux deux tiers de la hauteur de
» l'ouverture; labre profondément sinueux au-dessous du milieu. »
Taille moyenne; forme biconique, rhomboïdale, assez épaisse et
ventrue; spire peu allongée, à galbe conique, à sommet aigu quand
il n'est pas corrodé; tours étagés ou excavés à la suture, arrondis et
costulés en avant, ornés de stries ou de côtes d'accroissement sinueuses et de rainures spirales ; dernier tour grand, excavé en arrière,

subanguleux par la saillie des costules pincées qui ne se prolongent pas sur la base ; celle-ci est excavée, régulièrement atténuée, sans bourrelet sur le cou. Ouverture piriforme, peu allongée, obtusément anguleuse en arrière, graduellement rétrécie du côté antérieur, où elle se termine par un canal brièvement tronqué, presque sans inflexion ; labre sinueux comme les côtes externes, très antécurrent vers la suture ; columelle lisse, à peine arquée ; bord columellaire assez large et distinct.

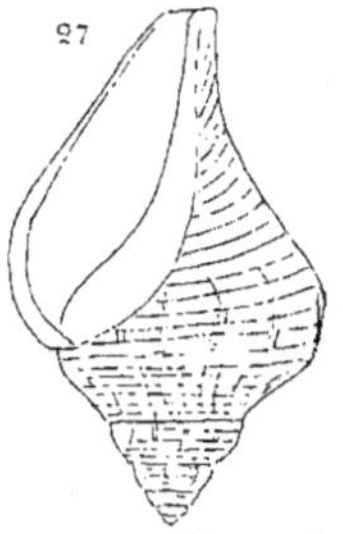

> Diagnose traduite d'après celle de l'auteur, et refaite d'après les figures de l'espèce-type, reproduite ci-contre (Fig. 27). Reproduction de la photographie d'une espèce plésiotype : *Fusus subturritus* Meek et Hayd. (Pl. VII ([1]), fig. 7), du Musée de Washington, envoyée par M. Stanton.

Rapp. et diff. — En fixant la diagnose de ce Sous-Genre antérieurement créé par lui [Invert. cret. upper Missouri, 1776, p. 343], Meek en a fait une subdivision de *Pirifusus* Conrad, et il les a classés tous deux dans la Famille *Muricidæ* ; or, on a vu plus haut, à propos de *Pirifusus*, que ce Genre doit être rapproché de *Sycum* ; quant à *Neptunella*, qui n'y ressemble guère, c'est une forme qui me paraît présenter quelques-uns des caractères de *Pugilina*, malgré la disparition de la carène, qui d'ailleurs n'existe pas non plus chez *Solenostira* : la sinuosité du labre, l'absence de contraction du canal, la surface lisse de la columelle, justifient ce rapprochement. Toutefois, *Neptunella* mérite d'être distingué comme Sous-Genre, à cause de l'absence d'un bourrelet sur le cou et parce que sa columelle est à peine arquée, ainsi que l'a fait ressortir Meek, dans les observations dont il accompagne sa diagnose ; il est vrai, d'autre part, que l'on doit tenir compte de l'inexactitude des figures lithographiées sur les planches du Mémoire de Meek et que la photographie que nous reproduisons de l'échantillon de *Fusus Newberryi*, représente un canal beaucoup moins rectiligne que ne l'indique la figure originale. Cet auteur ajoute que ses *Neptunella* ont une vague ressemblance avec l'espèce vivante *Fusus dilatatus* Quoy et Gaimard, qu'Adams place dans le Genre *Neptunea* et qu'on retrouvera ci-après dans les *Siphonalia* (Sous-Genre *Penion*) ; de là, le nom choisi par lui pour son nouveau Sous-Genre. En réalité, il n'y a aucune affinité entre *Neptunella* et les *Siphonalia*, qui ont le canal recourbé, la columelle excavée, la protoconque papilleuse, etc.

FIG. 27. — *Neptunella Newberryi,* Meek et Hayd.

(1) C'est par erreur que ce renvoi à la Pl. VII, fig. 7, a été ci-dessus (p. 8) indiqué pour *Serrifusus dakotensis*.

Répart. stratigr.

CRETACE. — Une espèce probable, à l'état de moule, dans le Dordonien de
la Charente: *Fusus Espaillaci* d'Ob., coll. Joly. Trois espèces dans les
groupes de « Fox Hill's », et de « Fort-Pierre » au Missouri: *Fusus
Newberryi, subturritus, intertextus* Meek et Hayden, d'après la Monogra-
phie de ces auteurs. Une espèce probable dans les couches de Pilsen, en
Bohême : *Fusus Nereidis* Munst. d'après la figure publiée par M. Fritsch
[Böhm. Kreide, V. p. 86,fig. 81] ; le même dans la Craie supérieure de
Westphalie, d'après l'échantillon du Musée de Munich, communiqué par
M. von Zittel.

SEMIFUSUS, Swainson, 1840 (*em.*).

(= *Hemifusus*, Sw. *incorrect. nom.* ; = *Thatcheria*, Angas 1877, *monstr.*)

Spire relativement courte ; forme élancée et de grande taille ;
canal long et droit, dépourvu de bourrelet sur le cou ; labre sinueux
enarrière ; columelle lisse, peu calleuse. Type : *Fusus colósseus*, Lk. Viv.

MAYERIA, Bellardi, 1871.   Type : *M. acutissima*, Bell. Mioc.

Taille moyenne ; forme biconique, en général ventrue ; tours carénés et sillonnés spiralement, la carène souvent tranchante et aiguë,
quelquefois crénelée par des accroissements ; dernier tour grand,
avec une rampe postérieure excavée au-dessous de la carène, portant
souvent un ou même deux angles plus adoucis sur la base, qui est
alors moins excavée que quand la carène est unique, et qui dégage
un cou droit, dépourvu de bourrelet, simplement orné de filets
obliques. Ouverture subrhomboïdale, anguleuse sans gouttière du
côté postérieur, terminée en avant par un canal droit, un peu
rétréci, médiocrement allongé, non ombiliqué ; labre mince, proéminent en avant, largement échancré en arc sur la rampe postérieure ; columelle à peu près rectiligne, même en arrière, entièrement lisse, non tordue ; bord columellaire peu distinct, très aminci
en avant.

Semifusns

Diagnose refaite et élargie, d'après un plésiotype de l'Oligocène inférieur de Hermsdorf : *Pleurotoma rotata* Beyr. (Pl. VI, fig. 4), ma coll. ; et d'après un autre plésiotype, à trois angles sur le dernier tour : *Fusus errans* Soland. (Pl. VI, fig. 13), du Bartonien d'Angleterre., ma coll.

Rapp. et diff. — J'ai autrefois [Catal. Eoc. 1889, p. 166] émis l'opinion que *Thatcheria* Angas (1877) est probablement synonyme postérieur de *Mayeria* ; toutefois, comme le canal de *T. mirabilis*, type unique de ce Genre, paraît plus large et plus longuement atténué que celui de *M. acutissima*, j'admets actuellement l'hypothèse de Tryon, qui considère *Thatcheria* comme une simple monstruosité de *Semifusus*. J'ai également [*loc. cit.*] classé dans le Genre *Mayeria* une espèce du Calcaire grossier (*Fusus Lamarcki*) qui, d'après l'examen du type de Deshayes, n'est qu'un *Genea*. Enfin, les espèces anglo-parisiennes que je confondais avec *Semifusus* (*F. regularis* Sow., *F. distinctissimus* Bayan) sont, conformément à l'avis exprimé par M. É. Vincent, des *Levifusus* (= *Surculofusus* É. Vinc.).

Ces rectifications faites, il y a lieu de remarquer que *Mayeria* se rapproche beaucoup de *Semifusus*, qu'il n'en diffère que par la moindre longueur de son canal et par l'aspect généralement plus caréné de la spire ; les autres caractères, tels que la columelle lisse et droite, la sinuosité du labre, l'absence de bourrelet sur le cou, etc., sont identiques ; de sorte qu'on doit, à mon avis, n'en faire qu'un Sous-Genre. J'ajoute que le classement de ces deux formes, à canal droit. à columelle rectiligne et dépourvue de torsion ou de pli, dans la Famille *Turbinellidæ*, même dans la Sous-Famille *Melongeninæ*, me laisse des doutes, malgré la similitude que les malacologistes ont signalée entre les caractères des animaux vivants de *Semifusus* et des autres Genres de cette Famille : il est évident pour moi que, si le fossile *Mayeria* ne se rattachait pas intimement à *Semifusus*, dont je respecte le classement comme coquille actuelle, je serais plutôt enclin à le placer dans les *Fusidæ*, près de *Levifusus*.

Répart. stratigr.

    Crétacé. — Une espèce très probable dans le groupe d'Arrialoor (Inde méridionale): *Lagena secans* Stoliczka, d'après les figures de la Monographie de cet auteur.

    Éocène. — Plusieurs espèces dans le Bassin anglo-parisien ; *Fusus errans* Sol., *F. bifasciatus* Sow., ma coll., *Mayeria Bonneti*, coll. Bonnet.

    Oligocène. — L'espèce plésiotype ci-dessus figurée, dans le Tongrien de l'Allemagne du Nord, ma coll. Une autre espèce, probablement distincte de *F. errans*, dans les mêmes gisements, d'après la Monographie de M. von Kœnen.

    Miocène. — L'espèce-type dans l'Helvétien du Piémont, d'après Bellardi.

CHRYSODOMIDÆ, *nov. fam.*

Test solide, assez épais, généralement épidermé. Forme fusoïde, ovale, allongée ; protoconque lisse, bien développée, avec un nucléus papilleux et toujours dévié ; tours convexes, ornés de côtes spirales et parfois de côtes axiales, qui deviennent noduleuses dans certains Genres ; dernier tour ventru, excavé à la base qui dégage le cou courbé en dehors, avec un bourrelet souvent peu apparent. Ouverture ovale, avec ou sans gouttière postérieure, terminée en avant par un canal médiocrement allongé, toujours infléchi à droite et rejeté en dehors, non échancré à son extrémité ; labre tantôt simple, tantôt épaissi et sillonné à l'intérieur, à profil peu arqué, antécurrent vers la suture ; columelle lisse, excavée en arrière, tordue en avant avec le canal.

Observ. — Tous les auteurs (Zittel, Fischer, Tryon, entr'autres) ont, jusqu'à présent, réuni les Genres dépendant de la Sous-Famille *Chrysodominæ* Fischer (= *Neptuninæ* Tryon) avec la Famille *Buccinidæ* : il parait, en effet, que la radule de l'animal ne présente, dans le nombre des cuspides des dents latérales, que des différences peu importantes, chez *Chrysodomus* et chez *Buccinum*. Mais, au point de vue purement conchyliologique, le seul qui puisse guider les Paléontologistes, la coquille des *Chrysodominæ* présente certainement plus d'affinités avec celle des *Streptochetinæ*, dans la Famille *Fusidæ*, qu'avec celle de *Buccinum*. En effet, le canal est encore, chez *Chrysodomus* ou chez *Siphonalia*, assez long, infléchi comme celui de *Streptochetus* et de *Fasciolaria*, tandis qu'il n'est nullement échancré, comme l'est toujours celui des véritables *Buccinidæ* ; à cette échancrure siphonale doit évidemment correspondre une différence dans le fonctionnement du siphon, et c'est là un caractère qui, à lui seul, sans parler de la déviation papilleuse de la protoconque des *Chrysodomidæ*, justifierait déjà la distinction de cette Famille, en ce qui concerne *Buccinum*. D'autre part, on ne peut rapprocher *Chrysodomus* des *Fusidæ*, non seulement à cause de la différence de la protoconque, mais encore parce que, quand on regarde la coquille du côté du dos, on remarque que le cou présente une courbure qui n'existe jamais chez les *Fusidæ*, et que l'extrémité tronquée du canal semble, de ce chef, être un peu entaillée, quoiqu'il n'y ait pas d'échancrure.

En définitive, il y a lieu d'admettre la Famille *Chrysodomidæ*, qui est intermédiaire entre les *Fusidæ* ou les *Turbinellidæ*, et les *Buccinidæ*. Quant au choix

du nom à donner à cette Famille, je me suis guidé d'après la préférence qu'on
doit, comme on le verra ci-après, accorder à *Chrysodomus* sur *Neptunea*. Je ne
ne crois pas utile de la subdiviser en Sous-Familles, l'enchaînement des Genres
qu'elle comprend étant assez naturel.

Tableau des Genres, Sous-Genres et Sections

CHRYSODOMUS (Canal recourbé, non échancré)	CHRYSODOMUS (Bourrelet et fente ombilicale)	*Chrysodomus* (Forme ventrue, ouverture dilatée)
	SIPHO (Pas de bourrelet ni d'ombilic)	*Sipho* (Forme étroite, ouverture petite)
		(A) Siphonorbis (Canal très court)
	(B) Volutopsis (Canal presque nul, ouverture très ample)	*Volutopsis* (Opercule à nucléus apical)
		(C) Mohnia (Opercule paucispiré)
PARVISIPHO (Canal tronqué, taille minuscule)	PARVISIPHO (Canal court, pas de bord colum.)	*Parvisipho* (Forme un peu ventrue)
		Columbellisipho (Forme étroite)
	TORTISIPHO (Canal un peu long, pas de bord colum.)	*Tortisipho* (Forme distordue, sillonnée)
	ANDONIA (Canal court, bord columellaire)	*Andonia* (Forme étroite, costulée)
	AMPLOSIPHO (Canal long, bord colum. distinct)	*Amplosipho* (Forme dilatée)
	VARICOSIPHO (Canal long, bord colum. subdétaché)	*Varicosipho* (Forme allongée, varice labiale)
SIPHONALIA (Canal recourbé)	SIPHONALIA (Spire noduleuse, ou carénée)	*Siphonalia* (Canal assez court, pas de bourrelet)
		Kelletia (Canal assez long, gros bourrelet)
		Penion (Canal très long, pas de bourrelet)
	(D) Austrofusus (Spire sillonnée et costulée)	*Austrofusus* (Canal assez long, peu courbe, avec bourrelet)
	PSEUDONEPTUNEA (Spire costulée, échancrure latérale)	*Pseudoneptunea* (Canal court, très recourbé)

COPTOCHETUS (Canal court, tronqué, peu courbé) |	COPTOCHETUS (Spire cancellée, cou gonflé) |	*Coptochetus* (Labre variqueux, plissé intérieurement)
GONIOPTYXIS (Canal court, redressé, subéchancré) |	GONIOPTYXIS (Spire cancellée, bourrelet basal) |	*Gonioptyxis* (Labre mince, plissé intérieurement)
CYRTOCHETUS (Canal très recourbé, subéchancré) |	CYRTOCHETUS (Spire sillonnée, bourrelet basal) |	*Cyrtochetus* (Labre variqueux, lacinié intérieurement)
	LOXOTAPHRUS (Spire cancellée, base ombiliquée) |	*Loxotaphrus* (Labre variqueux, lacinié intérieurement)
EUTHRIA (Canal obliquement contourné, ride columellaire) |	EUTHRIA (Spire ventrue, ouverture contractée) |	*Euthria* (Labre épais, sinueux, plissé intérieurement)
	DENNANTIA (Spire longue, étroite, ouverture peu contractée) |	*Dennantia* (Labre peu épais, denticulé, plissé)
BARTONIA (Canal court, large, columelle anguleuse) |	BARTONIA (Ouverture peu contractée) |	*Bartonia* (Labre épais, sinueux, plissé)
ACAMPTOCHETUS (Canal court, large, presque droit)	ACAMPTOCHETUS (Spire allongée)	*Acamptochetus* (Labre variqueux, plissé sans denticules)

Genres, Sous-Genres et Sections non signalés à l'état fossile

A. — SIPHONORBIS, Mörch. 1869. — Type : *Neptunea ebur*, Mörch. D'après l'examen de cette espèce, qui m'a été communiquée par M. Dautzenberg, cette Section ne se distingue que par la brièveté de son canal, recourbé comme chez les espèces typiques de *Sipho*.

B. — VOLUTOPSIS, Mörch, 1857. — Type : *Neptunea norvegica*, Chemn. J'ai constaté sur un échantillon typique, communiqué par M. Dautzenberg, que cette coquille mérite de former un Sous-Genre distinct, à cause de l'ampleur de son ouverture, dont le labre aboutit en arc de cercle sur le contour supérieur ; le canal est, de ce fait, à peu près supprimé, et le cou, sans courbure externe. L'opercule est d'ailleurs petit, plus ovale que chez *Chrysodomus*, d'après Tryon.

C. — MOHNIA, Friele, 1879. — Type : *M. Mohni*, Friele. Cette Section se distingue principalement par son opercule paucispiré, ovale ; la forme de la coquille ressemble beaucoup à celle de *Siphonorbis*, autant que l'on peut en juger d'après des figures.

D. — AUSTROFUSUS, Kobelt, 1881. — Type : *Fusus alternatus* Phil. Ce Sous-Genre ne se distingue guère que par son canal assez long et peu courbé, avec un bourrelet médiocre sur le cou ; la spire est longue, et j'ai constaté, sur un échantillon typique provenant des côtes du Pérou (ma coll.), que l'ornementation ne diffère pas sensiblement de celle de *Siphonalia* : ce sont des côtes épaisses, non noduleuses, cessant sur la base du dernier tour, et croisées par des

7

bandelettes brunes, entremêlées de fines stries spirales. L'espèce parisienne
(*Fusus plicatulus* Desh.) que j'avais autrefois rapportée à ce Sous-Genre (Cat.
Eoc. 1889, p. 160), doit probablement être un *Tritonidea* roulé; mais on n'a
jamais, depuis le premier ouvrage de Deshayes, retrouvé d'individu qui permette d'en fixer le classement définitif; dans ces conditions, comme il n'y a pas,
d'autre part, de représentant d'*Austrofusus* signalé dans les terrains néogéniques, je ne catalogue pas ce Sous-Genre parmi les formes fossiles.

CHRYSODOMUS, Swainson, 1840.
(= *Neptunea*, Bolten 1798, *fide* Mörch. 1852 ; = *Pirulofusus*,
Mörch. 1869 ; = *Heliotropis*, Dall., 1873).

CHRYSODOMUS, *sensu stricto.*   Type. *Fusus despectus*, Linné, Viv.

Test solide. Taille grande ; forme fusoïde, assez ventrue ; spire
assez allongée, à galbe conique; protoconque lisse, subglobuleuse,
paucispirée, avec un gros nucléus papilleux, obliquement dévié et
reposant sur le tour suivant ; tours très convexes, arrondis ou subanguleux, ornés de stries spirales et parfois de renflements ou de
nodosités axiales, qui festonnent obtusément l'angle médian quand il
existe ; dernier tour très grand, ronflé, arrondi, ou subanguleux avec
une rampe postérieure, excavé à la base et sur le cou, qui est muni
d'un bourrelet obsolète. Ouverture dilatée, ovale, dépourvue de
gouttière dans l'angle inférieur, terminée en avant par un canal assez
large, peu allongé, dévié et recourbé en dehors, ovalement tronqué
sans échancrure à son extrémité; labre simple, lisse à l'intérieur, à
peine arqué au milieu, très antécurrent à la suture ; columelle lisse,
excavée en arrière, coudée à la naissance du canal, tordue avec lui ;
bord columellaire mince, vernissé, assez large, terminé en pointe en
avant, et séparé du bourrelet par une petite dépression ombilicale.
Opercule corné, unguiforme, arqué, à nucléus apical.

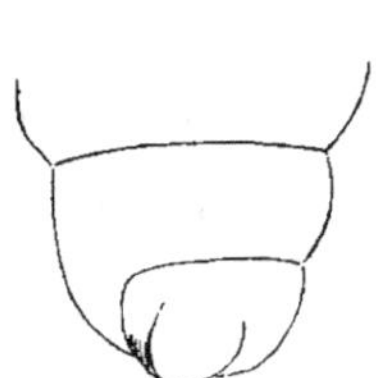

FIG. 28. -- *Chrysodomus antiquus*, L.

Diagnose complétée d'après une espèce plésiotype (type de *Neptunea*): *Fusus antiquus* L., échantillons récents, et échantillons du Crag rouge de Butley (Pl. IV, fig. 15), ma coll. ; et d'après un autre plésiotype, forme sénestre de l'espèce précédente : *Fusus contrarius* L. (Pl. IV, fig. 18), du Crag gris d'Anvers, ma coll. Protoconque grossie d'un échantillon actuel de *C. antiquus* (Fig. 28), ma coll.

Observations. — Bien que le type de *Chrysodomus* Swainson, ne soit pas, d'après Hermannsen, le même que celui de *Neptunea* Bolten, il n'y a pas d'hésitation au sujet de la synonymie de ces deux dénominations : en effet, *Fusus despectus* Lin, ne diffère de *F. antiquus* que par ses proportions plus trapues et par son ornementation axiale ; l'un et l'autre sont d'ailleurs extrêmement variables, de sorte que certains auteurs les ont même rapportés à une seule espèce : sans aller jusque là, il est bien clair qu'on ne peut en faire deux Sections distinctes, et qu'il faut les réunir génériquement.

Quant à la préférence à accorder à l'une de ces dénominations sur l'autre, il y a lieu d'observer, qu'aux termes des règles admises en nomenclature, les noms du catalogue de Bolten ne peuvent être acceptés que s'ils ont été repris ultérieurement dans un ouvrage réellement conchyliologique, qui leur institue ainsi une consécration scientifique : or c'est seulement en 1852, c'est à-dire douze ans après la création de *Chrysodomus* par Swainson, que Mörch a précisé les caractères de *Neptunea*. Dans ces conditions, Fischer a eu raison de choisir le nom *Chrysodomus* pour ce Genre (¹) ; mais on ne s'explique pas pourquoi, au lieu de *Chrysodomus sensu stricto*, il reprend *Neptunea* qui est complètement synonyme, à moins que ce soit par suite d'une erreur typographique, provenant peut-être de ce que la correction a été faite au cours de l'impression de son Manuel.

D'autre part, Tryon a simplement admis *Neptunea*, sans même discuter la synonymie de *Chrysodomus*, et il l'a classé, avec *Fulgur, Streptosiphon, Tudicula*, dans une Sous-Famille *Neptuninæ*, voisine de *Melongeninæ*. J'ai expliqué ci-dessus, à propos de la diagnose des *Chrysodomidæ*, pour quels motifs je ne puis rapprocher des *Melongeninæ* les Genres de cette Famille.

En ce qui concerne *Trophon*, dénomination que plusieurs auteurs, — et en particulier S. Wood, — ont à tort appliquée aux espèces de ce Genre, le type de Montfort est *Murex magellanicus* Gm., qui n'a aucun rapport avec *Chrysodomus*. Enfin *Pirulofusus* Mörch. et *Heliotropis* Dall (1873), s'appliquent aux formes sénestres que l'on ne peut raisonnablement séparer de la forme dextre, dont elles sont l'image exacte, mais renversée ; or il est reconnu que le sens d'enroulement n'est même pas toujours un caractère spécifique.

(¹) Mörch était d'autant moins fondé à adopter *Neptunea*, en 1852, qu'il existait déjà un Genre *Neptunia*, créé en 1847, par Ren. pour des Cœlentérés.

Répart. stratigr.

PLIOCENE. — Les plésiotypes ci-dessus figurés, dans le Scaldisien d'Angleterre et de Belgique. Plusieurs autres espèces ou variétés, dans le Crag
rouge de Suffolk : *Trophon costiferum* S. Wood, ma coll., *T. elegans* Char-
lesw., *T. scalariforme* Gould, *T. consociale* S. Wood, d'après la Monographie de cet auteur.

EPOQUE ACTUELLE. — Plusieurs espèces ou variétés du type, exclusivement
dans les mers boréales, d'après le Manuel de Tryon.

SIPHO, Klein, 1753.   Néotype : *S. gracilis*, da Costa. Viv.

(= *Atractus*, Ag. 1840 ; = *Tritonofusus*, Beck 1847 ;

= *Neptunella*, Verril 1875, *non* Meck 1864).

Test peu épais. Taille un peu au-dessus de la moyenne ; forme
étroite, fusoïde ou parfois térébroïde ; spire plus longue que l'ouverture, à galbe conique ; protoconque lisse, polygyrée, à nucléus
dévié, formant quelquefois un bouton disproportionné ; tours convexes, à sutures profondes, ornés de stries spirales, souvent effacées, et dans tout un groupe d'espèces, de plis axiaux assez rapprochés ; dernier tour à peine supérieur à la moitié de la longueur
totale, ovale, excavé à la base et sur le cou, qui est à peu près
dépourvu de bourrelet. Ouverture relativement petite, ovale et
étroite, anguleuse en arrière, terminée en avant par un canal obliquement recourbé, ou même tortueux, tronqué en biais sans échancrure à son extrémité ; labre simple, non sillonné à l'intérieur, un
peu arqué au milieu, antécurrent vers la suture ; columelle excavée
en arrière, coudée et tordue en avant, suivant l'inflexion du canal ;
bord columellaire assez large, peu épais, hermétiquement appliqué
sur le cou, sans aucune dépression ombilicale. Opercule corné, ovale,
triangulaire, unguiforme, à nucléus apical.

Diagnose refaite d'après l'espèce néotype, échantillons récents et échantillons du Crag rouge de Waldringfield (Pl. IV, fig. 12), ma coll.

Observ. — Le nom *Sipho*, emprunté à Klein, a été admis par la plupart des auteurs, bien avant Mörch (v. Hermannsen 1845), et *Sipho gracilis* a été pris par eux comme néotype de ce Sous-Genre. Il en résulte que le Genre *Atractus* Ag., ainsi que *Tritonofusus* Beck, qui ont tous deux pour type *S. islandicus* Chemn., coquille génériquement semblable à *S. gracilis*, sont rigoureusement synonymes de *Sipho* : c'est donc à tort que Fischer indique le premier comme synonyme de *Chrysodomus*, et admet le second comme Section de *Sipho*, et que M. Geo. Harris persiste à substituer *Tritonofusus* à *Sipho*, en se basant [Austral. tert. Moll. Brit. Mus. 1897, p. 152] sur ce que Mörch n'a fait naturaliser ce dernier qu'en 1852, c'est-à-dire après Beck. Enfin *Neptunella* Verrill, est également à supprimer, non seulement parce qu'il n'a été créé que pour la différence d'épiderme et de dentition de *Sipho pygmæus*, qui a une radule identique à celle de *S. islandicus*, mais encore et surtout parce qu'il fait double emploi avec *Neptunella* Meck (1864).

Rapp. et diff. — Il y a une étroite affinité entre *Sipho* et *Chrysodomus*, le classement de certaines espèces dans l'une ou l'autre de ces formes est même embarrassant ; aussi je n'admets le premier qu'à titre de Sous-Genre du second, la séparation étant simplement motivée : par la forme générale de la coquille, qui est plus élancée chez *Sipho*, tandis que, chez *Chrysodomus*, le dernier tour est plus grand, plus dilaté ; par la longueur un peu plus grande du canal ; par la disparition à peu près complète du bourrelet et de la fente ombilicale ; par la forme de la protoconque, qui est plus grêle chez *Sipho*, avec un nucléus plus dévié, parfois énorme.

Répart. stratigr.

PLIOCÈNE. — L'espèce-type dans le Scaldisien d'Angleterre et de Belgique, ma coll. Plusieurs autre espècess dans le Crag d'Angleterre : *Trophon altum, imperspicuum, gracilius* S. Wood, d'après la Monographie de cet auteur.

ÉPOQUE ACTUELLE. — Plusieurs espèces ou variétés, exclusivement boréales, d'après le Manuel de Tryon.

PARVISIPHO, Cossmann, 1889.

Taille petite ; forme de *Sipho* ; canal subtronqué, sans bourrelet.

PARVISIPHO, *sensu stricto*.   Type : *Fusus terebralis*, Lamk. Eoc

Test assez mince. Taille petite ou très petite ; forme étroite, fusoïde comme *Sipho* ; spire assez longue, à galbe conique ; protoconque lisse, brillante, paucispirée, à nucléus dévié ; tours peu convexes, finement sillonnés, parfois ornés de costules axiales

ou seulement de plis obsolètes ; dernier tour peu ventru, arrondi ou
ovale, excavée à la base, qui est généralement munie de sillons plus
profonds ; cou recourbé, sans aucune apparence de bourrelet ni de
fente ombilicale. Ouverture peu élevée, un peu dilatée, sans gouttière dans l'angle inférieur, terminée en avant par un canal assez
court, faiblement rétréci, un peu courbé en dehors, largement tronqué à son extrémité ; labre à peu près vertical, parfois un peu épaissi
sur son contour, et dans ce cas, muni de quelques crénelures internes,
presque imperceptibles ; columelle lisse, élégamment sinueuse en *S* ;
bord columellaire tout à fait indistinct, appliqué sur la base.

Diagnose complétée d'après des échantillons de l'espèce-type (Pl. IV, fig. 14),
du Calcaire grossier parisien, ma coll.

Rapp. et diff. — Lorsque j'ai proposé [Catal. Eoc., IV, 1889, p. 147] *Parvisipho*
comme simple Section du Genre *Sipho*, j'ai déjà fait remarquer que les petites
coquilles parisiennes que j'y classais, s'écartent beaucoup, par leur petite
taille et par leur habitat non boréal, des véritables *Sipho* actuels. A ces différences, il y a lieu d'en ajouter quelques autres, qui, malgré la similitude de la
forme extérieure, justifient la séparation d'un Genre *Parvisipho*, tout à fait
distinct de *Sipho* : d'abord, le canal est plus court, quoique aussi recourbé, et
il est tronqué, comme si l'on avait coupé l'extrémité du canal d'un *Sipho* ; ensuite, le labre a une tendance à s'épaissir, et quelquefois il porte de très fines
crénelures internes, vis-à-vis de la varice externe, il est aussi moins arqué que
chez *Sipho* ; enfin, le bord columellaire, déjà mince chez *Sipho*, est ici complètement invisible, même en avant où il n'existe d'ailleurs aucune trace de
fente vis-à-vis de la dépression ombiilcale, de sorte que la surface du cou, absolument dépourvu de bourrelet, se raccorde, sans solution de continuité, avec
celle de la columelle.

Toutefois, malgré ces différences, il est bien évident que, par ses principaux
caractères, et surtout à cause de sa protoconque, *Parvisipho* appartient bien à
la Famille *Chrysodomidæ*, qui ne comprend pas seulement des coquilles boréales, comme on le verra ci-après, et comme Fischer l'indique, en disant que
Siphonalia, par exemple, est le représentant tropical de *Sipho*. D'autre part, la
columelle de *Parvisipho* est beaucoup trop sinueuse pour qu'on puisse rapprocher ce Genre des *Fusidæ* ; elle est lisse, ce qui l'écarte des *Fasciolariinæ* et des
Turbinellidæ ; enfin les *Melongeninæ* et *Fulgurinæ* ont une tout autre forme ;
même *Streptochetus* en diffère, non seulement par son galbe et par son ornementation, mais surtout par sa protoconque non déviée. Il est donc bien évident
que *Parvisipho* est un *Chrysodomidæ*.

Répart. stratigr.

PALEOCENE. — Une espèce voisine du type, dans les sables de Châlons-sur-
Vesle, près de Reims : *Sipho infraeocænicus* Cossm,, d'après le Catal.
de l'Eocène.

EOCENE. — Plusieurs espèces dans le Calcaire grossier des environs de Paris :
Fusus terebralis Lamk., *Fusus denudatus, striolatus, tenuis, inchoatus*
Desh., *Sipho polysarcus, tenuiplicatus, valdeconicus* Cossm., d'après le
Catal. de l'Eocène, et d'après ma coll. Une espèce dans le Bassin de Nan-
tes : *Sipho Rideli* Cossm., d'après la Monographie des Moll. éoc. de la
Loire infér.

COLUMBELLISIPHO, Cossmann, 1889. Type : *Fusus hordeolus*, Lk. Eoc.

Taille très petite ; forme étroite, en tarière ; spire très longue, à
galbe conique, protoconque lisse et luisante, composée de deux
tours élevés et d'un petit nucléus dévié ; tours peu convexes, entièrement lisses, à sutures obliques et enfoncées ; dernier tour inférieur
à la moitié de la longueur totale, cylindracé, subanguleux à la périphérie de la base, qui est subitement excavée et rapidement atténuée
jusqu'au cou légèrement gonflé et muni de sillons obliques. Ouverture courte, étroite, subrhomboïdale, terminée en avant par un canal
extrèmement court, à peine tordu, et transversalement tronqué ; labre mince, rectiligne ; columelle lisse, à peine infléchie à la naissance du canal ; bord columellaire peu distinct, seulement indiqué
par la cessation des sillons du cou.

Diagnose complétée d'après un échantillon de l'espèce type, du Calcaire
grossier de Chaussy (Pl. IV, fig. 7), ma coll.

Rapp. et diff. — Cette Section se distingue de *Parvisipho*, non seulement
par la forme générale étroite et térébroïde de la coquille, qui est invariablement lisse, mais encore par son canal plus court et moins infléchi, de sorte que
la columelle, qui est presque rectiligne en arrière, est à peine sinueuse dans
son ensemble. Sauf les plis columellaires qui lui font défaut, cette petite coquille a l'apparence de *Fusimitra terebellum* Lamk., du Calcaire grossier ; toutefois, elle a le canal plus transversalement tronqué sans échancrure, et sa protoconque est différente.

Répart. stratigr.

ÉOCÈNE. — Trois espèces dans le Calcaire grossier et les sables bartoniens des environs de Paris : *Fusus hordeolus* Lamk., *Sipho columbelloides* et *spinula* Cossm., ma coll., et coll. Pezant. Une espèce dans le Bassin de Nantes : *Sipho peracutus* Cossm., ma coll.

TORTISIPHO, Cossmann, 1889.   Type : *Fusus jucundus*, Desh. Eoc.

Taille très petite ; forme étroite, aciculée ; spire longue, détendue, à galbe conique, protoconque lisse et brillante, composée d'un tour et demi, élevée, avec un très petit nucléus pointu et obliquement dévié ; tours convexes, à sutures obliques et enfoncées, ornés de filets spiraux, parfois treillissés ; dernier tour presque égal à la moitié de la longueur totale, ovale et excavé à la base, qui est régulièrement atténuée, et sur laquelle continue l'ornementation de la spire, jusqu'au cou recourbé, non gonflé. Ouverture allongée, étroite, anguleuse en arrière, rétrécie en avant, et terminée par un canal un peu allongé, tordu et tronqué sans échancrure à son extrémité ; labre mince, à peine sinueux ; columelle lisse, en *S* allongée ; bord columellaire indistinct.

Diagnose faite d'après un échantillon de l'espèce-type, coll. Pezant ; et d'après une espèce plésiotype du Calcaire grossier de Fay-sous-Bois : *Pleurotoma distorta* Desh. (Pl. IV, fig. 23), ma coll.

Rapp. et diff. — Ce Sous-Genre mérite d'être démembré de *Parvisipho*, à cause de la longueur et de la torsion de son canal, qui rappelle celui de *Sipho tortuosus*, des mers actuelles ; en outre, le labre est plus mince et un peu plus sinueux. D'autre part, *Tortisipho* se distingue de *Columbellisipho*, non seulement par la longueur du canal, mais par la convexité et l'ornementation de ses tours de spire, par sa base moins subitement excavée, par sa protoconque un peu plus courte. Le type de *Fusus jucundus*, dans l'ouvrage de Deshayes, est un fragment dont le canal est incomplet, et qui a le bord columellaire accidentellement détaché, tandis que tous les échantillons de *Tortisipho* que j'ai vus, ont le bord indistinct, comme chez *Parvisipho s. s.* et chez *Columbellisipho* ; il n'y a donc pas à tenir compte de cette monstruosité exceptionnelle.

Répart. stratigr.

ÉOCÈNE. — Outre le type et le plésiotype ci-dessus indiqués, deux autres espèces dans le Calcaire grossier des environs de Paris : *Sipho clathratulus* et *angulifer* Cossm., d'après le Catal. de l'Éocène, ce dernier douteux. Une espèce dans le Bassin de Nantes : *Sipho Bourdoti* Cossm., ma coll.

ANDONIA, Harris et Burrows, 1891. Type : *Fusus Bonellii*, Géné. Plioc.

(= *Genea*, Bell. 1871, *non* Rondani, Dipt. 1850)

Taille petite : forme très étroite, subulée ou étagée ; spire longue, aiguë au sommet, à galbe conique ; protoconque lisse, polygyrée en tarière, à nucléus petit, papilleux, obliquement dévié et saillant ; tours convexes, parfois anguleux, souvent costulés, ou simplement sillonnés sur les derniers, séparés par des sutures peu profondes ; dernier tour égal ou un peu supérieur à la moitié de la hauteur totale, ovale-allongé, rarement caréné, atténué ou un peu excavé à la base, sur laquelle se prolongent quelquefois les costules, et qui est ornée, comme la spire, de sillons spiraux, jusque sur le cou peu courbé et dépourvu de bourrelet. Ouverture étroite, fusoïde, anguleuse en arrière, avec une faible gouttière, terminée en avant par un canal qui ne paraît long et effilé que si la coquille est incomplète, mais en réalité très court, ne dépassant guère le point de raccordement du labre, et tronqué à son extrémité sans échancrure ; labre très mince, lisse à l'intérieur, à peine arqué, dilaté à son extrémité antérieure ; columelle lisse, excavée en arrière, peu infléchie en avant ; bord columellaire souvent bien distinct, mais peu calleux.

Diagnose refaite et élargie d'après les figures de l'espèce-type, et d'après des plésiotypes éocéniques, principalement : *Fusus subulatus* Lamk. (Pl. V, fig. 8), du Calcaire grossier de Chaussy, ma coll. Protoconque grossie d'*A. chaussyensis* Cossm. (Fig. 29), ma coll.

Rapp. et diff. — Dans mon Catalogue de l'Éocène parisien, j'ai déjà rapproché de *Siphonalia* ce Genre de Bellardi, dont la dénomination a été ultérieurement changée, pour corriger un double emploi ; actuellement, après un nouvel examen, je

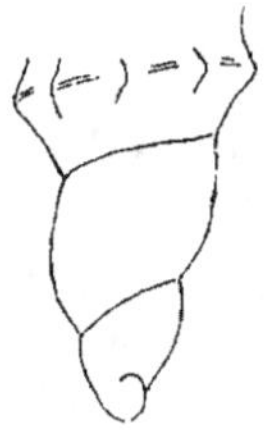

Fig. 29.— *Andonia chaussyensis*, Cossm.

considère *Andonia* comme un simple Sous-Genre de *Parvisipho*, tout à fait voisin de *Tortisipho*, et je l'aurais même réuni à ce dernier. si je n'avais examiné que des individus imparfaits ; mais, en réalité, les échantillons adultes et complets en diffèrent par leur canal plus court et moins courbé, par leur labre dilaté qui rappelle plutôt *Amplosipho* ; toutefois, celui-ci est beaucoup moins allongé, et autrement orné qu'*Andonia*, dont la forme grêle est voisine de celle de *Tortisipho*. La protoconque est encore plus en tarière aiguë : enfin la figure de l'ouvrage de Bellardi indique l'existence d'un bord columellaire bien distinct, peu visible il est vrai sur nos échantillons parisiens, tandis que *Tortisipho* en est entièrement dépourvu. Dans ces conditions, on peut laisser séparés ces deux Sous-Genres.

Répart. stratigr.

ÉOCENE. — Trois espèces dans le Calcaire grossier parisien : *Fusus subulatus* Lamk., *Genea chaussyensis* Cossm., ma coll., *Fusus Lamarcki* Desh. (qui n'est pas un *Mayeria*, comme je l'ai indiqué dans le Catalogue précité), coll. de l'Ecole des Mines. Une autre espèce dans le Bassin de Nantes : *A. exasperata* Cossm., ma coll.

MIOCENE. — Trois espèces dans le Bassin du Danube : *Fusus Bonellii* Géné, *Genea transylvanica* et *grundensis* Hœrnes et Auinger, d'après la Monographie de ces auteurs.

PLIOCENE. — L'espèce-type dans l'Astien du Piémont, d'après Bellardi.

AMPLOSIPHO, *nov. subgen*.   Type : *Buccinum Rottæi*, Baudon. Eoc.

Taille très petite; forme buccinoïde, dilatée ou ventrue de face, moins large et plus comprimée en profil; spire courte, aiguë, à galbe conique; protoconque lisse et brillante, composée d'un seul tour élevé, avec un très petit nucléus pointu et dévié; tours convexes, croissant rapidement, à sutures très obliques et enfoncées, ornés de funicules spiraux, subétagés par une rampe obsolète en arrière; dernier tour très grand, arrondi et ventru dans le sens de la largeur, plus svelte dans le sens transversal, atténué à la base qui n'est excavée que sur le cou très court. Ouverture ample et dilatée, avec une gouttière large et évasée du côté postérieur, s'élevant du côté antérieur jusqu'au niveau de la troncature du canal qui est presque nul ; labre vertical, un peu échancré vers la suture, épaissi, lisse et taillé en biseau à l'intérieur, contournant la gouttière postérieure avant de se raccorder avec la base ; columelle lisse, excavée en arrière, infléchie au milieu, et se terminant brièvement avec le canal ; bord columellaire mince, bien limité, hermétiquement appliqué.

Diagnose faite d'après des échantillons de l'espèce-type, du Calcaire grossier de Fay-sous-Bois (Pl. IV, fig. 21-22), ma coll.

Rapp. et diff. — Cette coquille doit être classée dans un Sous-Genre distinct, à cause de l'ampleur de son ouverture qui ne forme pas de canal antérieur, à cause de son labre épais, sinueux, et muni d'une gouttière en arrière, à cause de son bord columellaire bien limité, quoique peu calleux ; enfin sa protoconque est encore plus paucispirée et plus aiguë. J'avais autrefois rapporté *Bucc. Rottæi* au Sous-Genre *Volutopsis* Mörch, dont il semble la miniature ; mais les mêmes raisons, qui m'ont décidé à séparer *Parvisipho* de *Sipho*, me conduisent parallèlement à proposer une nouvelle dénomination pour cette coquille non boréale et beaucoup plus petite.

Répart. stratigr.

ÉOCÈNE. — Deux espèces dans le Calcaire grossier parisien : *Bucc. Rottæi* Baudon, *Volutopsis Loustaux* Cossm.. ma coll. Une autre espèce, probablement non adulte : *Chrysodomus Pezanti* Cossm., coll. Pezant.

VARICOSIPHO, *nov. subgen.*   Type : *Sipho labrosus*, Tate. Eoc.

Taille assez petite ; forme fusoïde, étroite ; spire allongée, à galbe conique ; protoconque lisse, globuleuse, paucispirée, à nucléus obtus et dévié ; tours convexes, élégamment treillissés, à sutures obliques et enfoncées ; dernier tour supérieur à la moitié de la hauteur totale, arrondi, excavé à la base, sur laquelle l'ornementation se prolonge, jusque sur le cou long et courbé. Ouverture petite, régulièrement ovale, sans gouttière ni angle postérieurs, terminée en avant par un canal rétréci, long et un peu infléchi ; labre presque vertical, à peine sinueux vers la suture, lisse à l'intérieur, portant à l'extérieur une varice tranchante à quelque distance du contour ; columelle excavée en arrière, arquée avec le canal ; bord columellaire mince, subdétaché, ne se prolongeant pas jusqu'à l'extrémité du canal.

Diagnose faite d'après l'espèce-type, de l'Eocène de Muddy Creek en Australie (Pl. IV, fig. 19), ma coll.

Rapp. et diff. — Ce Sous-Genre se distingue de *Parisipho s. s.* : par sa varice labiale ; par son canal plus allongé, peu tordu ; par son bord columellaire bien distinct, même un peu détaché en avant ; enfin par sa protoconque globuleuse, à nucléus papilleux cependant. Il a quelques points de ressemblance avec *Amplosipho*, par exemple dans l'attache du labre avec la base, avec une légère échancrure postérieure, et dans la disposition du bord columellaire. Dans sa revision des espèces tertiaires et australasiennes du British Museum, M. Geo. Harris dénomme cette espèce *Tritonofusus labrosus* ; j'ai indiqué ci-dessus pourquoi le nom *Tritonofusus* ne peut être accepté ; cet auteur classe dans le même Genre une autre espèce éocénique d'Australie : *Sipho crebrigranosus* Tate, qui, par son canal droit et sa protoconque non déviée, est un véritable *Fusidæ*.

Répart. stratigr.

Eocène. — L'espèce-type en Australie (Victoria), ma coll.

SIPHONALIA, A. Adams, 1863,

Test peu épais ; protoconque papilleuse ; canal obliquement tordu : bourrelet plus ou moins apparent sur le cou ; labre arqué, tantôt lisse, tantôt sillonné à l'intérieur.

Siphonalia, *sensu stricto.*   Néotype: *Buc. cassidariæformis*, Reeve. Viv.

Taille moyenne, parfois assez grande ; forme un peu ventrue, ovale, fusoïde, généralement étagée ; protoconque lisse, petite, paucispirée, à nucléus aigu et obliquement tordu ; tours convexes, à sutures linéaires, souvent anguleux, costulés ou noduleux, avec une rampe déclive au-dessous de l'angle, ornés de cordonnets spiraux ; dernier tour grand, dilaté, excavé à la base, sur laquelle cesse l'ornementation axiale, et qui dégage un cou très recourbé au dehors, avec un bourrelet souvent assez épais. Ouverture piriforme, assez large au milieu, anguleuse en arrière avec une faible gouttière, terminée en avant par un canal assez large, très obliquement rejeté au dehors, tronqué à son extrémité et très légèrement entaillé ; labre mince, arqué, rarement, sillonné à l'intérieur, antécurrent vers la suture ; columelle lisse, très sinueuse en *S ;* bord columellaire peu calleux, en général bien limité, hermétiquement appliqué sur la base.

Diagnose complétée d'après des échantillons de l'espèce néotype, d'après
un plésiotype vivant (*S. nodosa* Martynn), et d'après un plésiotype fossile des sables inférieurs de Chenay : *Fusus Mariæ* Mellev. (Pl. V, fig. 2-4),
ma coll.

Observ. — Adams, en créant ce Genre, n'en a pas indiqué le type ; mais,
comme on a successivement classé dans des Sections distinctes la plupart des
formes japonaises qu'il avait en vue, il ne reste guère, parmi les espèces non
éliminées, que *S. cassidariæformis*, désigné par Fischer comme exemple, et que
j'adopte comme néotype.

Rapp. et diff. — Ainsi que l'a indiqué Fischer, ce Genre doit être considéré
comme le représentant de *Chrysodomus* dans les mers tropicales et australes ;
toutefois, la coquille présente certaines différences qui permettent aux Paléontologistes de se guider autrement que par l'habitat : d'abord le cou porte généralement un bourrelet, et l'ornementation est plus cancellée, avec des filets spiraux ou de gros cordonnet au lieu de sillons, et avec des nodosités axiales qui
n'apparaissent que bien rarement chez *Chrysodomus* ; enfin le test est plus
mince, et l'épiderme également.

Répart. stratigr.

PALEOCENE. — Deux espèces dans les sables landéniens des environs de
Reims : *F. Mariæ* et *planicostatus* Mellev., ma coll. Une espèce dans le
Montien de Belgique : *F. Montis* Br. et Corn., ma coll.

EOCENE. — Nombreuses espèces aux trois niveaux du Bassin de Paris : *Fusus
panniculus, Bervillei, seminudus* Desh., *Fusus minutus* et *variabilis*
Lamk., *F. breviusculus* Desh., *F. Ludovici* de Rainc., *Siphonalia chaussyensis, lacrymosa, scalata* Cossm., ma coll. Deux espèces dans le Bassin
de Nantes : *Siphonalia Pissarroi* et *Bourdoti* Cossm., d'après la Monographie des Moll. éoc. de la Loire-Inférieure. Deux espèces à canal assez
court, large et peu infléchi : *S. calvimontensis* Cossm., du Bassin de Paris,
S. Dumasi Cossm. et Piss., du Cotentin.

OLIGOCENE. — Une espèce dans le Postéocène de la Tasmanie : *Buccinum fra-
gile* Ten. Woods, communiquée par M. Tate.

MIOCENE. — Une espèce voisine des formes éocéniques, dans l'Australie
du Sud : *Peristernia approximans* Tate, ma coll.

PLIOCENE. — Une espèce bien caractérisée, dans les couches néogéniques de
Java : *S. bantamensis* Martin, d'après la Monographie de cet auteur. L'espèce
vivante : *S. nodosa* Martynn, dans les couches de la Nouvelle Zélande,
d'après M. Hutton [Plioc. Moll. of N. Z., p. 41].

EPOQUE ACTUELLE. — Plusieurs espèces localisées dans les mers du Japon,
d'après le Manuel de Tryon.

KELLETIA, Bayle, 1884.   Type : *Siphonalia Kelleti*, Forbes. Viv.

Taille grande ; forme de *Siphonalia* ; protoconque lisse, paucispirée,
formant un gros bouton, à nucléus obliquement dévié ; tours con-

vexes, noduleux, excavés en arrière, ornés de stries spirales ; dernier tour grand, un peu ventru, à base excavée vers le cou, qui se recourbe au dehors et qui porte un assez gros bourrelet contourné. Ouverture piriforme, munie d'une gouttière étroite dans l'angle inférieur, terminée en avant par un canal subitement rétréci, assez long, obliquement dévié et tordu, tronqué presque sans échancrure à son extrémité ; labre un peu épais, parfois plissé à l'intérieur, à profil peu arqué ; columelle lisse, excavée en arrière, coudée et arquée avec le canal, dont elle suit l'inflexion recourbée ; bord columellaire calleux, assez large, un peu détaché de la région ombilicale, vis-à-vis le bourrelet.

Diagnose refaite et complétée d'après l'espèce-type (Pl. VII, fig. 14-15).

Rapp. et diff. — Cette Section ne se distingue de *Siphonalia s. s.* que par des caractères très fugitifs : la longueur plus grande du canal, qui a une courbure plus sinueuse ; l'ornementation plus noduleuse, qui forme une pyramide tordue autour de l'axe ; quant au bourrelet, il existe chez *Siphonalia cassidariæformis*, au moins aussi épais que chez *Kelletia Kelleti*, mais ce dernier a le bord columellaire plus détaché vis à vis du bourrelet ; les autres différences sont purement spécifiques.

On pourrait confondre *Kelletia* avec certains *Streptochetus*, à cause de son canal contourné ; mais, outre que sa protoconque est un peu différente, on s'aperçoit de suite que le cou, vu du côté dorsal, se présente ici avec la courbure caractéristique des *Chrysodomidæ*, et ce caractère est très important pour les Paléontologistes qui n'ont pas l'animal à leur disposition ; il a pour effet de faire dévier le canal avec une courbure qui en oriente la troncature précisément à l'opposé du côté où elle s'infléchit chez *Streptochetus*, et particulièrement chez *S. crassicostatus* ; enfin, *Kelletia* est spiralement strié.

Répart. stratigr.

PLIOCENE. — Une espèce probable dans les couches néogéniques de Java : *Siphonalia tjibalungensis* Martin, d'après la figure de la Monographie de cet auteur.

EPOQUE ACTUELLE. — L'espèce-type sur les côtes de la Californie et du Japon, d'après le Manuel de Tryon.

PENION, Fischer, 1884.   Type : *Siphonalia dilatata*, Quoy et Gaim. Viv.

Taille souvent assez grande ; forme fusoïde, allongée ; protoconque lisse, paucispirée, formant un gros bouton, à nucléus dévié ; tours

convexes ou anguleux, costulés et ornés de cordonnets spiraux ; dernier tour plus ou moins dilaté, rapidement excavé à la base, sur laquelle cessent les côtes et se prolonge l'ornementation spirale, jusque
sur le cou qui est tordu, à peu près dépourvu de bourrelet. Ouverture piriforme, un peu dilatée au milieu, anguleuse sans gouttière
en arrière, terminée en avant par un canal long, étroit, dévié à droite
puis redressé vers l'axe ; labre mince, rarement sillonné à l'intérieur ;
columelle lisse, sinueuse, peu calleuse.

Diagnose complétée d'après l'espèce-type et d'après un plésiotype assez voisin : *Siphonalia Roblini* Tate (Pl. V, fig. 5), de l'Eoc. d'Australie, ma coll.

Rapp. et diff. — De même que la précédente, cette Section ne se distingue
pas aisément de *Siphonalia* ; cependant, elle a le canal plus allongé et peu recourbé en dehors ; le bord columellaire est peu calleux, et il n'y a, pour ainsi
dire, pas de bourrelet sur le cou : aussi, dès l'instant qu'on admet *Kelletia*, il
faut nécessairement accepter aussi la séparation de *Penion*. Les plésiotypes
éocéniques s'écartent un peu du type vivant de *Penion* : toutefois, les différences ne me paraissent pas assez importantes pour justifier encore la création
d'une nouvelle Section, d'autant moins qu'ils ne se ressemblent même pas complètement entre eux, au point de vue générique.

Répart. stratigr.
  EOCÈNE. — Le plésiotype ci-dessus figuré, et quelques autres espèces, dans
    l'Australie du Sud : *S. longirostris, styliformis* Tate, *S. Tatei* Cossm.
    (= *S. asperula* Tate, *non* Desh), ma coll.
  OLIGOCENE. — Une espèce dans la formation santacruzienne de Patagonie :
    S. subrecta v. Ihering, ma coll.
  PLIOCENE. — Une espèce dans les couches néogéniques de Java : *S. dentifera*
    Martin, d'après la Monographie de cet auteur. L'espèce type dans la Nou-
    velle Zélande, d'après M. Hutton [Plioc. Moll. of N. Z., p. 41].
  EPOQUE ACTUELLE. — Deux ou trois espèces dans les mers du Japon et d'Aus-
    tralie, d'après Tryon.

PSEUDONEPTUNEA, Kobelt, 1882. Type : *Siphon. varicosa*, Kien. Viv.

(= *Lirofusus*, de Greg. 1880, *non* Conr.; = *Costulofusus*, de Greg. 1894.)

Taille moyenne; forme buccinoïde; un peu ventrue; spire plus
longue que l'ouverture, à galbe conique; protoconque lisse, paucis-

pirée, globuleuse, à nucléus déprimé, à peine dévié; tours convexes, subanguleux, ornés de costules arquées, subvariqueuses, s'étendant d'une suture à l'autre, et de filets spiraux très fins, s'effaçant souvent à l'âge adulte; dernier tour médiocrement long, arrondi, non excavé à la base, sur laquelle se prolongent les côtes jusque sur le cou, qui est très recourbé et très court, avec un bourrelet épais et bien limité. Ouverture subrhomboïdale, munie d'une gouttière assez large dans l'angle inférieur, terminée en avant par un canal très court, tout à fait recourbé en dehors, tronqué et un peu échancré à son extrémité; labre épaissi par la dernière côte variqueuse, obtusément plissé à l'intérieur, sinueux et arqué comme les côtes, avec une légère échancrure en arrière, antécurrent contre la gouttière suturale de l'ouverture; columelle lisse, très excavée en arrière, coudée en avant suivant l'inflexion du canal; bord columellaire assez calleux, bien appliqué sur le bourrelet, dont il n'est séparé que par une faible dépression ombilicale.

Diagnose faite d'après la figure de l'espèce-type, et d'après un plésiotype du Calcaire grossier de Chaussy : *Fusus scalarinus* Lamk. (Pl. V, fig. 1), ma coll. Protoconque grossie de la même espèce (Fig. 30), ma coll.

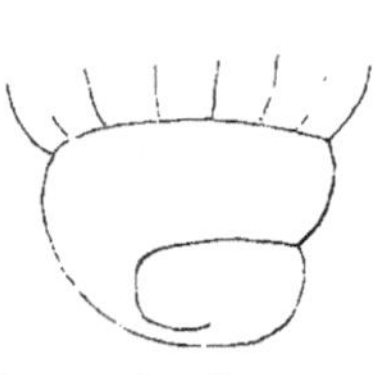

FIG 30. -- *Pseudoneptunea scalarina*, Lamk.

Observ. — La dénomination *Lirofusus* de Gregorio, proposée dans la Monographie inachevée de San Giovanni Ilarione, et antérieure à *Pseudoneptunea* Kobelt, ne pouvait être conservée comme faisant double emploi avec celle appliquée par Conrad à *Fusus thoracicus*; aussi M. de Gregorio y a-t-il ultérieurement substitué *Costulofusus* [Faune tert. Vénétie, p. 29]; mais cette nouvelle dénomination est postérieure à celle proposée par Kobelt, pour une espèce vivante qui a précisément tous les caractères des fossiles désignés sous ce nom.

Rapp. et diff. — Ce Sous-Genre s'écarte plus de *Siphonalia s. s.* que les Sections précédentes; non seulement le canal est plus court et plus recourbé, mais il est un peu plus échancré; en outre, le labre est plus sinueux; enfin, l'ornementation est caractéristique, et la protoconque est plus globuleuse, avec un nucléus moins dévié.

Répart. stratigr.
EOCENE. — Plusieurs espèces aux trois niveaux du Bassin de Paris : *Fusus*

scalarinus Lamk,, *F. angusticostatus* Mellev., ma coll. ; la première, dans
le Vicentin, ma coll. Une espèce un peu différente, dans la Loire-Inférieure : *S. Vasseuri* Cossm., ma coll.

OLIGOCÈNE. — Deux espèces dans le Tongrien de l'Allemagne du Nord :
F. scalariformis Nyst, var: *varicosa* v. Kœnen, coll. de l'École des Mines,
F. brevicauda Phil., d'après la figure de la Monographie de M. von Kœnen. Une autre espèce, probablement distincte du plésiotype du Calcaire
grossier, dans les couches de San Gonini, coll. de l'École des Mines.

ÉPOQUE ACTUELLE. — L'espèce-type, de provenance inconnue, d'après le
Manuel de Tryon.

COPTOCHETUS, Cossmann, 1889.

Coquille étroite, costulée ; canal court, peu courbé, tronqué ;
columelle lisse, peu sinueuse ; protoconque papilleuse.

COPTOCHETUS, *sensu stricto.*   Type : *Fusus scalaroides*, Lamk. Eoc.

Taille petite ; forme étroite, intermédiaire entre le galbe fusoïde
et le galbe buccinoïde ; spire longue, conique ; protoconque lisse,
globuleuse, paucispirée, à nucléus papilleux et dévié ; tours convexes, costulés et cancellés par des cordonnets spiraux, toutefois
les côtes prédominent en général ; dernier tour habituellement inférieur à la moitié de la longueur totale, quand on mesure sa hauteur
de face, arrondi et subitement excavé à la base, sur laquelle les
côtes cessent parfois, tandis que les sillons se prolongent jusque sur
le cou, qui est court, gonflé, quoique dépourvu de bourrelet. Ouverture assez large, peu élevée, subrhomboïdale, sans gouttière postérieure, terminée en avant par un canal très court, peu infléchi à
droite, se redressant vers l'axe et brièvement tronqué, sans aucune
apparence d'échancrure ; labre vertical, épaissi à l'extérieur par la
dernière côte, généralement plissé à l'intérieur chez les échantillons
adultes, avec une saillie interne un peu plus forte, au point où l'ouverture se contracte pour former le canal ; columelle lisse, faible

ment excavée en arrière et peu infléchie en avant ; bord columellaire peu distinct.

Diagnose faite d'après les échantillons de l'espèce-type, du Calcaire grossier de Villiers (Pl. V, fig. 6-7). ma coll. Protoconque grossie de la même espèce (**Fig. 31**).

Rapp. et diff. — Ce Genre que j'ai d'abord proposé [Cat. Eoc. IV, p. 157] comme une simple Section de *Siphonalia*, mérite, après un examen plus attentif, d'en être génériquement séparé, à canse de la forme de son canal, qui est à

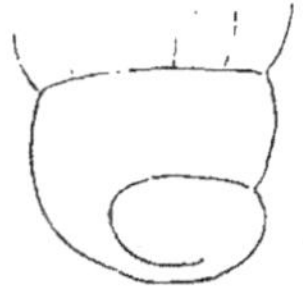

Fig. 31.-- *Coptochetus scalaroïdes*, Lamk.

peine infléchi, et qui est brièvement tronqué à son extrémité. Quelques *Sipho*, et notamment *Columbellisipho*, présentent une disposition analogue ; mais, outre que leur ornementation est bien différente, leur labre n'est pas plissé à l'intérieur, comme celui de *Coptochetus*, leur protoconque est moins globuleuse, leur test est plus mince, etc. Il y a aussi un peu d'analogie entre ce Genre et certaines formes de *Lathyrus* ou de *Peristernia* ; mais l'absence de plis à la columelle, et la protoconque papilleuse, ne permettent pas de pousser plus loin ce rapprochement.

Répart. stratigr.

EOCENE. — Nombreuses espèces aux trois niveaux du Bassin de Paris : *Fusus scalaroides, asperulus, clathratus* Lamk, *F. humilis, costuosus, speciosus* Desh., *F. truncatus* Baudon, *Siphonalia arenaria, inæquilirata* Cossm., ma coll. Une variété de l'une des précédentes, dans le Bassin de Nantes : *S. gouetensis* Cossm., ma coll. Une petite espèce dans l'Australie du Sud : *F. actinostephes* Tate, ma coll.

OLIGOCENE. — Une espèce dans la formation santacruzienne de la Patagonie : *Siphonalia cf. noachina* Sow.. ma coll. [Journ. conchyl., 1899, pl. XI, fig. 2-3].

GONIOPTYXIS, *nov. gen.*

Columelle droite, munie d'une carène antérieure subitement redressée avec le canal, qui est court, tronqué, presque sans échancrure ; bourrelet basal ; labre intérieurement plissé.

GONIOPTYXIS, *sensu stricto.* Type : *G. nassæformis* Cossm. et Piss. Eoc.

Taille petite ; forme et apparence de *Nassa* ; spire ventrue, à galbe subconoïdal ; tours convexes, ornés de côtes épaisses, cancellées par

des cordons spiraux ; dernier tour arrondi à la base, sur laquelle se
prolonge l'ornementation, jusqu'à la dépression isolant le cou gonflé par un bourrelet avec des funicules obliquement enroulés. Ouverture ovale, sans gouttière postérieure, contractée à l'origine du canal, qui est redressé dans l'axe, brièvement tronqué presque sans
échancrure ; labre peu épais, arqué, plissé à l'intérieur ; columelle
rectiligne en arrière, munie en avant d'un pli transversal et caréné,
subitement coudé sur le bord du canal avec lequel il se redresse vers
l'axe ; bord columellaire mince, peu étalé, lisse, effilé en avant où il
se confond avec le prolongement du pli caréné de la columelle.

Diagnose faite d'après l'unique échantillon-type (Pl. VII, fig. 13), de Fres-
ville (Cotentin), coll. Bourdot.

Rapp. et diff. — Cette coquille m'a beaucoup embarrassé : elle a la forme de
Nassa, la même ouverture contractée en avant, et la torsion anguleuse de la columelle rappelle celle d'*Alectryon* ; mais il y a un canal antérieur, et l'échancrure est presque nulle, de sorte que ce n'est certainement pas un *Nassidæ*. Je
l'ai aussi rapprochée de *Phos* et de *Buccitriton*, à cause de son bourrelet basal
limité par une dépression ; mais l'échancrure est plus profonde chez ces derniers, qui n'ont pas le pli coudé de notre espèce du Cotentin. Je ne puis donc
le rapprocher que de *Coptochetus*, malgré ce pli, et en regrettant que l'absence
de protoconque ne m'ait pas permis de vérifier si elle est papilleuse.

Répart. stratigr.
EOCENE. — L'échantillon-type dans le Cotentin, coll. Bourdot.

CYRTOCHETUS, Cossmann, 1889.

Coquille ovale, bucciniforme ; canal très recourbé, garni d'un faible bourrelet sur le cou ; labre variqueux ; columelle lisse, à bord
détaché.

CYRTOCHETUS, *sensu stricto*.   Type : *Buccinum bistriatum*, Lamk. Eoc.

Taille assez grande ; forme ovo-buccinoïde, un peu ventrue ; spire
médiocrement longue, à galbe d'abord conique, puis conoïdal ; tours

très convexes et arrondis, à sutures simples, ornés de filets nombreux, réguliers, lisses, sauf celui qui surmonte la suture et qui est finement plissé ; dernier tour supérieur à la longueur de la spire, ovale-arrondi, régulièrement atténué à la base, sur laquelle les sillons se prolongent jusqu'en deçà du cou, qui est bien dégagé, très recourbé en arrière, finement et obliquement sillonné, gonflé par un bourrelet rudimentaire et peu proéminent. Ouverture ovale, à peu près en secteur de cercle, anguleuse en arrière, avec une étroite gouttière, peu atténuée en avant, où elle se termine par un canal assez court et recourbé en crochet, tronqué à son extrémité et à peine échancré, mais paraissant néanmoins entaillé à cause de sa forte courbure en arc ; labre presque vertical, ou à peine sinueux en arrière, épaissi par une varice externe, lisse ou lacinié sur son contour interne, épaissi à l'intérieur, à quelque distance de ce contour, et notamment vis à vis l'origine du canal ; columelle lisse, calleuse, excavée en arrière, peu infléchie en avant où elle ne suit pas la courbure du canal ; bord columellaire épais, vernissé, assez large, détaché sur son contour externe.

Diagnose faite d'après des échantillons de l'espèce-type, du Calcaire grossier de Vaudancourt et de Mouchy (Pl. V, fig. 16-17), ma coll.

Rapp. et diff. — Ce Genre, que j'avais autrefois [Catal. Eoc. IV, p. 145] proposé comme une Section de *Liomesus*, s'écarte complètement de ce dernier, comme on le verra ci-après : en effet, il possède un véritable canal qui n'est pas réellement échancré, quoiqu'il paraisse entaillé quand on l'examine du côté dorsal, à cause de la courbure que prend son extrémité ; mais, quand on l'observe en profil, on voit que c'est un canal de *Siphonalia*, c'est-à-dire de *Chrysodomidæ*, apparence qui n'existe jamais chez les véritables *Buccinidæ*. Cependant, la forte courbure de ce canal distingue aisément *Cyrtochetus* de *Siphonalia*, et particulièrement de son Sous-Genre *Austrofusus*, qui a une ornementation voisine de celle de notre fossile. Quoique l'ouverture de *Cyrtochetus* ne soit pas contractée comme celle d'*Euthria*, on observe en avant un épaississement interne du labre, qui marque déjà une tendance à rétrécir l'origine du canal ; toutefois, ce dernier est bien plus recourbé que chez *Euthria*, et la columelle ne porte pas la saillie dentiforme, caractéristique de ce Genre, comme on le verra plus loin.

Répart. stratigr.

ÉOCENE. — L'espèce-type dans le Bassin de Paris, ma coll.

MIOCENE. — Une espèce très probable, ayant le même galbe que l'espèce-type, dans la Californie : *Neptunea recurva* Gabb, d'après la figure publiée par cet auteur [Pal. of Calif. 1869, II, p. 2. pl. 1, fig. 4].

LOXOTAPHRUS, Geo. Harris, 1897 (¹). Type : *Phos varicifer*, Tate. Eoc.

Taille presque petite ; forme buccinoïde, peu ventrue ; spire médiocrement longue, étagée, à galbe conique ; protoconque lisse, paucispirée, subglobuleuse, à nucléus très dévié et papilleux ; tours anguleux au milieu, séparés par des sutures profondes et crénelées, élégamment cancellés, et ornés de lignes d'accroissement excessivement fines ; dernier tour un peu supérieur à la moitié de la longueur totale, quand on le mesure de face, avec une rampe déclive au-dessous de l'angle postérieur, convexe à la base qui est ornée comme la spire, jusque contre la dépression profondément excavée qui isole le cou très renversé en dehors ; bourrelet très contourné, arrondi et tubulé, finement sillonné dans le sens longitudinal. Ouverture assez courte, subpentagonale, à péristome subdétaché, avec une gouttière un peu rétrécie dans l'angle inférieur, graduellement atténuée vers le canal qui est peu allongé, renversé sur le cou, tronqué presque sans échancrure à son extrémité ; labre à peine incliné, non sinueux, épaissi par une forte varice externe, à quelque distance du contour, lacinié sur le bord interne ; columelle calleuse, un peu excavée en arrière, gonflée au milieu, légèrement infléchie, sans torsion du côté antérieur ; bord columellaire largement détaché sur toute sa hauteur. séparé du bourrelet du cou par une fente ombilicale très ouverte.

Diagnose complétée d'après des échantillons de l'espèce-type, de l'Eocène d'Australie (Pl. VI, fig. 13-14), ma coll. Protoconque grossie de la même espèce (Fig. 32).

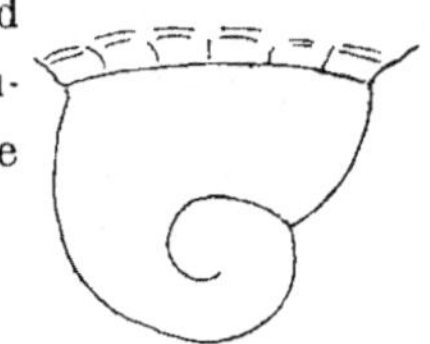

FIG. 32. -- *Loxotaphrus varicifer*, Tate.

(1) The australasian tert. Moll. (Brit. Mus.), p. 165, pl. VI, fig. 3.

Rapp. et diff. — Cette coquille a été décrite, par l'auteur, dans le Genre *Phos*, et *Loxotaphrus* a été classé, par M. Geo. Harris, comme Sous-Genre de *Phos*, à cause de la ressemblance de son ornementation avec celle de la plupart des espèces de ce Genre ; mais elle s'en écarte radicalement par l'absence d'une échancrure à la base ; elle possède un canal, court il est vrai, mais recourbé en arrière et non échancré, comme celui de *Cyrtochetus*. D'autre part, elle se rapproche aussi de ce dernier Genre par sa varice au labre, par son bord columellaire détaché, par sa columelle calleuse, à peine infléchie en avant. Aussi je ne considère *Loxotaphrus* que comme un Sous-Genre de *Cyrtochetus*, ne se différenciant guère de lui que par son ornementation et par son ombilic. La protoconque a, d'ailleurs, complètement, la disposition papilleuse de celle des *Chrysodomidæ*, tandis que les *Photinæ* ont, comme on le verra ci-après, une protoconque conoïdale, à petit nucléus pointu.

Répart. stratigr.

Eocène. — L'espèce-type dans l'Australie du Sud, ma coll.

EUTHRIA, Gray, 1850.

Canal assez long, médiocrement recourbé, non échancré ; ouverture contractée en avant ; columelle ridée ou subplissée ; labre épais, plissé.

Euthria, *sensu stricto*.   Type : *Murex corneus*, Lin. Viv.

Test épais. Taille assez grande ; forme fusoïde, plus ou moins ventrue ; spire moyennement allongée, à galbe conique ou subconoïdal ; protoconque lisse, paucispirée, à nucléus papilleux et un peu dévié ; tours convexes en avant, déprimés au-dessus de la suture, toujours costulés au sommet, parfois simplement sillonnés à l'âge adulte, ou au contraire, à côtes persistantes et même subépineuses : dernier tour à peu près égal aux deux tiers de la longueur totale, quand on le mesure de face, ovale, excavé à la base qui dégage un cou long, un peu infléchi et renversé en dehors, un peu gonflé par un bourrelet obsolète. Ouverture régulièrement ovale et acuminée aux deux bouts, avec une étroite gouttière dans l'angle inférieur, subitement contractée en avant par le rapprochement et la saillie des bords opposés, à la naissance du canal qui est assez long, étroit, obliquement contourné, sans échancrure à son extrémité ; labre sinueux, excavé en arrière, antécurrent vers la suture, taillé en biseau sur son contour, épaissi à l'intérieur et plissé, avec un renflement obtus à l'origine du canal ; columelle sinueuse, concave en arrière, bombée au milieu, munie d'un pli plus ou moins saillant, ou même d'une ride, vis-à-vis le renflement interne du labre, contournée en avant suivant l'inflexion du canal ; bord columellaire assez large, calleux et vernissé, un peu détaché en avant, et se terminant en pointe effilée le long du canal. Opercule ovale, oblong, légèrement arqué, acuminé, à nucléus apical.

Diagnose complétée d'après des échantillons de l'espèce-type, fossiles dans le Pliocène inférieur de Biot (Pl. VI, fig. 24), ma coll. ; et d'après un autre plésiotype du Burdigalien : *Fusus contortus* Grat. (Pl. VI, fig. 23), ma coll. Protoconque grossie d'*E. cornea* (Fig. 33).

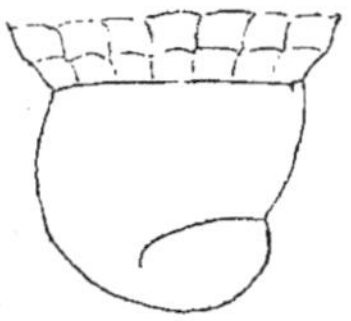

Fig. 33. — *Euthria cornea*, Lin.

Rapp. et diff. — Le Genre *Euthria*, qui est franchement fusiforme, a été placé par Fischer et par Tryon dans la Famille *Buccinidæ*, à la suite de *Pisania* ; si encore ces deux auteurs l'avaient rapproché de *Chrysodomus*, qu'ils placent dans la même Famille, ce système serait admissible ; mais je ne puis le laisser auprès de *Pisania*, dans les *Buccinidæ* qui ont le canal presque nul, avec une profonde échancrure sur le cou. Au contraire, *Euthria* a la plus grande analogie avec certains *Chrysodomidæ*, et ce rapprochement est confirmé par la forme de la protoconque, qui est nettement papilleuse ; toutefois, il se distingue de ses cofamiliaux par la contraction subite de l'ouverture, par sa columelle plissée en avant, par sa gouttière postérieure, par la sinuosité de son labre ; enfin, il a le canal moins renversé en dehors que *Cyrtochetus*. L'ornementation est très variable, depuis l'apparence presque lisse, jusqu'à la persistance des côtes et des cordonnets sur le dernier tour : on ne peut donc en tirer aucune indication utile pour le classement générique des espèces.

Répart. stratigr.
Eocène. — Une espèce bien caractérisée dans le Calcaire grossier parisien : *Fusus decipiens* Desh., coll. Boutillier. Une autre espèce, de petite taille, dans le Bassin de Nantes : *E. reducta* Cossm., coll. Dumas ; forme voisine, plus étroite, dans le Cotentin : *E. elatior* Cossm. et Piss., coll. Bourdot.
Oligocène. — Une espèce lisse et une espèce ornée, dans le Stampien des

environs d'Etampes ; *Columbella inornata* Sandb., *Fusus filifer* Stan. Meunier, ma coll. ; la première, dans le Bassin de Mayence, d'après Sandberger. Une espèce dans le Tongrien de la Ligurie : *E. Michelottii* Bellardi, d'après la Monographie de cet auteur.

MIOCENE. — Une variété de l'espèce-type, et l'espèce plésiotype ci-dessus figurée dans le Burdigalien de la Gironde, ma coll. Trois espèces dans l'Helvétien de la Touraine : *Fusus marginatus* et *rhombeus* Duj., ma coll., *E. saucatsensis* Benoist, d'après MM. Ivolas et Peyrot. Nombreuses espèces ou variétés, dans l'Helvétien et le Tortonien du Piémont : *E. magna, inflata, striata, abbreviata, elongata, longirostra, patula, mitræformis, pusilla* Bell. ; *Fusus obesus* Michel". ; *F. Alcidei* Mayer, *E. nodosa, spinosa, costata, minor, verrucifera, dubia* Bellardi, d'après la Monographie de cet auteur. Plusieurs espèces dans le Bassin de Vienne : *Fusus Puschi* Andrz., *F. intermedius* Mich"., ma coll., *E. Hœrnesi* Bell., coll. de l'École des Mines, *Fusus fuscocingulatus* Hœrnes, *E. subnodosa* Hœrn. et Auinger, d'après la Monographie de ces auteurs.

PLIOCENE. — L'espèce-type dans le Plaisancien des Alpes maritimes et de la Toscane, ma coll. ; une autre espèce dans les mêmes gisements, dans le Messinien de la vallée du Rhône, et dans l'Astien du Piémont : *Fusus aduncus* Bronn, ma coll.

PLEISTIOCENE. — Une espèce dans les cavernes quaternaires des Alpes maritimes : *E. Rivierei* Depontaillier, échantillon unique, ma coll.

ÉPOQUE ACTUELLE. — Outre le type dans la Méditerranée, plusieurs espèces au Cap Horn, à la Nouvelle Zélande, au Cap de Bonne-Espérance, aux îles Falkland et Auckland, d'après le Manuel de Tryon.

DENNANTIA, Tate, 1887.   Type : *Fusus Ino*, T. Woods. Eoc.

Taille moyenne ; forme étroite, allongée ; spire longue, régulière, à galbe conique ; protoconque lisse, paucispirée, très globuleuse, déviée dans son ensemble, à nucléus obtus et déprimé ; tours convexes, séparés par de profondes sutures, ornés de cordonnets et de filets spiraux ; dernier tour inférieur à la moitié de la longueur totale, quand on le mesure de face, cerclé à la périphérie par un cordonnet plus saillant, un peu excavé à la base, sur laquelle se prolonge l'ornementation spirale, jusqu'au cou qui est assez long, très recourbé, légèrement gonflé par un bourrelet peu saillant, finement sillonné en long, avec quelques accroissements irréguliers. Ouverture petite, largement ovale, avec une étroite gouttière dans

l'angle postérieur, contractée à la naissance du canal, qui est un
peu allongé, infléchi à droite, renversé au dehors, tronqué presque
sans échancrure à son extrémité ; labre arqué, peu épais, intérieurement plissé, muni en avant d'un denticule saillant sur le contour,
au point où aboutit le cordonnet périphérique de la base, antécurrent vers la suture; columelle arquée, munie d'un pli saillant et
transverse vis-à-vis de la contraction de l'ouverture ; ride pariétale
dans l'angle inférieur, formant la gouttière ; bord columellaire étroit,
vernissé, bien limité, se terminant en pointe
effilée le long du canal.

Diagnose complétée d'après des échantillons de
  l'espèce-type, du Tertiaire inférieure de Victoria, en Australie (Pl. VI, fig. 6-7), ma coll. Protoconque grossie (Fig. 34).

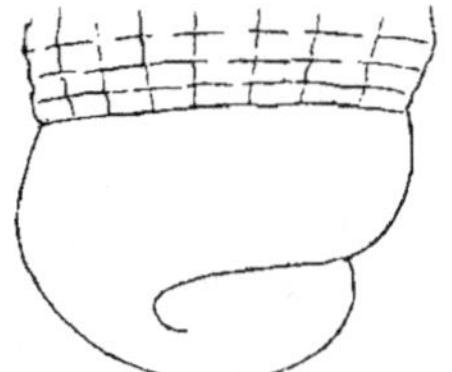

FIG. 34. -- *Dennantia Ino.*
Tate.

Rapp. et diff.— Bien que le galbe général de cette
coquille s'éloigne beaucoup d'*Euthria* au premier
aspect, on reconnaît bientôt, quand on examine les
détails de l'ouverture, qu'elle se relie intimement à
ce Genre, et que les différences entre les deux formes ont seulement une valeur
sous-générique : denticule saillant sur le contour du labre qui reste mince, et qui
porte à l'intérieur des plis fasciculés; columelle moins bombée au milieu, avec
un pli plus lamelleux en avant, séparant la concavité postérieure de l'inflexion
antérieure; bord columellaire moins large et moins détaché. Toutefois la protoconque n'a pas l'aspect papilleux de celle des *Chrysodomidæ;* mais j'ai eu, à
plusieurs reprises, l'occasion de signaler les anomalies que présentent parfois les
spires embryonnaires des coquilles éocéniques d'Australie. En définitive, *Dennantia* est bien Sous-Genre d'*Euthria ;* cette opinion est aussi celle qu'exprime
M. Geo. Harris, dans son Catalogue « The Australasian tert. Moll., p. 162 ».

Répart. stratigr.
  EOCENE. — Deux espèces dans les gisements de l'Australie : *Fusus Ino*
    T. Woods, *Dennantia cingulata* Tate, ma coll.

BARTONIA, *nov. gen.*

Coquille fusiforme, canal assez large, oblique, subéchancré; columelle lisse, quoique longitudinalement subanguleuse; labre plissé,
très sinueux.

BARTONIA, *sensu stricto.*   Type : *Buccinum canaliculatum*, Sow. Eoc.

Taille au-dessous de la moyenne; forme fusoïde, un peu buccinoïde, peu ventrue; spire un peu allongée, à galbe conique; tours
peu convexes, séparés par des sutures profondément canaliculées,
ornés de filets spiraux écartés, entre lesquels s'intercalent des stries
fines et obsolètes ; dernier tour égal aux trois cinquièmes de la hauteur totale, arrondi à la base, qui est ornée comme la spire, et qui
n'est excavée que vers le cou, contourné, gonflé, mais sans bourrelet
distinct. Ouverture assez courte, ovale, munie d'une large gouttière
évasée dans l'angle postérieur, à peine rétrécie en avant, où elle se
termine par un canal assez large, médiocrement allongé, un peu
oblique, tronqué presque sans échancrure à son extrémité ; labre en
biseau sur son contour, épaissi et plissé à quelque distance du bord,
très sinueux et subéchancré en arrière, aboutissant normalement à
la rainure suturale; columelle excavée en arrière, bombée en avant
et anguleuse dans le sens longitudinal, se terminant en pointe effilée
le long du canal ; bord columellaire large, calleux, appliqué sur la
base, un peu entaillé horizontalement vis-à-vis de la gouttière postérieure, recouvrant hermétiquement la région ombilicale.

Diagnose faite d'après des échantillons de l'espèce-type (Pl. VIII, fig. 13-111),
de l'Eocène de Barton, ma coll.

Rapp. et diff. — Il n'est pas possible de classer cette espèce dans le Genre
Euthria dont elle s'écarte, non seulement par ses sutures canaliculées, mais par
son ouverture non détachée en avant, par son labre plus sinueux en arrière, et
surtout par la section anguleuse, quasi prismatique, de sa surface columellaire
qui, au lieu d'un pli transverse, porte une sorte de carène émoussée, enroulée
presque dans l'axe.

La coquille dénommée *Buccinum canaliculatum* Sow., et que je prends pour
type de ce Genre nouveau, a été primitivement décrite par Solander comme une
simple variété de *Buccinum desertum*, qui est un *Cominella* bien caractérisé :
cela tient à ce que certains échantillons demi-lisses de *C. deserta* ont l'aspect

extérieur de *Bartonia canaliculata ;* mais il suffit d'examiner l'ouverture et le
canal pour séparer ce dernier sans la moindre difficulté, comme l'a fait d'ailleurs
Sowerby ; car *Bartonia* a un canal bien formé et à peine échancré, tandis que
Cominella a le canal presque nul, profondément entaillé sur le cou. Malheureusement, je n'ai pu observer le protoconque de *Bartonia* pour confirmer ces différences, et pour savoir si elle est papilleuse comme celle d'*Euthria*.

ACAMPTOCHETUS (1), *nov. gen.*

Coquille mitriforme ; canal large, assez court, à peine courbé, non
échancré ; columelle lisse ; labre variqueux, intérieurement plissé.

ACAMPTOCHETUS, *sensu stricto*.   Type : *Murex mitræformis*, Br. Plioc.

Taille un peu au-dessus de la moyenne ; forme étroite, allongée,
semblable à *Mitra* ; spire assez longue, à galbe d'abord conique vers le
sommet, puis subconoïdal vers les derniers tours ; protoconque
lisse, paucispirée, formant un gros bouton à nucléus subdévié ; tours
convexes, séparés par des sutures linéaires, ornés de sillons spiraux,
et parfois décussés par des plis axiaux et curvilignes, sur lesquels ils
forment de petites granulations, à leur intersection ; dernier tour
très grand, atteignant les deux tiers de la longueur totale, quand on
le mesure de face, ovale, peu ventru, simplement sillonné, ou rarement décussé, atténué à la base, qui n'est excavée que contre le cou
peu allongé, à peine gonflé, sans bourrelet distinct. Ouverture
longue, étroite, fusoïde, anguleuse en arrière avec une faible gouttière, à peine atténuée en avant, où elle se termine par un large
canal, court, à peine courbé en dehors, transversalement tronqué
sans échancrure, ou bien avec une sinuosité à peine sensible ; labre
légèrement sinueux, un peu proéminent au milieu, subexcavé en
arrière, épaissi à l'extérieur par un bourrelet variqueux, finement

(1) Étymologie : α privatif ; καμπτος, courbé ; οχετος, canal.

plissé à l'intérieur, antécurrent vers la suture; columelle lisse, peu
.arquée, à peine coudée et presque sans inflexion le long du canal;
bord columellaire large, calleux, bien limité
et bien appliqué, sans fente ombilicale.

> Diagnose faite d'après des échantillons de l'es-
> pèce-type, du Plaisancien de Castell'arquato
> (Pl. VIII, fig. 6-7). ma coll. Protoconque
> grossie d'un échantillon de Biot (Fig. 35), ma
> coll.

Rapp. et diff. — Bellardi, — et après lui, Fischer, — a placé cette coquille dans le Genre *Metula*,
surtout à cause de sa forme oblongue et de son labre

FIG. 35. -- *Acomptochetus mitræformis*, Brocchi.

variqueux; je ne puis admettre ce classement : outre que l'ornementation n'est
pas complètement la même, la columelle diffère absolument, le canal est bien
formé, moins court et surtout plus courbé, quoiqu'il le soit moins que chez
Euthria; l'extrémité de ce canal ne porte aucune échancrure; enfin le labre ne
porte pas de crénelures internes, il a seulement des plis, et, d'autre part, il ne
forme pas en avant l'épaississement qui contracte l'ouverture d'*Euthria*, ni le
denticule qui fait saillie sur le contour chez *Dennantia*. La protoconque a complètement la disposition de celle des *Chrysodomidæ*, sans aucune analogie avec
celle des *Buccinidæ*. Il est donc bien évident que mon opinion se rapproche plus
de la vérité que celle de mes prédécesseurs.

Répart. stratigr.
> MIOCENE. — L'espèce-type, et une espèce plus réticulée (*Fusus reticulatus*
> Bell. et Mich.), dans le Tortonien des Landes, ma coll., et dans l'Helvé-
> tien du Piémont, d'après Bellardi; l'espèce-type dans le Bassin de Vienne,
> d'après Hœrnes et Auinger.
> PLIOCENE. — L'espèce-type dans le Plaisancien des Alpes-Maritimes et de la
> Toscane, ma coll.

PYRAMIMITRIDÆ, *nova Familia.*

Forme étroite; spire longue; ouverture courte, à canal brièvement
tronqué et plus ou moins obliquement infléchi; columelle plissée;
labre denticulé, peu arqué. Protoconque conoïdale.

Rapp. et diff. — Les coquilles, toutes fossiles, que je place dans cette nouvelle Famille, ont un peu le même galbe que *Coptochetus;* mais leur protoconque n'est pas papilleuse, comme celle des *Chrysodomidæ*, et en outre, leur columelle est plissée au point où elle fait un coude; souvent un second pli est situé au-dessous du premier; enfin, le canal, quoique très court, est distinct et à peine entaillé à son extrémité, de sorte que ce ne sont pas des *Buccinidæ*. Elles n'ont, d'ailleurs, aucun rapport avec *Mitra*, et leurs plis, quand il y en a deux, sont égaux entre eux. En résumé, ce sont des formes tout à fait particulières, qu'on ne peut rattacher exactement à aucune des Familles déjà connues, ce qui m'oblige à en créer une nouvelle.

Tableau des Genres, Sous-Genres et Sections

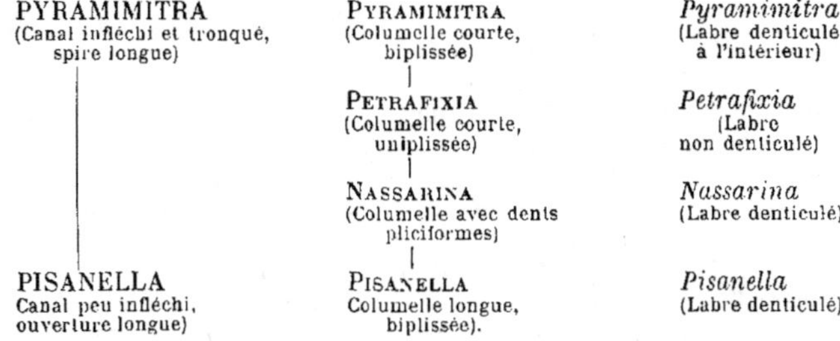

PYRAMIMITRA (Canal infléchi et tronqué, spire longue)	PYRAMIMITRA (Columelle courte, biplissée)	*Pyramimitra* (Labre denticulé à l'intérieur)
	PETRAFIXIA (Columelle courte, uniplissée)	*Petrafixia* (Labre non denticulé)
	NASSARINA (Columelle avec dents pliciformes)	*Nassarina* (Labre denticulé)
PISANELLA Canal peu infléchi, ouverture longue)	PISANELLA Columelle longue, biplissée).	*Pisanella* (Labre denticulé)

Genre à éliminer de la Famille

SPIROCYCLINA, Kittl, 1894. — Type : *Turritella eucycla* Laube. Trias de Saint-Cassian. Cette intéressante coquille, que l'auteur a provisoirement classée dans les environs des *Fusidæ*, à cause de son canal presque droit, mais court, ressemble un peu, par sa spire étroite et cerclée, à certains *Pyramimitridæ;* toutefois, M. Kittl ne mentionne pas l'existence de plis columellaires ; en outre, l'ornementation de la spire, à carènes spirales, avec de fins accroissements dans les intervalles, ressemble plutôt à celle de *Mathildia* qu'à celle de *Pyramimitra*. D'ailleurs, comme il s'agit d'une forme triasique, et qu'il n'y a pas de *Fusacea* dans toute l'étendue de la période jurassique et infracrétacique, il est plus probable que *Spirocyclina* doit être rapproché des *Cerithiacea*, groupe qui a commencé à apparaître à la base du Lias ; en tous cas, il est plus rationnel de le considérer comme l'ancêtre immédiat de ces premiers Cérites, que d'admettre un hiatus prolongé entre lui et les *Fusidæ* de l'époque supracrétacique.

PYRAMIMITRA, Conrad, 1865.

Petite coquille claviforme, térébroïde; canal très court, obliquement dévié, avec un bourrelet très obsolète sur le cou; columelle courte, munie de plis épais et obliques.

PYRAMIMITRA, *sensu stricto*.   Type : *Mitra terebriformis*, Conr. Eoc.

Taille petite; forme étroite, allongée; spire térébriforme, à galbe régulièrement conique; protoconque polygyrée, conoïdale, à nucléus petit et peu saillant; tours à peine convexes, séparés par des sutures enfoncées, ornés de petites carènes spirales, crénelées par des costules obsolètes et larges; dernier tour peu élevé, inférieur au tiers de la hauteur totale, arrondi à la base, qui est ornée comme la spire, et qui est excavée contre le cou très court, légèrement gonflé par un bourrelet très peu saillant. Ouverture petite, étroite, à bords parallèles, non contractée en avant, où elle se termine par un canal rudimentaire, obliquement infléchi à droite, tronqué presque sans échancrure à son extrémité; labre à peine arqué, épaissi par la dernière côte, muni à l'intérieur de cinq ou six denticules pliciformes; columelle très courte, droite, munie de deux gros plis obliques qui en occupent toute la partie rectiligne, coudée dans le prolongement du pli supérieur et suivant l'inflexion du canal; bord columellaire à peine calleux, limité à l'extérieur par une petite strie, et un peu déprimé en deça de cette strie.

Diagnose faite d'après des échantillons de l'espèce-type, de Claiborne (Pl. VIII, fig. 10-11), ma coll.

Observ. — Les remarques que j'ai faites ci-dessus, à propos de la Famille *Pyramimitridæ*, me dispensent d'entrer dans plus de détails à propos du Genre qui en est le principal représentant. La diagnose n'en avait jamais été donnée : comme pour la plupart de ses citations, Conrad s'est borné à accoler un nouveau nom générique à la citation de l'espèce (*Mitra terebriformis*) dans le « Check list » de la coll. du « Smithsonian Institut », qui est devenue le Musée national de Washington. Tryon a repris le Genre *Pyramimitra* comme synonyme de *Terebra*, dans son « Structural and systematic Conchology ». Quant à M. Aldrich, il cite seulement *P. costata* Lea, qui me paraît synonyme de l'espèce de Conrad, mais il ne donne aucun renseignement sur ce Genre, de sorte que si je n'avais eu à ma disposition les échantillons que j'ai recueillis, en assez grand nombre, dans le sable de Claiborne où cette espèce n'est pas rare, je n'aurais pu restaurer la diagnose et le classement de cette forme intéressante.

Rapp. et diff. — On ne peut guère comparer *Pyramimitra* qu'à *Ptycha-tractus*, dont il diffère par des plis bien plus gros, écrasés, séparés par une simple rainure, et occupant presque toute la hauteur de la columelle; en outre, l'ornementation est bien différente, et le canal, infléchi dans le prolongement du pli supérieur, ne présente pas du tout la même obliquité.

Répart. stratigr.

> ÉOCENE. — L'espèce-type dans le Claibornien de l'Alabama (= *Terebra costata* Lea), ma coll.

PETRAFIXIA (1), *nov. subgen.*   Type : *Fusus Kœneni*, Cossm. et L. Olig.

Taille très petite; forme étroite, térébroïde; spire assez longue; protoconque lisse, polygyrée, conoïdale, à nucléus petit et un peu saillant; tours presque plans, à sutures profondes, ornés de carènes crénelées par des costules aplaties; dernier tour presque égal à la moitié de la longueur totale, subanguleux à la périphérie de la base, qui est excavée et qui ne porte que des filets spiraux; cou un peu long, à peine gonflé, portant des filets obliquement enroulés. Ouverture rhomboïdale, un peu contractée en avant, où elle se termine par un canal assez court, très obliquement infléchi, sans échancrure à son extrémité; labre assez mince, lisse à l'intérieur, ou légèrement lacinié sur son contour; columelle très courte, droite, tordue par un seul pli oblique, au point où elle s'infléchit avec le canal; bord columellaire non calleux, imprimé en creux sur le cou.

> Diagnose faite d'après un échantillon de l'espèce-type, des sables de Pierrefitte (Pl. VIII, fig. 17), ma coll.

Rapp. et diff. — Ce Sous-Genre est très voisin de *Pyramimitra* : son ornementation paraît analogue, et la disposition de l'ouverture est à peu près identique; mais la columelle ne porte qu'un seul pli coïncidant avec la torsion antérieure, au lieu des deux plis distincts qui caractérisent le Genre de Conrad. Si l'on ajoute que le dernier tour est moins court, que le canal est un peu plus allongé, et que le protoconque a un nucléus plus saillant avec des tours plus étroits, on arrive à conclure que *Petrafixia* mérite d'être séparé comme Sous-Genre de *Pyramimitra*.

___

(1) *Petra affixa*, Pierrefitte; gisement de l'espèce-type.

J'avais (Revis. Olig. Etampes) classé cette coquille dans le Genre *Coptochetus*, dont elle rappelle un peu le canal tronqué ; mais j'ai dû renoncer à cette opinion, à cause de la protoconque qui n'est pas du tout déviée ou papilleuse, et surtout à cause du pli columellaire, dont il n'y a jamais trace chez *Coptochetus*. D'autre part, il n'est pas possible de rapprocher *Fusus Kœneni* du Genre *Lathyrus*, dont la columelle porte plusieurs plis, non situés au même emplacement, et dont le canal, d'ailleurs plus allongé, ne présente pas la même inflexion.

Répart. stratigr.

OLIGOCENE. — L'espèce-type dans le Stampien des environs d'Etampes, ma coll.

NASSARINA, Dall, 1889.   Type : *N. Bushi*, Dall. Viv.

« Coquille avec les caractères généraux de *Nassaria*, mais plus
» compacte, comme une petite épingle, avec une ouverture longue et
» rétrécie antérieurement ; bord columellaire élevé et
» proéminent, relié, chez les adultes, avec le labre par
» une callosité pariétale. »

Traduction de la diagnose originale. Reproduction d'un plésiotype fossile dans le Pliocène de la Floride : *Mangilia glypta* Bush (Fig. 36).

Rapp. et diff. — Si l'on ne s'en référait qu'à la courte diagnose que l'auteur a publiée dans « Report of Blake expéd. Bull. Comp. Zool. II, p. 181 », on n'aurait aucune raison de rapprocher ce Sous-Genre de *Pyramimitra* ; mais la figure de l'espèce-type, et surtout celle du plésiotype fossile, ressemblent étonnamment à *P. terebriformis*, ou à *Petrafixia*. D'ailleurs, dans la description de *N. Bushi*, M. Dall indique l'existence de denticules à la columelle, au nombre de trois ou quatre, quoique la figure ne les reproduise pas très clairement. Sont-ce des plis enroulés, comme ceux de *Pyramimitra*? Je ne puis l'affirmer, n'ayant pu avoir la communication du type. En tous cas, il ne paraît pas admissible de rapprocher *Nassarina* de *Nassaria*, qui est un *Tritonidæ*, et encore moins de *Metulella*, qui est probablement un *Pleurotomidæ*. Dans cette incertitude, je préfère le placer auprès des formes auxquelles il ressemble le plus.

FIG. 36. -- *Nassarina Bushi*, Dall.

Répart. stratigr.

OLIGOCENE. — Une espèce, d'après M. Dall, dans le Tertiaire de la Jamaïque : *Columbella ambigua* Guppy ; mais, autant que je puis en juger par la figure publiée dans la note de Guppy, c'est un vrai *Columbella*, à canal échancré.

PLIOCENE. — Le plésiotype ci-dessus figuré, d'après M. Dall [Tert. Flor. I, p. 132, pl. IX, fig. 11].

EPOQUE ACTUELLE. — Trois espèces bien caractérisées, dans le golfe du Mexique, d'après M. Dall [Bull. comp. zool.]; la quatrième, également citée comme *Nassarina*, a plutôt l'aspect d'un *Tritonidea*.

PISANELLA, von Kœnen, 1867.

(= *Edwardsia*, von Kœnen 1865, *non* Quatr. 1842).

Spire égale à l'ouverture; canal peu infléchi, étroitement tronqué; bourrelet basal; columelle longue, droite, avec deux plis écartés obliques.

PISANELLA, *sensu stricto*.   Type : *Voluta semiplicata*, Nyst. Olig.

Forme fusoïde, élancée; spire relativement courte, turriculée, acuminée au sommet, à galbe conique; protoconque conoïdale, sub-globuleuse, à nucléus petit et déprimé, presque sans saillie; tours convexes, cancellés, généralement ornés de granulations à l'intersection des cordons spiraux et des côtes axiales qui sont prédominantes; dernier tour égal aux trois cinquièmes de la hauteur totale, ovale, atténué à la base qui est ornée comme la spire, sauf que les costules disparaissent avant d'atteindre le cou court et excavé autour du bourrelet, qui est assez gonflé et contourné. Ouverture longue, presque égale à la spire, assez étroite, munie d'une gouttière dans l'angle inférieur, terminée en avant par un canal très court, rétréci, tronqué sans échancrure à son extrémité, et formant une sorte de bec auquel aboutit le bourrelet basal; labre épaissi, crénelé à l'intérieur, presque droit ou un peu oblique comme les côtes; columelle longue, verticale, légèrement infléchie en avant, portant au milieu deux plis égaux, minces, assez écartés, très obliques; bord columellaire large, calleux, bien appliqué sur la base et sur la dépression ombilicale qui le sépare du bourrelet.

Diagnose complétée d'après des échantillons de l'espèce-type (Pl. V, fig. 9), du Tongrien de Söllingen, communiqués par M. von Kœnen.

Rapp. et diff. — Ce Genre, dont le nom a été changé par l'auteur lui-même, pour corriger un double emploi avec un Genre de Polypiers, est classé, par Zittel et par Fischer, auprès de *Pisania*, bien qu'il s'en écarte complètement par son canal sans échancrure, par sa columelle obliquement plissée, etc... Il ne me paraît donc pas possible de l'admettre dans la Famille *Buccinidæ;* d'autre part, il ne serait pas davantage à sa place dans les *Fusidæ*, près de *Lathyrus*, à cause de la brièveté de son canal réduit à une sorte de bec antérieur; ni chez les *Chrysodomidæ*, à cause de sa columelle plissée et de sa protoconque non déviée. Dans ces conditions, je préfère le classer provisoirement dans la Famille *Pyramimitridæ*, bien qu'il s'écarte de *Pyramimitra* par le galbe et l'ornementation de la spire, par la longueur de la columelle, par la disposition de ses deux plis écartés; mais les autres caractères de l'ouverture, ceux de la protoconque et du canal, justifient ce rapprochement. On pourrait aussi comparer *Pisanella* à certains *Cancellariidæ*, à cause de sa protoconque semblable, de son ornementation granuleuse et de ses plis columellaires; mais la coquille a un canal trop formé pour que cette hypothèse soit vraisemblable.

Répart. stratigr.

EOCÈNE. — Une espèce certaine, dans le Bartonien des environs de Paris. *Turbinella pulcherrima* Deshayes, d'après les figures de l'Atlas publié par cet auteur.

OLIGOCÈNE. — Quatre espèces dans le Tongrien de la Belgique et de l'Allemagne du Nord : *Voluta semiplicata* et *semigranosa* Nyst, *Turbinella pirulæformis* Nyst, *Cuma Bettina* Semper, d'après les échantillons ci-dessus figurés pour la première, et d'après les figures de la Monographie de M. von Kœnen, pour les trois autres.

STREPTURIDÆ, *nova familia.*

Forme ventrue, piroïde ; protoconque de *Turbinella*; canal très arqué, un peu allongé, profondément échancré; bourrelet caréné sur le cou; columelle plissée; labre lisse à l'intérieur.

Rapp. et diff. — Je propose cette nouvelle Famille pour quelques Genres qu'il n'est pas possible de classer dans les *Turbinellidæ*, ni dans les *Buccinidæ*; le canal de ces coquilles, quoique très recourbé, est encore plus long et mieux formé que chez *Buccinum* ou chez *Cominella;* d'autre part, il est profondément échancré, avec un bourrelet caréné correspondant aux accroissements de l'échancrure, ce qui n'a jamais lieu chez les *Turbinellidæ*. Le pli columellaire, bien distinct, rapproche, il est vrai, ces coquilles de quelques membres de cette dernière Famille et particulièrement des *Fulgurinæ*; en outre, la protoconque est identique à celle de *Turbinella*; mais l'ouverture est beaucoup plus contractée à la naissance du canal, qui est encore plus arqué que chez *Lirosoma*, par exemple. En résumé, il est indispensable de créer un groupe tout à fait distinct, pour y réunir ces formes de transition, qui ont embarrassé la plupart des auteurs, et qui présentent une anomalie choquante dans chacune des Familles où l'on a cru devoir les placer jusqu'à présent.

Quant au nom que j'ai choisi pour désigner cette nouvelle famille, il correspond à la correction, faite par Hermannsenn, du nom *Strepsidura*, plus correctement écrit *Streptura* (Στρεπτος, courbé; ουρα, queue), à la place de *Strepsura* qu'avait proposé Agassiz, et qui n'est pas plus correct que l'autre. Si *Strepsidura* a été universellement admis pour le nom du Genre, rien n'oblige à perpétuer ce barbarisme dans le choix du nom de la Famille.

Tableau des Genres, Sous-Genres et Sections

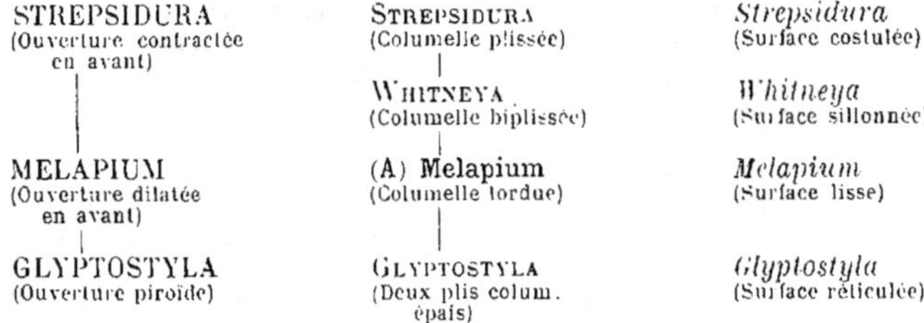

STREPSIDURA (Ouverture contractée en avant)	STREPSIDURA (Columelle plissée)	*Strepsidura* (Surface costulée)
	WHITNEYA (Columelle biplissée)	*Whitneya* (Surface sillonnée)
MELAPIUM (Ouverture dilatée en avant)	(A) Melapium (Columelle tordue)	*Melapium* (Surface lisse)
GLYPTOSTYLA (Ouverture piroïde)	GLYPTOSTYLA (Deux plis colum. épais)	*Glyptostyla* (Surface réticulée)

Genre non signalé à l'état fossile.

A. — MELAPIUM, H. et A. Adams, 1853. — Type : *Pirula lineata*, Lamk. Cette coquille, classée par Tryon dans les *Muricidæ*, près de *Rapa*, a été placée par Fischer, avec beaucoup plus de raison selon moi, auprès de *Strepsidura*, dont elle ne se distingue que par son ouverture plus dilatée en avant, réduisant en apparence la longueur du canal, qui est cependant bien formé, quand on le regarde du côté du cou; la torsion de la columelle est moins pliciforme que chez *Strepsidura*, et la surface n'est pas ornée. D'autre part, j'ai observé la protoconque sur un individu de la coll. Dautzenberg (*M. elatum* Sch.) : elle est composée de deux tours et demi, plans, scalariformes, à nucléus sans saillie. Pour tous ces motifs, auxquels il y a lieu d'ajouter la brièveté de la spire, j'estime que *Melapium* est un Genre distinct, — et non un Sous-Genre, — de *Strepsidura*, mais qu'il appartient bien à la même Famille.

STREPSIDURA, Swainson, 1840.

Coquille piriforme; ouverture contractée en avant; columelle munie d'un fort pli et d'un second plus obsolète; spire plus ou moins costulée.

STREPSIDURA, *sensu stricto*.   Type : *Murex turgidus*, Soland. Eoc.

Taille moyenne; forme piroïde, ventrue; spire courte, à galbe conique; protoconque lisse, composée de trois tours un peu convexes, en calotte hémisphérique, à nucléus obtus et déprimé; tours étroits, se recouvrant sur la suture, qui est toujours bordée d'un bourrelet, ornés de costules pincées et de filets spiraux; dernier tour formant environ les quatre cinquièmes de la coquille, arrondi et gonflé au milieu, avec une rampe postérieure déclive au-dessus du bourrelet sutural, ne portant parfois que des plis irréguliers d'accroissement, ou bien costulé comme la spire, rarement armé de nodosités ou d'épines; base excavée, sur laquelle se prolongent les filets spiraux, jusqu'au cou qui est rejeté au dehors, muni d'un bourrelet peu saillant et formé par les accroissements de l'échancrure, avec une carène extérieure, mince et proéminente. Ouverture ovale, anguleuse en arrière, avec une gouttière étroite et bien marquée, atténuée en avant et terminée par un canal assez long, infléchi et renversé en dehors, profondément échancré à son extrémité; labre à peine sinueux, presque vertical, un peu épaissi, lisse à l'intérieur, appliqué tangentiellement contre l'avant-dernier tour qu'il recouvre en partie; columelle bien excavée en arrière, infléchie en avant avec le canal, portant, vis-à-vis de cette inflexion, un pli oblique, mince et saillant, puis, au-dessous de ce pli, un renflement pliciforme, produit par l'enroulement de la carène dorsale sous le bord columellaire, qui est vernissé, un peu calleux, assez large et limité par une strie.

Diagnose complétée d'après des échantillons de l'espèce-type, provenant d'Auvers-sur-Oise (Pl. VI, fig. 1-2), ma coll. Protoconque d'un individu de Damery (Fig. 37), ma coll.

Observ. — Ce que j'ai dit ci-dessus, au sujet de la Famille *Strepturidæ*, me dispense d'insister sur les caractères de *Strepsidura*, qui en est le Genre-type. Je me borne à expliquer pourquoi je conserve, pour

37

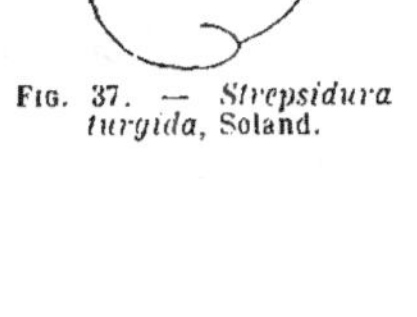

Fig. 37. — *Strepsidura turgida*, Soland.

Strepsidura

le Genre, la dénomination proposée par Swainson, sans l'amender comme l'a indiqué Hermannsen; l'étymologie est, en effet : Στρεψις, torsion, dont le génitif est Στρεφιδος ; ουρα, queue ; cette association de substantifs est évidemment moins correcte que celle d'un adjectif et d'un substantif, comme pour *Streptura ;* mais, comme il n'y a pas de barbarisme ni de solécisme à corriger, les règles de la nomenclature n'autoriseraient pas cette substitution.

Répart. stratigr.

    Eocene. — L'espèce-type et ses variétés, aux trois niveaux du Bassin de Paris, ma coll. Une espèce distincte dans le Bassin de Nantes : *S. brevispirata* Cossm., ma coll.

    Oligocene. — Une espèce épineuse, dans le Tongrien de Brokenhurst (Angleterre . *S. armata* Sow., ma coll.; une autre espèce dans la « Série de Headon » : *S. semicostata* Edw. *mss.*, d'après le Catalogue de M. Newton [Brit. Mus. 1891]. Une autre espèce, à canal plus court, dans les couches supérieures de Cessel : *Buccinum Bolli* Beyr., ma coll.

WHITNEYA, Gabb. 1864.   Type : *W. ficus*, Gabb. Paléoc.

« Coquille piriforme, à spire courte, à sutures canaliculées; ouver-
» ture avec une échancrure antérieure bien marquée; labre simple;
» canal caréné et échancré à son extrémité; bord
» columellaire calleux, et avec deux ou plusieurs
» plis obliques, comme ceux de *Fasciolaria* ».

Diagnose traduite d'après celle de Gabb [Palæont. of Calif. Cret. foss. I, p. 103]. Reproduction de la figure originale (Fig. 38).

Fig. 38. — *Whitneya ficus*, Gabb.

Rapp. et diff. — Gabb expose que ce Genre est très voisin de *Fasciolaria*, et il le place entre *Mitra* et *Morio*. L'opinion de Tryon et de Fischer, qui le rapprochent de *Strepsidura*, est plus conforme à la réalité; à mon avis, comme il a complète ment la forme de ce dernier Genre, et qu'il n'en diffère que par des caractères d'une importance secondaire, tels que l'ornementation et le nombre des plis à la columelle, c'est tout au plus un Sous-Genre de *Strepsidura* ; encore serait-il nécessaire de s'assurer que l'un de ces plis, qui sont au nombre de deux ou trois, n'est pas, comme cela a lieu chez *Strepsidura*, produit par la trace de l'enroulement de la carène dorsale sous la callosité columellaire ? Quant au pli

antérieur, qui est le plus saillant, il est bien équivalent à la torsion columellaire de *Strepsidura*.

Répart. stratigr.

PALEOCENE. — L'espèce-type dans le groupe de « Fort Tejon » (Division B),
en Californie. M. Stanton nous a fait remarquer qu'actuellement ce niveau
ne doit plus être considéré comme crétacique.

GLYPTOSTYLA, Dall, 1892.

Columelle munie de deux forts plis obliques; surface réticulée;
labre lisse à l'intérieur.

GLYPTOSTYLA, *sensu stricto*.   Type : *G. panamensis*, Dall. Mioc.

« Coquille épaisse, piriforme, à ornementation réticulée, avec un
» canal étroit et prolongé; labre dilaté, intérieurement épaissi;
» columelle munie de deux forts plis, séparés par une rainure cal-
» leuse; surface pariétale calleuse, mais dépourvue de lame sutu-
» rale; protoconque petite, proéminente; spire courte; sutures dis-
» tinctes, non canaliculées ».

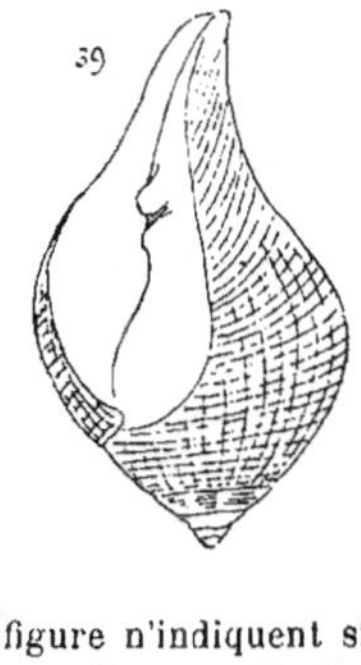

Diagnose traduite d'après celle de M. Dall [Tert.
 Flor. II, p. 232, pl. XIII, fig. 5]. Reproduction de
 la figure originale (Fig. 39).

Rapp. et diff. — L'auteur déclare que cette forme est
très embarrassante : elle rappelle *Pirula* par son aspect
extérieur, *Turbinella* et *Mazzalina* par son labre, *Lathyrus* ou *Volutilithes* par ses plis columellaires. Quant à
moi, je la rapproche complètement de *Strepsidura*, à
cause de son galbe, de son canal recourbé, et de sa
columelle plissée; il est vrai que, ni la diagnose, ni la figure n'indiquent si
ce canal est échancré, et s'il existe une carène dorsale sur le cou; d'autre
part, M. Dall mentionne une protoconque qui paraît très différente de celle
de *Strepsidura*. Le classement que je propose n'a donc qu'un caractère pro-
visoire, jusqu'à ce qu'on ait vérifié, sur les échantillons eux-mêmes, si ces

différences sont bien réelles. M. Dall indique une forme crétacique de Californie (*Turbinella crassitesta* Gabb) comme pouvant se rapporter au même Genre : je ne suis pas de cet avis, la coquille dont il s'agit n'ayant pas, d'après la figure, le canal recourbé, et portant plusieurs plis peu perceptibles sur la columelle.

Répart. stratigr.
> ÉOCÈNE. — Une espèce à canal court, dans le « Lignitic stage » de l'Alabama :
> *Turbinella bacula* Aldr., d'après la figure publiée par M. Gilbert Harris
> [Bull. Amer. Pal. III, 1899].
> MIOCÈNE. — L'espèce-type dans les couches néogéniques de l'Isthme de Da-
> rien, d'après M. Dall.

BUCCINIDÆ, Latreille, 1825.

Forme ovale ou oblongue; canal presque nul, avec une échancrure basale profonde, à laquelle correspond un bourrelet dorsal, formé par ses accroissements sur le cou; ouverture ample; columelle générale-ment excavée, plus ou moins tordue en avant, simple ou munie de rides pliciformes.

Observ. — L'élimination, que j'ai faite ci-dessus, de la Sous-Famille *Chryso-dominæ*, érigée par moi en Famille distincte, débarrasse la diagnose de la coquille des *Buccinidæ* d'un élément de variabilité qui la rendait trop vague : le canal, qui est parfois très allongé chez quelques *Chrysodomidæ*, est ici invaria-blement court, souvent réduit à une échancrure basale, entaillée sur la surface dorsale de la coquille, aux dépens du cou, et dont les accroissements forment, sur ce dernier, un gros bourrelet plus ou moins saillant; quand cette entaille est anguleuse à son extrémité, le coude formé par les accroissements de l'échan-crure donne naissance à une côte, parfois carénée, limitant le bourrelet du côté de la base et aboutissant à l'angle de jonction du labre avec l'échancrure, sur le contour supérieur de l'ouverture.

La columelle des *Buccinidæ* est plus variable : dans la même espèce (*B. unda-tum* Lin.), on trouve des individus à columelle peu arquée, et d'autres à colu-melle très profondément excavée, tandis qu'elle est presque rectiligne chez *Mala Humphreysiana* par exemple; elle est tordue plus ou moins obliquement près de l'échancrure antérieure, mais elle n'est jamais aussi transversalement tronquée que chez *Nassa*. La surface de la columelle n'est pas réellement plissée en spirale; mais, chez quelques Genres de cette Famille, elle porte, à l'âge adulte, des rides antérieurs, qui ressemblent souvent à de véritables plis ; en outre, le bord columellaire est quelquefois muni, en arrière, d'une dent, ou d'une côte plus ou moins allongée sur la région pariétale.

L'opercule et la radule sont à peu près les mêmes, chez les *Buccinidæ* et chez les *Chrysodomidæ*; c'est même le seul motif pour lequel les coquilles de ces deux Familles ont été groupées ensemble par les auteurs qui s'occupent surtout de Conchyliologie récente. Mais, pour le Paléontologiste, qui n'a pas à sa disposition ces deux éléments de comparaison, la coquille présente de sérieuses différences, dont il est impossible de ne pas tenir compte; d'ailleurs, je constate qu'après cette séparation faite, je suis arrivé à un arrangement beaucoup plus satisfaisant pour l'œil et pour l'esprit, et c'est la confirmation de la mesure que j'ai prise.

Tableau des Genres, Sous-Genres et Sections

*

BUCCININÆ (Echancrure moyenne, gros bourrelet basal).

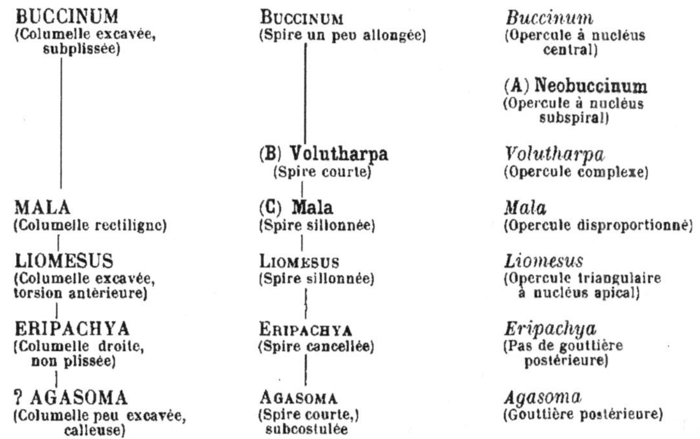

*

COMINELLINÆ (Echancrure profonde, forte carène sur le cou).

COMINELLA (Canal presque nul)	COMINELLA (Gouttière postérieure, labre plissé)	*Cominella* (Torsion columellaire non carénée)
	PTYCHOSALPINX (Pas de gouttière, labre lisse)	*Ptychosalpinx* (Pli columellaire caréné)
	(D) Triumphis (Coquille épaisse, bande calleuse)	*Triumphis* (Columelle peu tordue)
	(E) Chlanidota (Ouverture dilatée, forme globuleuse)	*Chlanidota* (Columelle presque droite)
	(F) Josepha Coquille fusiforme)	*Josepha* (Columelle plissée)
ODONTOBASIS (Canal un peu formé)	ODONTOBASIS (Faible gouttière, labre lisse)	*Odontobasis* (Pli columellaire tordu)
CYLLENE (Gouttière échancrée à la suture)	CYLLENE (Callosité dans l'angle inférieur)	*Cyllene* (Labre sinueux en avant)
	CYLLENINA (Bourrelet calleux à la suture)	*Cyllenina* (Labre non sinueux en avant)
	HAYDENIA (Forme olivoïde)	*Haydenia* (Labre dilaté en avant)
LACINIA Go uttière non échancrée)	LACINIA Forme ventrue)	*Lacinia* (Columelle non plissée'

*

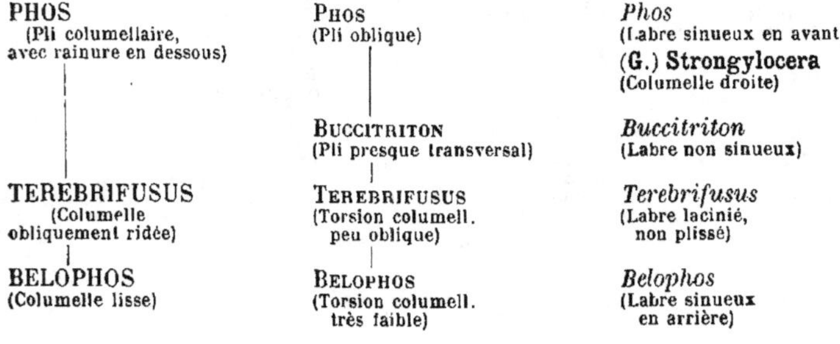

PHOTINÆ (Dépression basale autour du bourrelet).

PHOS (Pli columellaire, avec rainure en dessous)	PHOS (Pli oblique)	*Phos* (Labre sinueux en avant) **(G.) Strongylocera** (Columelle droite)
	BUCCITRITON (Pli presque transversal)	*Buccitriton* (Labre non sinueux)
TEREBRIFUSUS (Columelle obliquement ridée)	TEREBRIFUSUS (Torsion columell. peu oblique)	*Terebrifusus* (Labre lacinié, non plissé)
BELOPHOS (Columelle lisse)	BELOPHOS (Torsion columell. très faible)	*Belophos* (Labre sinueux en arrière)

*

PISANIINÆ (Echancrure médiocre, bourrelet sans carène).

PISANIA (Columelle non ridée, dentée en arrière)	Pisania (Forme olivoïde)	*Pisania* (Labre subvariqueux, plissé)
METULA (Columelle non ridée, peu infléchie)	(H) **Metula** (Forme mitroïde)	*Metula* (Labre arqué, variqueux, crénelé)
	Celatoconus (Forme ovoïde)	*Celatoconus* (Labre peu sinueux, crénelé)
TRITONIDEA (Columelle ridée, peu excavée	Tritonidea (Forme fusoïde, ventrue)	*Tritonidea* (Labre épais, plissé)
		Endopachychilus (Labre droit, en biseau crénelé)
	Cantharus (Forme ventrue, costulée)	*Cantharus* (Labre sinueux, crénelé)
		Cantharulus (Labre non plissé)
	Pseudopisania (Forme buccino-conique)	*Pseudopisania* (Labre peu sinueux, crénelé)
SUESSIONIA (Columelle presque lisse)	Suessionia (Forme buccinoïde)	*Suessionia* (Labre subvariqueux, subplissé)
JANIOPSIS (Columelle dentée)	Janiopsis (Forme muricoïde)	*Janiopsis* (Labre variqueux, fortement crénelé)

*

ANOCHETINÆ (Canal tronqué, large échancrure, pas de bourrelet).

PISANIANURA (Columelle arquée, tordue)	Pisanianura (Forme ventrue, labre lisse)	*Pisanianura* (Protoconque à filets spiraux)
BUCCINARIA (Columelle peu arquée, tordue)	Buccinaria (Forme globuleuse, labre lisse)	*Buccinaria* (Protoconque lisse, subglobuleuse)
LÆVIBUCCINUM (Columelle presque droite, à peine tordue)	Lævibuccinum (Forme olivoïde, labre plisse)	*Lævibuccinum* (Protoconque lisse, conoïdale)
	Euryochetus (Forme mitroïde, labre lisse)	*Euryochetus* (Protoconque lisse, en calotte)

PSEUDOBUCCINUM (Columelle très arquée, non tordue)	**PSEUDOBUCCINUM** (Forme globuleuse. sillonnée)	*Pseudobuccinum* (Protoconque obtuse ?)
ECTRACHELIZA (Columelle peu arquée, droite en avant)	**ECTRACHELIZA** (Forme ovale, labre dilaté)	*Ectracheliza* (Spire tronquée)
PSEUDOVARICIA (Columelle peu arquée, tordue)	**PSEUDOVARICIA** (Spire longue, étroite, variqueuse)	*Pseudovaricia* (Protoconque déprimée)

*

LATRUNCULINÆ (Profonde échancrure, pas de canal).

LATRUNCULUS (Columelle arquée, limbe basal)	**LATRUNCULUS** (Lamelle pariétale, ombilic ouvert)	*Latrunculus* (Sutures canaliculées)
	PERIDIPSACCUS (Callosité pariétale, ombilic clos)	*Peridipsaccus* (Sutures rainurées)
	(I) Zemira (Pas de lamelle pariétale, ombilic peu ouvert)	*Zemira* (Sutures rainurées, denticule au labre)
MACRON (Columelle plissée, bourrelet basal)	**(J) Macron** (Gouttière pariétale, perforation ombilicale)	*Macron* (Sutures rainurées, denticule au labre)

*

PSEUDOLIVINÆ (Rainure dorsale. avec denticule au labre).

PSEUDOLIVA (Columelle lisse, arquée)	**PSEUDOLIVA** (Large callosité columellaire)	*Pseudoliva* (Ombilic clos, sutures rainurées) *Buccinorbis* (Ombilic ouvert, sutures canaliculées)
	ÉBURNOPSIS (Bord columellaire peu calleux)	*Eburnopsis* (Ombilic semi-clos, large canal sutural)
FULMENTUM (Columelle avec lamelle pariétale)	**(K) Fulmentum** (Bec columellaire dépassant l'échancrure)	*Fulmentum* (Ombilic clos, sutures linéaires)

Genres, Sous-Genres et Sections non signalés à l'état fossile.

A. — NEOBUCCINUM, E. A. Smith, 1879. — Type : *N. Eatoni*, Smith. Cette coquille mince et lisse, de l'île Kerguélen, ne me paraît être qu'une section de *Buccinum*, dont elle diffère principalement par son opercule à nucléus terminal et spiral.

B. — VOLUTHARPA, Fischer, 1856. — Type : *Bullia ampullacea*, Middendorf. Beaucoup plus ample que les véritables Buccins, ce Sous-Genre se distingue par la brièveté de sa spire, le dernier tour formant presque toute la coquille; l'opercule, quand il existe, est ovoïde au début, avec un nucléus submarginal; puis il s'augmente d'une pièce capuliforme, qui se place au-dessus de l'opercule primitif, d'après M. Dall. On en connaît trois espèces, ou variétés, dans le Japon septentrional.

C. — MALA, Jeffreys, 1867. — Type : *Buccinum Humphreysianum*, Bennett. Fischer n'en a fait qu'une Section de *Buccinum*, et Tryon ne l'a même pas séparé de ce Genre. Quant à moi, j'estime que la forme presque rectiligne de la columelle, qui fait un angle de 150° environ avec la base de l'avant-dernier tour, est un caractère d'une réelle importance, quand on le compare à la columelle de *Buccinum* et de ses Sous-Genres ou Sections, ou bien encore à la columelle de *Liomesus*; aussi, dans le tableau ci-dessus, ai-je séparé *Mala* comme Genre distinct. La surface de la coquille est sillonnée comme celle de *Liomesus*, quoique plus finement. Le type et ses variétés se rencontrent dans l'Europe septentrionale, dans l'Amérique arctique; Tryon le cite même sur les côtes de Provence et d'Italie.

D. — TRIUMPHIS, Gray, 1857. — Type : *Cantharus distortus*, Reeve. D'après l'échantillon qui m'a été donné par M. Dautzenberg, c'est une coquille épaisse, dont le labre forme, en arrière de l'ouverture, une boucle calleuse, avant de se rattacher à l'avant-dernier tour : d'autre part, la columelle est peu tordue, le bord columellaire est finement ridé sur sa face antérieure; mais l'échancrure basale est très profonde, et il n'y a, pour ainsi dire, pas de canal; le labre est oblique, un peu sinueux, antécurrent vers la suture; enfin, le bourrelet basal, quoique épais et séparé du bord columellaire par une fente. ombilicale, est à peine distinct de la surface de la base : sa limite n'est guère indiquée que par la cessation des sillons spiraux qui s'espacent sur la base. Aussi, en présence de ces caractères, je ne puis comprendre que Fischer ait songé à rapprocher ce Genre de *Thersitea,* qui est un *Fusidæ* à canal assez long et droit, sans la moindre échancrure. Tryon ne mentionne même pas *Triumphis,* et il classe *Cantharus distortus* à la suite du Genre *Cantharus,* probablement parce que la columelle de cette coquille est faiblement ridée; quant à l'individu non adulte, qu'il a figuré d'après Kiener, c'est absolument une coquille de *Cominella.*

E. — CHLANIDOTA, von Martens, 1878. — Type : *C. vestita*, v. Martens. Coquille mince, subglobuleuse, à spire très courte, spiralement sillonnée; ouverture très dilatée, columelle presque rectiligne en avant, la torsion étant peu apparente; le canal se réduit à une très large échancrure du contour supérieur. On ne connaît que l'espèce-type, à l'île Kerguélen.

F. — JOSEPHA, Ten. Woods, 1878. — Type : *Cominella tasmanica*, T. Woods. Cette petite coquille n'a jamais été figurée; autant qu'on peut en juger par la diagnose, elle se distinguerait par la présence d'un pli columellaire; mais il importerait d'en préciser la position exacte ; car, si c'est la torsion de la columelle que l'auteur désigne comme un pli, plusieurs formes de *Cominella* en sont déjà munies.

G. — Strongylocera, Mörch, 1852. — Type : *Buccinum cancellatum*, Quoy et
Gaimard. Fischer indique, comme principaux caractères distinctifs de cette
Section : « Yeux vers l'extrémité des tentacules ; pied obtus en arrière ; tours de
spire anguleux, concaves à leur partie supérieure ». Or, j'ai sous les yeux des
échantillons de *Phos textum* Gm., auquel Tryon réunit *Buccinum cancellatum*
(qui d'ailleurs n'aurait pu conserver ce nom spécifique, postérieur à *Nassa cancellata* Lea, puisque ce sont tous deux des *Phos*), et j'avoue que je n'y découvre
d'autre différence générique avec *Phos*, que la columelle un peu plus droite. Si
donc il y a une séparation à maintenir, à cause des caractères anatomiques de
l'animal, les Paléontologistes ne peuvent en faire état dans leurs études.

H. — Metula, H. et A. Adams, 1853. — Type : *M. clathrata*, Adams et Reeve.
Ce Genre a été rapproché, avec raison, de *Pisania*. Il n'existe pas à l'état fossile,
attendu que, comme on l'a vu ci-dessus, l'espèce néogénique, que Bellardi y a
rapportée, est d'une tout autre Famille (voir *Acamptochetus*), et que les espèces
éocéniques que j'y classais font partie d'un Sous-Genre déjà créé par Conrad
(*Celatoconus*, voir ci-après). Cependant, dans son travail sur le Pliocène de
Costa-Rica, Gabb décrit *Metula cancellata*, qui n'est certainement pas un *Celatoconus*.

I. — Zemira, H. et A. Adams, 1873. — Type : *Eburna australis*, Sow. Cette
coquille a tout à fait le galbe et les caractères principaux du Genre *Latrunculus*,
ainsi que j'ai pu le vérifier sur un échantillon de la coll. Dautzenberg : aussi je
ne comprends pas que Fischer en fasse un Sous-Genre de *Macron*, qui a la columelle plissée. Tryon a été plus exactement inspiré, en plaçant *Zemira* comme
Sous-Genre d'*Eburna* (= *Latrunculus*) ; il s'en distingue cependant par son denticule sur le labre, et par l'absence de lamelle pariétale. D'autre part, M. Hedley
a tout récemment proposé de rapprocher ce Genre des *Struthiolariidæ;* je n'ai
pas les éléments nécessaires pour trancher cette question qui concerne exclusivement la Conchyliologie actuelle.

J. — Macron, H. et A. Adams, 1853. — Type : *M. Kelleti* Adams. C'est une
sorte de *Pseudoliva* à opercule de *Latrunculus*; comme je l'ai constaté sur un
individu de la coll. Dantzenberg, l'ombilic ouvert, le bord columellaire très
obtusément ridé distinguent aisément cette coquille de *Pseudoliva;* la suture
n'est pas canaliculée comme chez *Latrunculus*, et en outre, le labre porte deux
denticulations, au point où aboutit la rainure limitant le bourrelet.

K. — Fulmentum, Fischer, 1884. — Type : *Pseudoliva sepimenta*, Rang. Bien
qu'elle appartienne à la Sous-Famille *Pseudolivinæ*, à cause de sa rainure dorsale aboutissant à un denticule sur le bord du labre, cette très curieuse coquille
s'écarte de *Pseudoliva* par la saillie pointue que fait l'extrémité de la columelle,
bien au delà du bord opposé, de sorte que l'échancrure basale, dont les accroissements forment un bourrelet séparé du cou par une rainure, ressemble plutôt
à une simple sinuosité antérieure du contour, comme chez les *Strombidæ*. En
outre, la région pariétale est armée d'une très saillante et très mince lamelle
spirale, qui se soude dans l'ouverture avec la paroi opposée, de sorte que la
gouttière de l'angle inférieur de l'ouverture se termine en impasse obturée, au

dessous de cette lamelle. La callosité vernissée du bord columellaire, qui est lisse et arqué, se dédouble en avant, et la partie interne est comme un prolongement de la lamelle pariétale. Enfin, toute la surface lisse est d'une couleur brune nuancée. Je crois utile de donner une figure (Pl. VII, fig. 12) de cette rare espèce, peu connue, d'après un échantillon de la Coll. de l'École des Mines.

Genres et Sous-Genres à éliminer de la Famille.

Closteriscus, Meek, 1876. — Type : *Fusus tenuilineatus*, Hall et Meek. Crétacé supérieur. Ce Genre a été proposé, par Meek, pour un fragment dont le sommet de la spire et dont la partie antérieure de l'ouverture sont brisés. La seule caractéristique à retenir, c'est que, d'après le moule, le labre, quoique mince, devait porter, de place en place, une varice interne, armée de denticules; quant aux autres éléments de détermination : columelle lisse ou plissée, canal long ou tronqué, échancré ou non, profil du labre, protoconque, etc..., ils font absolument défaut, de sorte qu'on ne peut exactement savoir si cette coquille appartient aux *Fusidæ*, aux *Buccinidæ*, ou aux *Pterodontinæ*. Comme, d'autre part, *Pterodonta terebralis* Stol., de la Craie de l'Inde méridionale, que Meek rapproche de *Closteriscus*, n'est également connu que par un moule que je déclare indéterminable, mon avis est qu'il faut provisoirement rayer ce Genre de la Nomenclature, jusqu'à ce que la découverte d'échantillons plus complets, avec test, permette de savoir à quelle Famille il doit appartenir.

Engina, Gray, 1839. — Néotype (d'après Fischer): *Purpura turbinella*, Kiener. Fischer place ce Genre dans les *Buccinidæ*, en faisant observer qu'il a souvent été confondu, soit avec *Pentadactylus*, soit avec *Columbella*. Tryon le classe dans les *Columbellidæ*, et la figure qu'il donne d'*E. turbinella* me confirme dans la conviction que c'est bien, en effet, la place qui lui convient. La forme biconique de la coquille, les crénelures du labre, et les rides de la columelle qui rétrécissent l'ouverture, se retrouvent chez tout un groupe de *Columbellidæ*; il est vrai que la dentition d'*E. mendicaria* est celle des *Photinæ*; mais, pour l'examen des coquilles fossiles, le Paléontologiste n'a pas la ressource de la connaissance de l'animal, et en définitive, il est préférable pour lui, en cas de doute, de s'en rapporter aux caractères de la coquille : or, à première vue, les espèces néogéniques (telles que *Purpura exsculpta* Duj.) que les auteurs ont généralement rapportées au Genre *Engina*, ont l'ouverture moins étroite que *Columbella*, et sont simplement des *Tritonidea*.

Metulella, Gabb, 1872. — Type : *M. subfusiformis*, Gabb. Miocène de Saint-Domingue. Cette coquille, autant que je puis en juger par la figure reproduite dans le Manuel de Tryon, a un aspect de *Glyphostoma* : son canal allongé et droit, ses plis columellaires et ses crénelures à l'intérieur du labre, ont d'ailleurs beaucoup d'analogie avec le Genre *Euchilodon* Heilp. (Voir « Essais » III, p. 190, fig. 35). D'autre part, M. Dall [Tert. Flor. I, p. 132], qui a pu examiner l'espèce-type de Gabb, déclare qu'elle doit être placée dans le voisinage de *Nassarina glypta*, coquille à canal court et infléchi, à spire longue, qui n'a aucun rapport avec la figure de *Metulella* publiée dans le Manuel de Tryon. Dans cette

incertitude, et en attendant des éléments d'appréciation plus sérieux, je me vois
obligé de suspendre toute opinion personnelle sur le classement de ce Genre
douteux.

HINDSIA, H. et A. Adams, 1850 (= *Nassaria*, Link 1807, *fide* H. et A. Adams
1853). — Type : *Buccinum niceum*, Gmelin, Fischer classe ce Genre dans les
Buccinidæ, malgré son canal allongé et renversé en dehors, et malgré sa protoconque paucispirée, globuleuse et papilleuse ; Tryon émet des doutes sur ce
classement, et il fait remarquer que, sauf l'animal qui est différent, la coquille
ressemble beaucoup, excepté les varices, à celle de Triton. En examinant l'échantillon que je possède de l'espèce-type, je reste convaincu que *Hindsia* serait
mieux à sa place dans la Famille *Tritonidæ* (= *Lampusidæ*), que dans les *Buccinidæ* ; sa columelle plissée en avant, ridée en arrière, ne permet pas de la rapprocher des *Chrysodomidæ*, malgré l'analogie de son canal recourbé et de sa protoconque papilleuse. D'autre part, je remarque que le labre variqueux laisse, par
ses accroissements successifs, des traces de varices sur la spire, et notamment
une située un peu au delà du diamètre transversal, c'est-à-dire presque dans le
voisinage de l'emplacement qu'elle occuperait si c'était un *Triton*. En conséquence, je reporte *Hindsia* dans la Famille *Tritonidæ*. Quant au choix de la
dénomination *Hindsia*, au lieu de *Nassaria*, outre que ce dernier nom n'a été
régulièrement publié qu'en 1853, il ne pouvait être conservé, attendu qu'il existait déjà, avant Link, un Genre *Nassarius* Dum. (1806), d'ailleurs synonyme de
Nassa.

TAURASIA, Bellardi, 1882. — Type : *Purpura subfusiformis*, d'Orb. Miocène du
Piémont. Contrairement à l'opinion de Fischer, qui place *Taurasia* près de
Pisania, je suis d'avis que ce Genre doit rester dans la Famille *Purpuridæ*, où
Bellardi l'a classé : cette coquille n'a, en effet, qu'une lointaine ressemblance
avec *Pisania*, sa columelle arquée porte plusieurs plis, et surtout elle paraît
aplatie, comme l'est, en général, celle des *Purpuridæ* ; toutefois l'ouverture est
contractée en avant, et forme une sorte de canal rudimentaire comme chez *Tritonidea* ; Bellardi a fondé sur ce caractère une Sous-Famille *Purpurellinæ* qu'il
convient de laisser dans la Famille *Purpuridæ* jusqu'à preuve du contraire.

TRACHOECUS, Kittl, 1894. — *T. Gemmellaroi*, Kittl. Trias de Saint-Cassian. Cette
petite coquille pyramidale a une ornementation de *Nassa*, une ouverture courte,
avec une sorte de bec antérieur, qui malheureusement ne paraît pas complet,
d'après la figure de l'unique échantillon représenté. Les *Buccinidæ* n'étant pas
connus, même dans le Crétacé moyen, il n'est pas possible que *Trachoecus* appartienne à cette Famille, dont il n'y aurait aucune trace pendant toute la période
crétacique et infracrétacique ; il paraît plus naturel de rapprocher ce Genre des
Purpurinidæ qui sont, comme l'on sait, des Gastropodes secondaires, intermédiaires entre les Siphonostomes et les Holostomes.

SIPHONOPHYLA, Kittl, 1894. — Type : *Fasciolaria Desori*, Klipst. *mss.* Trias de
Saint-Cassian. Cette bizarre coquille, qui a une columelle droite, un bec à peine
indiqué, un ombilic limité par un angle spiral, ne peut évidemment être placé,
ni dans la famille *Fusidæ* où l'auteur l'a provisoirement classée, ni auprès des
Buccinidæ, parce qu'elle n'a pas la moindre échancrure. De même que le Genre
précédent, et pour les mêmes motifs phylogéniques, je suis d'avis de reporter

Siphonostyla auprès de ces formes buccinoïdes, à bec antérieur, dont font partie *Purpurina, Ochetochilus*, etc...

Palæotriton, Kittl, 1894. — Type : *Scalaria venusta* Munst. Trias de Saint-Cassian. Même observation que pour *Siphonostyla*, avec cette différence toutefois que, par son ouverture dilatée et sa protoconque inclinée, *Palæotriton* a aussi de l'affinité avec les *Trichotropidæ*. En tous cas, il y a lieu de remarquer que la dénomination *Palæotriton* ne pourrait être conservée, ayant déjà été employée antérieurement, par Fitzinger, pour un genre de Reptiles.

BUCCINUM, Linné, 1767.
(*non* Klein, *nec* Adanson)

Columelle excavée, tordue en avant, subplissée au milieu; bourrelet basal non caréné; opercule à nucléus central.

Buccinum, *sensu stricto*.   Type : *Bucc. undatum*, Lin. Viv.
(= *Tritonium*, Muller 1776, *ex parte*).

Taille grande; forme très variable; spire un peu allongée, à galbe conique ou conoïdal; tours convexes, généralement plissés et ornés de filets spiraux; dernier tour grand, ventru, arrondi à la base, qui n'est excavée que contre le cou; bourrelet gros et proéminent, non caréné du côté extérieur. Ouverture ample, ovale, faiblement anguleuse en arrière, à peine rétrécie sur le canal, qui est extrêmement court, assez échancré sur le contour dorsal; labre arqué, mince, lisse à l'intérieur, très antécurrent vers la suture; columelle excavée surtout en avant, et munie d'un pli antérieur, tordu suivant l'inflexion du canal; au milieu, l'enroulement du bourrelet sous le bord columellaire forme un renflement spiral et pliciforme; bord columellaire peu calleux, largement étalé, bien appliqué sur la région ombilicale.

Diagnose refaite d'après des échantillons actuels de l'espèce-type, et d'après des individus fossiles de la variété *tenerum* Sow., dans le Pliocène de Butley (Pl. V, fig. 14-15), ma coll.

Observ. — Ce Genre a été minutieusement étudié par Stimpson, Jeffreys, Dall, Verkrüzen, Sars, Friele, Tryon : les uns y ont multiplié le nombre des espèces; d'autres ont, au contraire, réduit ce nombre, en y admettant seulement des variétés, en rapport avec la fréquence des Buccins des mers arctiques. Stimpson les a classés en deux groupes : dernier tour anguleux ou caréné, dernier tour non anguleux ; chacun de ces groupes est, en outre, subdivisé selon la forme de l'ouverture et selon l'ornementation ; l'auteur est ainsi arrivé à distinguer une quinzaine d'espèces, y compris *Mala Humphreysiana*. Jeffreys, au contraire, n'en admet guère que trois, et Friele y a ajouté cinq formes, qui ne se distinguent que par des détails de la dentition, Enfin, Tryon en décrit et en figure dix-neuf dans son Manuel, à l'exclusion des formes douteuses, et en se guidant plutôt d'après leur distribution régionale.

Cette incertitude, en ce qui concerne l'établissement des espèces de *Buccinum*, a pour conséquence inévitable de rendre très vagues les termes de la diagnose générique, qui doit pouvoir s'appliquer à toutes ces variations dans la forme de la coquille ; comme, d'autre part, les Paléontologistes n'ont pas à leur disposition l'opercule, qui était corné et qui ne s'est pas conservé chez les Buccins fossiles, il en résulte qu'il peut y avoir, dans le Pliocène (pas auparavant) plusieurs groupes, même des *Neobuccinum*, des *Volutharpa* ou des *Mala*, sans qu'on puisse les séparer sûrement des véritables *Buccinum*.

Répart. stratigr·

    PLIOCENE. — Deux espèces, avec quelques variétés, dans le Crag d'Angleterre : *Bucc. undatum* Lin., *B. glaciale* Lin., d'après la Monographie de S. Wood. La première dans le Scaldisien d'Anvers, ma coll.

    EPOQUE ACTUELLE. — Plusieurs espèces dans les régions arctique et antarctique, d'après le Manuel de Tryon.

LIOMESUS, Stimpson, 1865.

Columelle excavée, avec un pli antérieur tordu et très caréné ; bourrelet basal caréné ; spire simplement sillonnée ; opercule triangulaire, à nucléus apical.

LIOMESUS, *sensu stricto*.   Type : *Buccinum Dalei*, J. Sow. Plioc. (= *Buccinopsis*, Jeffr., 1867, *non* Conr., 1857, *nec* Desh. 1865).

Taille moyenne; forme ovale, subglobuleuse; spire très courte à galbe conoïdal; protoconque déprimée, à nucléus en goutte de suif, presque sans aucune saillie; tours convexes, séparés par de profondes sutures, ornés de sillons spiraux et réguliers ; dernier tour très grand, ovale, non atténué à la base, qui est subitement excavée contre le cou ; bourrelet peu saillant, formé par les accroissements de l'échancrure basale, extérieurement limité par une carène assez proéminente. Ouverture ovale, assez large et courte, avec une gouttière dans l'angle inférieur, contractée à la naissance du canal qui est presque nul, largement tronqué en travers, et profondément échancré sur le cou ; labre à peu près vertical, épaissi à l'âge adulte, toujours lisse à l'intérieur ; columelle lisse, très excavée au milieu, tordue en avant par un pli caréné, qui forme une saillie proéminente au bord du canal ; bord columellaire large, calleux, détaché en avant du bourrelet basal.

Diagnose refaite d'après des échantillons récents de l'espèce-type et fossiles dans le Crag de Walton on Naze. (Pl. V, fig. 12-13), ma coll.

Rapp. et diff. — Par son aspect général, ce Genre se rapproche évidemment beaucoup de *Buccinum*; mais, outre que l'animal présente des différences, qui ont paru suffisantes à Fischer pour le placer dans une Sous-Famille distincte (*Liomesinæ*), la coquille s'écarte de celle de *Buccinum* par des caractères assez importants : la torsion antérieure de la columelle est plus fortement carénée; le bord columellaire est plus détaché en avant ; le labre est moins incliné, plus épais à l'âge adulte ; la spire est toujours plus courte et plus conoïdale, sans avoir cependant la brièveté de celle de *Volutharpa* ; enfin, l'ornementation se compose de sillons spiraux, au lieu de filets, et elle ne comporte pas de plis axiaux. D'autre part, la columelle est très régulièrement excavée, et dépourvue de renflement pliciforme au milieu ; c'est précisément l'opposé de ce que l'on constate chez *Mala*.

Répart. stratigr.

Pliocène. — L'espèce-type, avec quelques variétés, dans le Crag rouge d'Angleterre et dans le Scaldisien d'Anvers, ma coll.

Époque actuelle. — L'espèce-type dans les régions arctiques, et deux variétés à l'Alaska, d'après M. Dall.

ERIPACHYA, Gabb, 1869.

Columelle peu excavée, non plissée ; bourrelet basal faible ; pas de gouttière dans l'angle inférieur de l'ouverture.

ERIPACHYA, *sensu stricto*.   Type : *Neptunea ponderosa*, Crét. Gabb.

« Coquille courte, robuste, subovale ou subfusiforme ; spire modé-
» rément élevée ; ouverture large, terminée en avant par un canal
» court, ou par une simple échancrure ; labre simple ; bord columel-
» laire plus ou moins encroûté ; surface ornée de côtes longitudina-
» les et de lignes spirales. »

Diagnose traduite d'après l'ouvrage de Gabb [Pal. of
    Calif. II, 1869, p. 148]; reproduction (Fig. 40) de la
    figure originale [Pal. of Calif. I, 1864, pl. XVIII,
    fig. 38].

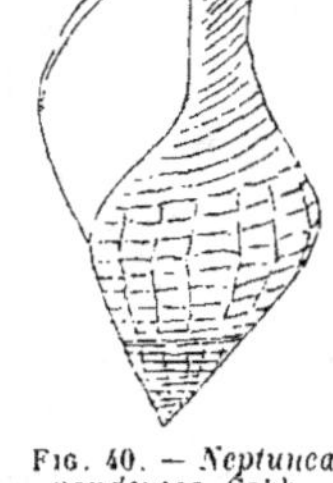

FIG. 40. — *Neptunea
ponderosa*, Gabb.

Rapp. et diff. — Tryon et Fischer placent ce Genre
dans les *Buccininæ*, quoiqu'il ait plutôt le galbe d'un *Tritonidea* : mais, comme la columelle est lisse et que le labre
est simple, il semble, en effet, que l'on doit provisoirement
le laisser auprès de *Buccinum*, bien que ce ne soit probablement pas une coquille boréale. On ne peut le placer dans les
Cominellinæ, parce qu'il n'y a pas de gouttière postérieure, parce que la columelle n'est pas excavée, ni tordue en avant, et enfin parce que l'échancrure
dorsale est peu profonde. En réalité, c'est une forme assez mal caractérisée, à
cause de l'état défectueux de conservation des échantillons ; les deux autres
espèces que Gabb rapporte à ce Genre, paraissent même bien peu semblables à
l'espèce-type.

Répart. stratigr.
    CRETACE. — L'espèce-type et deux autres très incertaines, dans le groupe
    « Shasta » (Division A) : *Neptunea ponderosa*, *perforata* et *Hoffmanni* Gabb,
    d'après cet auteur.

? AGASOMA, Gabb, 1869.

Columelle peu excavée, non plissée ; gouttière postérieure.

AGASOMA, *sensu stricto*.   Type : *Clavella sinuata*, Gabb. Mioc.

« Subfusiforme ; spire courte ; dernier tour allongé ; canal modéré-
« ment prolongé et obliquement infléchi ; ouverture allongée ; labre

» simple, columelle encroûtée avec un bord mince; suture bordée
» comme chez *Clavella*. »

Diagnose traduite d'après l'ouvrage de Gabb [Pal. of
Calif. II, 1869, p. 46]; reproduction (**Fig.** 41) de la figure
originale [Pl. I, fig. 7, *loc. cit.*].

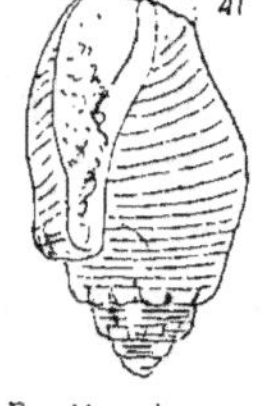

Fig. 41.— *Agasoma sinuatum*, Gabb.

Observ. — C'est avec un gros point de doute, et pour ne
pas l'annuler sans avoir vérifié l'échantillon lui-même, que je
place ici ce Genre, proposé par Gabb pour deux coquilles absolument différentes entre elles et assez mal conservées. Celle qui
s'écarte le moins de la diagnose générique est *Clavella sinuata*,
que je prends, à l'exemple de Fischer, pour type d'*Agasoma*;
l'autre (*A. gravidum* Gabb) me paraît être un *Morio* incomplet, Fischer cite le
Genre à propos de *Triumphis*, à cause de sa gouttière postérieure et calleuse,
qui ressemble vaguement à la boucle formée par le labre de l'espèce vivante;
d'autre part, il signale l'analogie de *C. sinuata* avec *Thersitea*. à cause de son
dernier tour contracté. Autant que je puis en juger par la figure, dont le canal
est restauré en traits ponctués, ce canal devait être échancré: ce serait donc
dans les *Buccinidæ*, comme l'a fait Tryon, qu'il faudrait classer *Agasoma*; cependant le canal paraît moins court que celui des *Cominellinæ*, et il paraît dépourvu
de carène; on n'est même pas certain qu'il porte un bourrelet sur le cou. Dans
ces conditions, la position systématique d'*Agasoma* est incertaine.

Répart. stratigr.
MIOCÈNE. — L'espèce-type, associée avec *Ostrea Titan*, à la partie inférieure
des couches de « Walnut Creek » (Californie), d'après Gabb.

*

COMINELLA, Gray. 1857 (1).

Canal presque nul, très profondément échancré; columelle excavée, tordue par un pli antérieur, plus ou moins saillant, plus ou
moins oblique.

(1) Le Manuel de Fischer indique, par erreur sans doute, 1847; mais Tryon précise la
référence « Guide Brit-Mus », et d'ailleurs Hermannsen, dans son Supplément de 1852,
n'en fait pas encore mention; enfin, la date 1857 est bien celle qu'indique Scudder,
dans « Universal index to genera in Zoology. »

COMINELLA, *sensu stricto*.   Type : *Buccimum porcatum*, Gm. Viv.
(= *Molopophorus*, Gabb 1869 ?).

Test assez épais. Taille moyenne ; forme buccinoïde, c'est-à-dire
ovoïdo-conique ; spire peu allongée, à galbe régulièrement conique ;
protoconque obtuse, à nucléus arrondi et peu saillant ; tours convexes, avec une rampe déprimée au-dessus de la suture, ornés de
costules courbes et obliques, parfois effacées, et de filets spiraux ;
dernier tour grand, ventru, arrondi, à base convexe et sillonnée,
excavée seulement sous le cou, qui est très court, muni d'un bourrelet épais, avec une carène extérieure, très saillante. Ouverture
ovale, élargie au milieu, très anguleuse en arrière, par suite de l'existence d'une étroite et profonde gouttière, peu contractée en avant
et terminée par un canal-large et très court, avec une profonde
échancrure dorsale, dont les accroissements sont compris dans une
dépression entre le bourrelet et la carène du cou ; labre assez oblique par rapport à l'axe vertical, tranchant sur son contour, épaissi et
finement plissé à l'intérieur, antécurrent vers la suture, à laquelle
il aboutit tangentiellement, en formant avec le bord opposé la gouttière ci-dessus mentionnée ; columelle médiocrement excavée, lisse
et déprimée au milieu, tordue en avant par un pli qui suit l'inflexion
du canal ; bord columellaire large et calleux, déprimé et appliqué
sur la région ombilicale, un peu gonflé par l'enroulement de la carène
dorsale.

Diagnose complétée d'après l'espèce-type, et d'après des plésiotypes fossiles :
Buccinum Gossardi Nyst (Pl. VI, fig. 3), de l'Oligocène moyen de Morigny ;
et *Buccinum desertum* Sol. (Pl. VI. fig. 4), de Barton ; tous les deux de
ma coll.

Rapp. et diff. — Ce Genre est caractérisé par sa profonde échancrure, à
laquelle correspond, sur le cou, une dépression spirale, encadrée à gauche par
un épais bourrelet, à droite par une mince carène ; en outre, la gouttière de l'angle inférieur de l'ouverture ne se rencontre jamais chez les *Buccininæ*. La séparation de *Cominella*, et même d'une Sous-Famille *Cominellinæ*, paraît donc

Cominella

complètement justifiée. On verra ci-après, à propos de la Famille *Nassinæ*, les motifs qui me font penser que le Sous-Genre *Molopophorus* Gabb. (G. *Bullia*) n'est probablement qu'un synonyme de *Cominella*.

Répart. stratigr.

PALEOCENE. — Une espèce dans le Montien d'Obourg (Belgique : *Bucc. montense* Br. et Corn., ma coll. Trois espèces dans le Landénien des environs de Paris : *Bucc. latum* et *Desori* Desh., *B. bicorona* Mellev., ma coll.

EOCENE. — Plnsieurs espèces dans le Bassin anglo-parisien : *Bucc. desertum* Sol., *B. Solanderi* Edw., *B. ovatum* Desh., *B. acies* Watelet, ma coll., *B. auversiense* Desh., coll. de Boury. Une espèce dans le Claibornien des États-Unis : *C. iteranda* de Greg., ma coll.

OLIGOCENE. — Plusieurs espèces, dans le Stampien des environs de Paris, et dans le Tongrien de la Belgique et de l'Allemagne du Nord : *Bucc. Gossardi* Nyst, *B. suturosum* Nyst, *B. bullatum* Phil., ma coll. Une autre espèce dans le Bassin de Mayence : *B. cassidaria* Braun.

MIOCENE. — Une espèce bien caractérisée, dans le Tortonien du Piémont : *C. dertonensis* Bellardi, d'après la Monographie de l'auteur.

PLIOCENE. — Plusieurs espèces actuelles, et deux espèces nouvelles, dans les couches néogéniques de la Nouvelle Zélande : *C. subnodosa* et *acuminata* Hutton, d'après cet auteur [The Plioc. moll of New Zeal., p. 43]. Une espèce probable à Batavia : *Cyllene Smithi* Martin, d'après la figure publiée par cet auteur [Pal. Erg. Java, p. 159, pl. VII, fig. 139].

EPOQUE ACTUELLE. — Espèces assez nombreuses, localisées dans la Nouvelle Zélande et au Cap de Bonne-Espérance, d'après le Manuel de Tryon.

PTYCHOSALPINX, Gill, 1867.   Type : *Buccinum altile*, Conr. Mioc.
(= *Tritia* Conr., *non* Adams).

Taille moyenne; forme buccinoïde, ovale; spire médiocrement allongée, à galbe conoïdal; tours convexes, à sutures enfoncées, non bordées, dépourvus de rampe postérieure, ornés de filets spiraux, serrés et subimbriqués, obtusément costulés dans le sens axial; dernier tour grand, arrondi, convexe à la base, qui est excavée seulement sous le cou; bourrelet basal assez épais, séparé de la carène externe par une dépression correspondant aux accroissements de l'échancrure. Ouverture ovale, peu dilatée, anguleuse en arrière sans aucune gouttière, terminée en avant par un canal extrêmement court, à peine rétréci, profondément échancré du côté dorsal; labre

presque vertical, tranchant sur son contour, un peu épaissi et lisse à
l'intérieur ; columelle très excavée en arrière, tordue en avant par
un pli caréné et saillant, qui s'infléchit fortement à droite ; bord
columellaire large, calleux, un peu détaché de la région ombilicale,
portant généralement la trace de l'enroulement du bourrelet et de la
carène, sous son vernis superficiel.

> Diagnose refaite d'après des échantillons de l'espèce-type (Pl. VI, fig. 19),
> et d'après une espèce voisine : *Bucc. laqueatum* Conr. (Pl. VI, fig. 8),
> toutes deux du Miocène de la Virginie, ma coll.

Rapp. et diff. — Je ne puis admettre *Ptychosalpinx* que comme un Sous-
Genre très voisin de *Cominella*, dont il se distingue principalement par l'absence
d'une gouttière dans l'angle inférieur de l'ouverture, parce que le labre ne
s'applique pas tangentiellement contre l'avant-dernier tour, et parce qu'il n'y a
pas de dépression au-dessus de la suture ; en outre, la columelle est plus excavée, son pli antérieur est plus caréné, plus infléchi, le bord columellaire est
muni de renflements plus semblables à des plis ; enfin, le labre est lisse, au lieu
d'être plissé à l'intérieur. M. Dall, qui a attiré l'attention des Conchyliologistes
sur le Genre de Gill [Tert. Flor. 1892, II, p. 236], fait remarquer que Conrad,
tout en adoptant cette dénomination à la place de *Tritia* auquel il avait d'abord
rapporté *Bucc. altile*, a divisé son Genre en deux groupes, dont le second (*Paranassa*) doit, d'après M. Dall, se rapporter à *Ilyanassa*, c'est-à-dire à une Famille
différente des *Buccinidæ*, parmi lesquels doit rester *Ptychosalpinx*. Toutefois,
M. Dall n'a pas comparé *Ptychosalpinx* à *Cominella*, et j'ai cru d'autant plus
nécessaire de combler cette lacune, que ce sont deux formes éminemment voisines.

Répart. stratigr.

MIOCENE. — Outre les deux espèces ci-dessus figurées, quatre autres espèces
dans le Maryland et la Virginie : *Bucc. multirugatum, fossulatum, lienosum*
Conr., *B. Tuomeyi* H. Lea, d'après M. Dall. [Tert. Flor. p. 237]. Une espèce
assez bien caractérisée, dans l'Helvétien de la Touraine : *Bucc. Escheri*
Mayer-Eymar, coll. Dautzenberg.

EPOQUE ACTUELLE. — Une espèce probable, sur les côtes d'Amérique :
Sipho ? globulus Dall., d'après la figure publiée par l'auteur [Report of the
Blake dredging, 1889, II, p. 175, pl. XXXV, fig. 12 a].

ODONTOBASIS, Meek, 1876.

Canal un peu allongé ; ouverture avec une faible gouttière postérieure : columelle biplissée ; labre lisse à l'intérieur, avec un denticule antérieur.

ODONTOBASIS, *sensu str*.   Type : *Fusus constrictus*, Hall et Meek. Crét.

« Coquille buccinoïde-fusiforme ; spire plus ou moins allongée ;
» dernier tour ventru, séparé en avant du canal, qui est court et
» étroit, par un sillon spiral étroitement limité, aboutissant, à la jonc-
» tion du labre et du contour supérieur, à une sorte de denticule ;
» labre mince, lisse à l'intérieur, presque rectiligne en profil ; bord
» columellaire non épaissi, mais bien limité ; columelle un peu tor-
» due, portant deux plis obliques, l'antérieur formant la limite de
» la troncature oblique de la columelle, l'autre très obsolète, par-
» fois effacé, placé un peu au-dessous du premier ; surface ornée de
» plis axiaux et de filets spiraux. »

Diagnose traduite d'après l'ouvrage de Meek et Hayden [Invert. cret. upper
  Missouri, 1876, p. 351]. La figure est trop peu nette pour être utilement
  reproduite ici ; mais, grâce à l'obligeance de M. Stanton, je puis donner
  la phototypie (Pl. VII, fig. 2) d'un échantillon-type du Musée de Washington.

Rapp. et diff. — Autant qu'on en peut juger par la diagnose originale, et
par les figures défectueuses des deux figures que Meek a placées dans ce Genre,
ainsi que par la photographie ci-dessus reproduite de l'espèce-type, *Odontobasis*
se distingue de *Cominella* par son canal un peu moins brièvement tronqué, par
sa gouttière moins bien formée, dans l'angle inférieur de l'ouverture, parce que
les tours sont plus arrondis en arrière, enfin par son labre lisse. D'autre part,
l'existence des deux plis columellaires, indiqués par Meek, est problématique : je
ne les constate pas sur la photographie, et il est probable que Meek a voulu désigner, sous le nom de plis, la torsion antérieure de la columelle, qui paraît moins
oblique que chez *Cominella*, puis au-dessous d'elle, la trace de l'enroulemement,
sous le bord columellaire, de la carène dorsale ; à ce point de vue, *Odontobasis*
serait donc bien à sa place dans la Sous-Famille *Cominellinæ*. Quant au denticule antérieur du labre, dont il est fait mention dans la diagnose, et qui n'est
pas visible sur la gravure intercalée dans le texte [*loc. cit.*, fig. 42], la seule qui
montre l'ouverture vue de face, je ne puis que faire des conjectures à son sujet :
il est probable, d'après la photographie ci-dessus reproduite, que c'est simplement une petite saillie anguleuse, à l'intersection du contour du labre et de la
carène dorsale, et dans ce cas, c'est un caractère qui se retrouve chez la plupart
des *Cominellinæ* qui ont une carène limitant, sur le cou, les accroissements
d'une échancrure triangulaire : cela confirmerait donc encore le rapprochement.

Répart. stratigr.

CRETACE. — L'espèce-type dans le groupe « Fox Hill » de la Craie de Dakota ;
une autre espèce dans le groupe « Fort Pierre » de la même région : *O.
ventricosa* Meek, d'après la Monographie précitée de cet auteur. Une espèce
probable, dans le groupe d'Arrialoor (Inde méridionale) : *Nassa arrialoo-
rensis* Stoliczka, d'après la figure publiée par l'auteur.

CYLLENE, Gray, 1833 ([1]).

Test épais ; gouttière échancrée sur la suture ; callosité columellaire dans l'angle inférieur de l'ouverture ; échancrure profonde sur
le cou ; bourrelet basal, presque aussi mince que la carène extérieure.

CYLLENE, *sensu stricto.*   Type : *Buccinum lyratum* Lamk. Viv.

Taille au-dessous de la moyenne ; forme courte, cunéoïde ; spire
peu allongée, pointue, subulée, à galbe conique ; protoconque petite, étroite et allongée (*sec.* Bellardi) ; tours peu convexes, à sutures linéaires et bordées d'un bourrelet, se recouvrant partiellement,
généralement ornés de pustules noduleuses ét de filets spiraux sur le
bourrelet ; dernier tour grand, ovale, un peu ventru, avec une dépression postérieure, atténué à la base, qui n'est pas excavée, et sur
laquelle se prolongent les costules axiales ; cou très court, avec un
bourrelet étroit, séparé par une rainure de la carène un peu épaisse
qui limite les accroissements de l'échancrure. Ouverture ovale, rétrécie en arrière par une gouttière linéaire, profondément entaillée
dans la callosité suturale ; cànal antérieur presque nul, très profondément échancré sur le cou ; labre à peu près vertical, rétrocurrent
vers la suture, épais, plissé à l'intérieur, avec un petit tubercule
obtus en avant, au-delà d'une faible sinuosité de son contour (*sec.*
Fischer) ; columelle concave, lisse, faiblement tordue en avant ; bord

---

([1]) *Non* Newm. (Col. 1840), *nec* Dana (Crust. 1852), *nec* Chamb. (Lép. 1873).

columellaire très calleux dans l'angle inférieur, bien limité en avant.

Diagnose complétée d'après le type vivant, et d'après un plésiotype de l'Aquitanien de la Gironde : *Nassa Desnoyersi* Bast. (Pl. VIII, fig. 4), ma coll.

Rapp. et diff. — Ce Genre se distingue aisément de *Cominella* par son entaille suturale qui rappelle *Oliva* ; en outre, le bourrelet presque égal à la carène, et séparé d'elle par une simple rainure, la faible sinuosité antérieure du labre, que signale Fischer et que je n'ai pu apercevoir sur mes échantillons, le denticule antérieur du labre, la protoconque aiguë, mentionnée par Bellardi, et qu'il m'a été impossible de vérifier, sont des caractères qui justifient amplement la séparation de ce Genre. Toutefois il paraît bien à sa place dans la Sous-Famille *Cominellinæ*, conformément à l'ordre adopté par Fischer, plutôt que dans la Famille *Nassidæ*, où la columelle est plus transversalement tordue.

Répart. stratigr.
> Miocene. — L'espèce ci-dessus figurée, dans l'Aquitanien et le Burdigalien de la Gironde et des Landes ; la même, ou ses variétés, dans l'Helvétien du Piémont, d'après la Monographie de Bellardi.
> Pliocene. — Une variété de *C. Desnoyersi*, dans le Plaisancien du Piémont, d'après la Monographie de Bellardi.
> Epoque actuelle. — L'espèce-type au Sénégal, et quelques autres espèces en Australasie ou au Japon, d'après le Manuel de Tryon.

Cyllenina, Bellardi, 1882. Type : *Bucc. ancillariæforme*, Grat. Mioc.

Taille au-dessous de la moyenne ; forme ovo-cunéoïde ; spire pointue, à galbe conique ; protoconque lisse, à nucléus obtus (contrairement à l'assertion de Bellardi) ; tours plans, se recouvrant partiellement, à sutures profondes, avec un bourrelet au-dessous de cette suture ; ornementation composée de côtes pustuleuses en arrière, généralement interrompues en avant, sur une surface lisse ; dernier tour grand, égal aux deux tiers de la spire quand on le mesure de face, ovale, peu ventru sauf la saillie des pustules, à base lisse, non atténuée, même sur le cou qui porte une rainure comprise entre deux bourrelets également épais. Ouverture peu élevée, subrhom-

boïdale, — avec une étroite gouttière entaillée dans la callosité inférieure qui descend jusque sur la moitié de l'avant-dernier tour, —
non contractée en avant, où elle est tronquée et profondément
échancrée, presque sans canal ; labre un peu épais, plissé à l'intérieur, rétrocurrent vers la suture qui est comblée par la callosité
du bord opposé ; columelle excavée en arrière, tordue en avant par
un pli très oblique et subcaréné ; bord columellaire très calleux en
arrière, assez large en avant, bien appliqué sur la base.

Diagnose complétée d'après les échantillons de l'espèce-type, du Miocène
de Monte Gibbio (Pl. V, fig. 22-23), ma coll.

Rapp. et diff. — Non seulement Bellardi a fait de *Cyllenina* un Genre distinct de *Cyllene*, mais il l'a même subdivisé en deux Sections et cinq Séries,
selon la grosseur de la callosité postérieure, la présence ou l'absence de stries
près de l'entaille, et la forme du labre. Cela me paraît excessif : *Cyllene* ne diffère guère de *Cyllenina*, au point de vue générique, attendu que le principal
caractère distinctif réside dans l'épaisseur de la callosité qui forme un bourrelet au-dessous de la suture ; en outre, l'entaille est obturée, ce qui n'a pas
lieu chez *Cyllene*. Enfin, la plupart des espèces autres que celles de la première
Série de Bellardi, sont des *Dorsanum* bien caractérisés : on les retrouvera dans
la Famille *Nassidæ*.

Répart. stratigr.
> MIOCENE. — Outre le type ci-dessus figuré, plusieurs espèces dans l'Helvé-
> tien et le Tortonien du Piémont : *C. terebrina, bicoronata, pleurotomoides*
> Bell., d'après la Monographie de Bellardi. L'espèce-type dans le Burdiga-
> lien des Landes, d'après l'Atlas de Grateloup.
> PLIOCENE. — Plusieurs espèces dans le Plaisancien et l'Astien du Piémont et
> de l'Italie centrale : *Bucc. ancillariæforme* Grat., *Nassa Paulucciana* d'Anc.,
> ma coll.

HAYDENIA, Gabb, 1864.   Type : *H. impressa*, Gabb. Crét.

« Coquille massive, ressemblant à *Oliva* par sa forme générale ;
» spire courte ; labre simple, non épaissi, ni crénelé ; bord columel-
» laire encroûté, avec une callosité plus marquée en arrière, sans
» dents ni plis ; canal obliquement recourbé, échancré à son extré-

» mité antérieure ; un petit sinus à l'angle inférieur de l'ouverture,
» au point où le labre se rattache à l'avant-dernier
» tour ; surface ornée comme chez les *Buccinidæ*. »

Diagnose traduite de celle de l'ouvrage de Gabb [Pal. of
Calif. I, p. 98] ; reproduction (**Fig. 42**) de la figure originale [*loc. cit.* Pl. XVIII, fig. 5].

Fig. 42. — *Haydenia impressa*, Gabb.

Rapp. et diff. — Par son échancrure suturale, par sa
callosité postérieure, et par sa columelle non arquée, cette
coquille crétacique se rapproche tout à fait des *Cyllene* tertiaires ; elle s'en distingue cependant par sa forme plus ventrue, par sa spire plus courte, par son ornementation composée de quelques
sillons spiraux, en arrière et à la base, le milieu du dernier tour étant lisse. En
outre, le cou paraît un peu moins court que chez *Cyllene lyrata*, et le labre est
lisse à l'intérieur, au lieu des plis qui existent chez cette dernière espèce et chez
Cyllenina. Si l'on rapproche *Haydenia* de *Lacinia* ci-après, on trouve que le cou
est moins court, et que le bourrelet est moins saillant, moins développé en arc
de cercle.

Répart. stratigr.
CRETACE. — L'espèce-type dans les couches de « Tchama County » (Div. A.),
d'après l'ouvrage de Gabb.

LACINIA, Conrad, 1853 (¹).

Coquille pesante ; forme ventrue ; échancrure partiellement obturée ; bord columellaire calleux, avec une gouttière postérieure non
échancrée sur la suture.

LACINIA, *sensu stricto.*   Type : *Melongena alveata*, Conr. Eoc.

Test épais et pesant. Forme globuleuse, buccinoïde, très ventrue ;
spire très courte, à galbe extraconique, à sommet proboscidiforme,

(¹) D'après Scudder [Universal index to Genera in Zoology], il existerait, sans indication de date, un Genre de Mollusques, déjà nommé *Lacinia* Humphrey ; mais je ne suis
pas assez sûr de la priorité pour proposer de remplacer la dénomination de Conrad, par
un nouveau nom.

mais à nucléus obtus ; tours peu convexes, étroits, lisses, subulés, à
sutures linéaires, se recouvrant successivement ; dernier tour formant presque toute la coquille, avec une rampe postérieure déclive,
comprimé cylindriquement sur les flancs, atténué à la base, et obtusément orné de quelques filets spiraux et irréguliers ; bourrelet basal
épais, saillant, très faiblement caréné à l'extérieur, largement développé en arc, et aboutissant à l'échancrure qui est partiellement obturée par la callosité de ce bourrelet, dans lequel elle est entaillée.
Ouverture trapézoïdale, à peine contractée en avant, à canal presque
nul, prolongée en arrière par une gouttière jusque sur l'avant-dernier tour ; labre faiblement arqué ou excavé au milieu, un peu sinueux en arrière et antécurrent vers la suture, assez épais et lisse à
l'intérieur ; columelle lisse, peu excavée, à peine tordue en avant ;
bord columellaire très calleux, comblant l'angle inférieur de l'ouverture, et rétrécissant la gouttière contre le labre, appliqué en avant
sur la région ombilicale, qui forme une dépression intermédiaire entre lui et le bourrelet.

Diagnose complètement refaite d'après un échantillon de l'espèce-type, provenant de Claiborne (Pl. VI, fig. 5), ma coll.

Rapp. et diff. — Cette rare et intéressante coquille se distingue, à première
vue, des autres membres de la même Famille, par sa forme et par son poids ;
cependant, elle se rattache aux *Cominellinæ* par la disposition de son échancrure basale et de son bourrelet, par sa columelle lisse et peu tordue comme
celle de *Cominella* ; en outre, la gouttière postérieure et le recouvrement des
tours rappellent beaucoup le type de ce dernier Genre : *C. porcata* . Calleuse
en arrière comme *Cyllene*, elle s'en distingue par sa suture non échancrée ; enfin, la région ombilicale déprimée, quoique imperforée, et le large circuit du
bourrelet basal, lui donnent un faciès tout à fait particulier.

C'est à tort que Fischer classe *Lacinia* comme Sous-Genre de *Melongena* : s'il
avait pu en étudier un individu, au lieu de comparer la figure, il aurait été
frappé par l'échancrure qui, quoique partiellement comblée, occupe bien la place
de celle des *Buccinidæ*. Tryon en a tenu compte, puisqu'il place *Lacinia* dans
les *Buccininæ* ; toutefois, je pense, pour les motifs indiqués ci-dessus, que ses
affinités sont plutôt avec la Sous-Famille *Cominellinæ*.

Répart. stratigr.

Eocène. — L'espèce-type, dans le Clairbornien des États-Unis, d'après l'échantillon unique de ma collection.

*

PHOS, Montfort, 1810.

(= *Cophinosalpinx*, *Rhinostrombus*, Klein 1753, *Rhinodomus*, Sw. 1840.)

Bourrelet basal limité par une dépression ; pli columellaire séparé par une rainure ; opercule unguiforme, un peu arqué, à nucléus apical.

PHOS, *sensu stricto*.   Type : *Murex senticosus*, Lin. Viv.

Taille moyenne ou au-dessous ; forme ovale-oblongue ; spire acuminée au sommet, turriculée, à galbe conique ; tours généralement anguleux, ornés de côtes axiales, crénelées par des filets spiraux, dont l'un est plus saillant et forme l'angle médian ; dernier tour à peine supérieur à la moitié de la longueur totale, ovale, convexe à la base, sur laquelle se prolonge l'ornementation, et qui est séparée du cou par une dépression plus ou moins profonde, sans carène ; bourrelet basal saillant et cancellé, formé par les accroissements de l'échancrure. Ouverture subrhomboïdale, sans gouttière postérieure, terminée en avant par un canal court et à peine rétréci ; labre presque vertical au milieu, oblique et légèrement sinueux du côté antérieur, orthogonal vers la suture, épaissi et plissé à l'intérieur ; columelle excavée en arrière, presque rectiligne au milieu, tordue en avant par un pli oblique et médiocrement saillant, qui est bordé en dessous par une petite rainure spirale ; bord columellaire peu calleux, mal limité se terminant en pointe effilée.

Diagnose complétée d'après l'espèce-type, et d'après un plésiotype du Miocène de Salles, dans la Gironde : *Buccinum polygonum* Br. (Pl. V, fig. 20-21), ma coll.

Rapp. et diff. — Ce Genre se rapproche plus de *Nassa* que de *Cominella* ; toutefois l'animal appartient, paraît-il, à la Famille *Buccinidæ* par tous ses caractères ; d'ailleurs, l'ouverture de la coquille n'est pas contractée en avant

comme celle de *Nassa*, et elle est dépourvue d'un denticule sur la paroi antérieure du labre, qui présente la même sinuosité que chez *Cyllene*. D'autre part,
Phos se distingue de *Cominella* par l'absence d'une gouttière dans l'angle inférieur de l'ouverture ; celle-ci est cependant plus rétrécie chez les plésiotypes
fossiles que chez le type vivant. Enfin, le bourrelet basal, au lieu d'une carène
extérieure, est limité par une dépression, très profonde chez *P. senticosum*,
plus superficielle chez les plésiotypes fossiles.

Répart. stratigr.

Eocene. — Une espèce bien caractérisée dans la Tasmanie : *P. liræcostatum*
T. Woods, ma coll.

Oligocene. — Une espèce dans le Tongrien de Gaas : *Nassa costellata* Grat.,
ma coll. Une autre espèce dans les couches supérieures de Cassel : *Nassa
Schlotheimi* Beyr., ma coll. Deux espèces dans le Vicksburgien des Etats-
Unis : *P. vicksburgiense* et *mississipiense* Conrad, ma coll.

Miocene. — L'espèce plésiotype ci-dessus figurée, dans le Tortonien de
l'Aquitaine, de l'Italie et du Portugal, ma coll. Plusieurs autres espèces
dans l'Helvétien et le Tortonien du Piémont ou de l'Italie centrale :
Voluta citharella Brongn., *Phos connectens* Bell., ma coll.; *P. ruidum* et *or-
ditum* Bellardi, d'après la Monographie de cet auteur. Une espèce dans le
Bassin de Vienne : *P. Hœrnesi* Semper, d'après R. Hœrnes et Auinger.
Une espèce dans l'Australie du Sud : *P. Gregsoni* Tate, ma coll. Deux espèces typiques dans les couches néogéniques de la Jamaïque : *P. elegans* et
Moorei Guppy, ma coll.; une autre dans la Floride : *P. Chipolanum* Dall,
ma coll.; ces trois dernières sont plus vraisemblablement oligocéniques.

Pliocene. — L'espèce plésiotype ci-dessus figurée, dans le Plaisancien du
Piémont, d'après Bellardi. Une espèce dans le Sarmatien de la Serbie :
Nassa Verneuili, d'Orb., ma coll. Une espèce très voisine de *P. textum*
dans l'île de la Martinique, ma coll.

Epoque actuelle. — Nombreuses espèces, divisées par Tryon en deux
groupes : Oriental, comprenant les provenances de l'Océan Indien, de
l'Australie et du Cap ; Américain, comprenant le golfe du Mexique, la côte
Atlantique de l'Amérique du Sud, le Sénégal.

BUCCITRITON. Conrad, 1865 ([1]).

Type : *Nassa cancellata* Lea. (= *Bucc. sagenum* Conr.) Eoc.

(= *Sagenella*, Conrad, 1865).

Taille assez petite; forme de Phos; spire assez longue, à galbe conique; protoconque lisse, polygyrée, conoïdale, composée de quatre

[1] Cette dénomination devrait, pour être correcte, être changée en *Buccinotriton*.

tours étroits et convexes, avec un petit nucléus pointu, non dévié ; tours un peu anguleux ou subétagés en arrière, cancellés comme ceux des *Nassidæ* ; dernier tour à peu près égal à la moitié de la longueur totale, quand on le mesure de face, ovale arrondi à la base, qui est séparée du cou par une rainure superficielle ; bourrelet basal peu saillant, aboutissant à l'échancrure. Ouverture petite, ovale, rétrécie dans l'angle inférieur, tronquée en avant par une profonde échancrure, de sorte que le canal est presque nul ; labre épais, plissé à l'intérieur, obliquement contourné en avant, où il dépasse beaucoup le niveau de l'échancrure ; columelle bien excavée au milieu, plissée et tordue transversalement à l'origine du canal ; bord columellaire peu calleux, faiblement limité à l'extérieur.

Diagnose refaite d'après des échantillons de l'espèce-type (Pl. VI, fig. 11), de Claiborne, ma coll.

Rapp. et diff. — En comparant attentivement *Nassa cancellata* avec *Phos senticosum*, on constate, malgré la grande similitude des deux coquilles, plusieurs caractères qui justifient la séparation de *Buccitriton*, comme Sous-Genre de *Phos* : d'abord la columelle est bien plus obliquement plissée, presque transversalement comme chez les *Nassidæ* ; en second lieu, le bourrelet du cou est moins saillant, quoique séparé de la base par la rainure caractéristique des *Photinæ* ; enfin, le labre dépasse beaucoup le contour supérieur de l'ouverture, ce qui n'a pas lieu chez *Phos*, mais il est absolument dépourvu du denticule antérieur des *Nassinæ*. Cependant, sous le pli columellaire, il existe, comme chez *Phos*, une petite dépression qui l'isole du reste de la columelle, de sorte qu'il n'y aurait pas de raisons suffisantes pour en faire un Genre distinct. Quant à la dénomination *Sagenella*, qui n'a pas été caractérisée, Conrad a désigné le même type que pour *Buccitriton*, c'est-à-dire *Bucc. sagenum*, qui est spécifiquement synonyme de *Nassa cancellata* ; c'est donc, comme l'a fait remarquer Tryon, un double emploi évident.

Répart. stratigr.

Eocène. — Outre le type ci-dessus figuré, deux espèces américaines : *Phos texanum* Gabb, du même niveau dans le Texas, ma coll.; et *Bucc. scalatum* Heilp., du « Lignitic stage » de Smithville (Texas), ma coll.

TEREBRIFUSUS, Conrad, 1865.
(= *Buccimitra?* Conrad, *sec.* Gilb. Harris.)

Columelle pluriplissée, peu obliquement tordue; bourrelet basal
sans carène ; labre non sinueux, lacinié à l'intérieur,

TEREBRIFUSUS, *sensu stricto.*   Type : *Buccinum amœnum*, Conr. Eoc.

Taille au-dessous de la moyenne ; forme étroite, fusoïde, spire assez longue, acuminée au sommet, à galbe conique; protoconque petite, conoïdale, à nucléus pointu ; tours un peu convexes, séparés
par de profondes sutures, munis de côtes axiales écartées, et ornés de
filets spiraux, croisés par des lignes d'accroissement excessivement
fines ; dernier tour égal aux trois cinquièmes de la hauteur totale,
quand on le mesure de face, ovale, non excavé à la base, qui est ornée
comme la spire, et qui est séparée du bourrelet du cou par une dépression assez large ; bourrelet épais, peu saillant, non limité par
une carène extérieure, orné de filets obliques. Ouverture étroite, allongée, à bords presque parallèles, avec une étroite gouttière dans
l'angle inférieur, non contractée en avant, mais infléchie à droite
avec le canal, qui est large, court, très profondément échancré à son
extrémité ; labre à peu près vertical, peu épais, non plissé, seulement lacinié sur son contour, tout à fait orthogonal vers la suture ;
columelle verticale, légèrement gonflée au milieu, avec une dizaine
de rides pliciformes, serrées, peu saillantes, qui s'enroulent à l'intérieur; torsion antérieure de la columelle peu oblique, suivant l'inflexion du canal; bord columellaire mince, peu étalé, à peine calleux et effilé du côté antérieur.

Diagnose refaite d'après un échantillon de l'espèce-type, de Claiborne
(Pl. VI, fig. 12), ma coll.

Rapp. et diff. — Conrad n'a pas caractérisé ce Genre, et s'est borné à en
désigner le type, non figuré dans son premier ouvrage de 1833; il en résulte
d'autant plus d'incertitude que *Terebrifusus* n'est représenté que par une seule

espèce Claibornienne, peu commune et par conséquent peu répandue dans les collections. Dans son « Structural and systematic Conchology », Tryon le cite comme synonyme de *Terebra*, avec *Pyramimitra* ; Fischer ne le mentionne même pas dans son Manuel ; M. de Gregorio, qui ne possédait pas d'échantillons de cette espèce, l'a classée avec *Mitra*. Dans mes Notes complémentaires sur l'Alabama [1892, p. 37, pl. II, fig. 14], j'ai suivi cet exemple, toutefois avec hésitation, car j'avais alors déjà sous les yeux de bons types de cette rare coquille. Actuellement, après un nouvel examen de ces exemplaires bien conservés, de ma collection, j'ai été frappé de l'analogie incontestable qui existe entre cette coquille et le Genre *Phos*, surtout par la disposition de l'échancrure et du bourrelet ; il est vrai que la columelle porte des rides obliques, assimilables à de véritables plis, puisque leur enroulement continue sur l'axe de la coquille ; mais ce ne sont certainement pas des plis de *Mitridæ*, car ils sont égaux, tout à fait parallèles, placés bien en arrière de la torsion antérieure qui n'est pas carénée comme un pli. D'autre part, la protoconque, quoique moins large que celle de *Buccitriton*, a une forme conoïdale, à nucléus aigu, qui s'en rapproche beaucoup. Aussi, bien que le labre ne soit pas plissé à l'intérieur, je classe *Terebrifusus* dans la Sous-Famille *Photinæ*, où il forme un Genre bien à part, à cause de ses caractères hybrides. Je me borne, d'ailleurs, à mentionner, d'après M. Gilbert Harris, la synonymie de *Buccimitra* Conrad, dénomination sur laquelle je ne possède aucun autre renseignement que cette citation, et qui serait d'ailleurs aussi incorrecte que *Buccitriton* (*Buccinomitra*).

Répart. stratigr.

Eocene. — L'espèce-type dans le Claibornien des États-Unis, ma coll.

BELOPHOS, *nov. gen.*

Canal court, échancrure faible ; bourrelet basal limité par une dépression et une faible saillie ; columelle lisse, à peine tordue en avant ; labre sinueux en arrière, lisse à l'intérieur.

Belophos, *sensu stricto.*   Type : *Bela Woodsi*, Tate. Eoc.

Taille un peu au-dessus de la moyenne ; forme buccino-fusoïde ; spire médiocrement allongée, étagée, à galbe conique ; protoconque polygyrée, ayant les trois premiers tours lisses et le quatrième sillonné, subglobuleuse, conoïdale, à nucléus petit, déprimé, non dévié ; tours droits et costulés en avant, excavés par une rampe postérieure, treillissés par des plis d'accroissement et par des filets spiraux ; dernier tour presque égal au tiers de la hauteur totale, quand on le mesure de face, ovale et costulé sur la base, qui n'est excavée que contre le cou ; bourrelet peu saillant, avec une dépression peu profonde, circonscrite par une légère saillie non carénée. Ouverture ovale, étroite, avec une faible gouttière dans l'angle inférieur, peu contractée en avant, à l'origine du canal, qui est large, assez court, quoique bien formé, tronqué à son extrémité par une échancrure peu profonde ; labre arqué, convexe, assez mince, non plissé à l'intérieur, avec une sinuosité concave sur la rampe postérieure, puis antécurrent vers la suture ; columelle lisse, peu excavée en arrière, bombée et calleuse au milieu, à peine infléchie en avant ; bord columellaire peu épais, bien appliqué et limité par une strie obsolète.

Diagnose établie d'après des échantillons de l'espèce-type, de l'Eocène d'Australie (Pl. VI, fig. 9-10), ma coll. Protoconque grossie de la même espèce (Fig. 42).

FIG. 42. — *Belophos Woodsi*, Tate.

Rapp. et diff. — Je propose ce nouveau Genre, parce que je suis dans l'impossibilité de rapporter la coquille dont il s'agit, à *Cominella* ou à *Phos* : sa columelle à peine tordue, dénuée de pli, sa sinuosité labiale, ne ressemblent pas aux *Cominellinæ*, dont la rapproche sa gouttière postérieure ; d'autre part, bien qu'il ait l'ornementation de *Phos*, la même protoconque polygyrée, le même cou non caréné, il s'en écarte par ce sinus du labre, qui avait motivé le classement de la coquille dans le Genre *Bela* par M. Tate ; mais l'échancrure et le bourrelet de la base ne permettent pas de la laisser parmi les *Pleurotomidæ* qui en sont totalement dépourvus : il y a, d'ailleurs, une sinuosité semblable chez *Euthria* et chez *Lacinia*. Toutefois, *Belophos* a le canal plus complètement formé que la plupart des *Bhotinæ* ; sa columelle lisse et à peine tordue le distingue également des Genres voisins : sa forme et son ornementation l'écartent absolument de *Lacinia*.

Répart. stratigr.
EOCENE. — L'espèce-type dans l'Australie, ma coll.

*

PISANIA, Bivona, 1832.

(= *Pusio*, Gray, 1833 ; = *Proboscidea*, Schmidt 1832, *sec.* Hermannsen ;
= *Evarne* Ad. 1858, *sec.* Zittel ; = *Algrus*, de Gregorio, 1885).

Coquille ovale, allongée ; échancrure peu profonde ; canal court, à
peine infléchi ; labre vertical, variqueux, plissé ; columelle excavée,
tordue en avant, munie en arrière d'un pli pariétal lamelleux ; bord
columellaire ridé.

PISANIA, *sensu stricto*.   Type : *Murex pusio*, Lin. Viv.

Test épais. Taille moyenne ; forme olivoïde, peu ventrue ; spire
médiocrement allongée, subulée, à galbe conoïdal ; tours peu convexes, séparés par des sutures peu profondes et sillonnées, subcostulés au sommet ; dernier tour très élevé, égal ou même supérieur aux
deux tiers de la hauteur totale, ovale et atténué à la base, qui est à peine
excavée vers le cou assez long et faiblement gonflé par un bourrelet
obsolète. Ouverture assez allongée, ovale au milieu, avec une étroite
gouttière dans l'angle inférieur, terminée en avant par un canal peu
rétréci, à peine infléchi, transversalement tronqué à son extrémité
par une échancrure peu profonde ; labre tout-à-fait vertical, épaissi,
subvariqueux à l'extérieur, finement plissé à l'intérieur ; columelle
bien excavée au milieu, tordue à la naissance du canal par un pli saillant, presque rectiligne ; elle est à peine oblique au-dessus de ce pli ;
lamelle pariétale, dentiforme, limitant la gouttière ; bord columellaire
peu distinct, large, muni de quelques rides en avant, vis-à-vis le pli
tordu de la columelle.

Diagnose refaite d'après l'espèce-type, vivant dans la Méditerranée, et d'après
un plésiotype du Plaisancien, de Bologne : *Buccinum maculosum* Lamk.,
var. *magna* Foresti (Pl. VI, fig. 18), ma coll.

Observ. — Fischer a indiqué *Pollia* comme synonyme de *Pisania* ; mais, comme beaucoup d'autres auteurs conservent *Pollia* et lui attribuent les interprétations les plus opposées, il est nécessaire de remonter à la source exacte : d'après Hermannsen, le type du Genre *Pollia* Gray, serait *Murex accinctus* Born, que Tryon réunit spécifiquement à *Murex pusio*, c'est-à-dire au type de *Pisania* ; mais, en se reportant à la seule publication faite en 1839 par Gray (Voy. Beech.), on constate qu'il n'y cite aucunement *Murex accinctus* dans le Genre *Pollia*, et qu'il figure sous ce nom un *Triton* bien caractérisé ; tandis que les espèces citées dans le Genre *Pollia* sont, en grande majorité, des *Cantharus*. Dans ces conditions, *Pollia* doit être considéré comme synonyme de ce dernier Genre, et rayé de la synonymie de *Pisania*.

Quant à *Pusio*, Gray (1834), l'auteur lui-même n'a jamais repris, dans ses ouvrages ultérieurs, cette dénomination, d'ailleurs postérieure à *Pisania* : elle doit donc disparaître de la nomenclature, comme désignant le même type que celui de Bivona. D'autre part, je n'ai aucun renseignement sur le type de *Proboscidea* Schmidt, qu'Hermannsen et Zittel citent comme synonyme de ce Genre ; mais je crois utile d'ajouter que *Proboscidea* avait déjà été antérieurement employé au moins trois fois : par Bruguière (1791, Verm.), par Latreille (1809, Dipt.), par Spix (1823, Mamm.), sans compter Troschel (Moll. 1848).

Enfin, M. de Gregorio a séparé en 1885 [Studi conch. med. viv. e foss., p. 279] un Genre *Algrus* ayant pour type *Pisania crassa* Bellardi, que je considère comme le représentant fossile exact de *Pisania s. s.* ; il y a donc lieu de réunir *Algrus* à *Pisania*. Je n'ai pas de renseignements sur *Evarne* Adams, que M. Zittel cite aussi en synonymie, avec un point de doute ; le même nom a d'ailleurs été employé depuis (Malmgr. Verm. 1865).

Rapp. et diff. — Quand on le limite exclusivement aux formes voisines du type, ce Genre se distingue par sa spire peu ornée, par sa forme olivoïde, par sa columelle excavée entre le pli pariétal et le pli antérieur ; cette disposition n'existe pas chez *Tritonidea*, dont quelques espèces, à columelle peu ridée, pourraient, à la rigueur, ressembler à *Pisania*.

Répart. stratigr.

EOCENE. — Une espèce certaine, dans le Bartonien des environs de Paris : *P. subdentata* Cossm , ma coll. Une espèce probable, dans le Claibornien inférieur de l'Alabama : *P. dubia* Aldr., d'après la figure [Prelim. report Alab. 1886, p, 25, pl. III, fig. 13] ; une autre espèce très douteuse, du même gisement : *Neptunea constricta* Aldr. [ibid., p. 24, pl. V, fig. 13].

MIOCÈNE. — Deux espèces dans le Tortonien du Piémont : *Purpura neglecta* Mich"., *Pisania crassa* Bellardi, d'après la Monographie de cet auteur. Une espèce probable, dans l'Australie : *P. semicostata* Tate, ma coll.

PLIOCENE. — Le plésiotype ci-dessus figuré, et ses variétés, dans l'Astien du Piémont (Bell.), et dans le Plaisancien de l'Italie centrale, ma coll.

EPOQUE ACTUELLE. — Espèces assez nombreuses dans toutes les mers, d'après le Manuel de Tryon.

METULA, H. et A. Adams, 1853.

Coquille étroite, mitriforme ; surface finement réticulée ; protoconque lisse, mucronée ; columelle peu sinueuse, lisse ; labre variqueux, crénelé ; échancrure peu profonde ; faible bourrelet sur le cou.

CELATOCONUS, Conrad, 1868.   Type : *Bucc. protractum*, Conr. Mioc.

Taille assez petite ; forme ovale, mitroïde, à peine ventrue au milieu ; spire relativement courte, à galbe conoïdal ; protoconque formant un petit bouton lisse, paucispiré , à nécléus non dévié ; tours un peu convexes, séparés par des sutures étroitement canaliculées, élégamment ornés d'un treillis régulier de costules courbées et de cordonnets spiraux, avec de petites granulations à leur intersection ; dernier tour ovale, convexe à la base, qui n'est excavée que vers le cou, et qui est ornée comme la spire ; cou assez court, très faiblement gonflé par un bourrelet obsolète et orné de cordonnets obliquement enroulés. Ouverture assez haute, généralement étroite, anguleuse en arrière, un peu contractée en avant, où elle se termine par un canal court assez large, peu profondément échancré sur le cou ; labre un peu arqué, variqueux à l'extérieur, crénelé à l'intérieur par des dentelures courtes, dont la dernière en avant forme une saillie plus grande, contribuant à contracter l'origine du canal ; columelle lisse, médiocrement excavée au milieu, infléchie à droite du côté antérieur ; bord columellaire assez large, peu calleux, bien appliqué sur la région ombilicale.

Diagnose refaite d'après la figure de l'espèce-type, et d'après un plésiotype du Calcaire grossier de Mouchy : *Buccinum decussatum* Lamk. (Pl. VI. fig. 15), ma coll.

Rapp. et diff. — Ce Sous-Genre a été rapproché, avec raison, de *Pisania*, par M. Dall [Tert. Flor. II, p. 235] ; il s'en distingue évidemment par de bons caractères : l'absence de dent pariétale et de torsion à la columelle, qui est seu-

lement un peu infléchie à droite ; les crénelures sont plus grossières à l'intérieur
du labre, qui n'est pas tout à fait rectiligne ; il n'y a pas de gouttière dans l'angle inférieur de l'ouverture, qui est simplement rétrécie par l'application du labre
contre le bord opposé. Toutefois les plésiotypes éocéniques, que je rapportais,
en 1889 [Catal. Eoc. IV], à *Metula,* ont la columelle plus arquée, plus infléchie
en avant ; ils ont aussi un galbe moins allongé et moins étroit, quoique cependant, même parmi les formes vivantes de *Metula, M. Cumingi* (Coll. Dautzenberg)
soit plus gonflé que *M. clathrata,* qui est l'espèce-type. Il y a donc lieu d'admettre *Celatoconus* comme Sous-Genre de *Metula,* et de le séparer complètement
de *Pisania,* au lieu d'en faire un Sous-Genre de ce dernier, comme l'a proposé
M. Dall [loc. cit.].

Répart. stratigr.

>   Eocene. — Outre le plésiotype ci-dessus figuré, deux espèces dans le Bassin
>   de Paris : *Metula Vasseuri* Cossm., ma coll., *Bucc. inæquiliratum* Deshayes,
>   d'après les figures publiées par cet auteur. Une espèce voisine, dans le
>   Bassin de Nantes et dans le Cotentin : *Metula tenuilirata* Cossm., ma coll.
>   Deux espèces dans le Claibornien des Etats-Unis : *M. gracilis* Johnson,
>   *M. crassa* Cossm., ma coll. Une autre espèce dans le « Lignitic stage » de
>   l'Alabama : *M. sylværupis* Gilb. Harr. [Bull. Amer. Pal. III, 1899, Pl. VII,
>   fig. 7].
>
>   Miocene. — L'espèce-type dans le Maryland, d'après M. Dall ; une autre
>   espèce dans la Floride, bien semblable à *M. Vasseuri* : *Pisania nux* Dall,
>   d'après la Monographie de cet auteur.

TRITONIDEA, Swainson, 1840.

Test épais. Forme buccinoïde ; canal court, échancré ; bourrelet peu
saillant, sans carène ; columelle ridée en avant, parfois dentée en arrière ;
labre épais ; protoconque conoïdale.

Tritonidea, *sensu stricto.*   Type : *Buccinum undosum,* Lin. Viv.

Taille moyenne ; forme ovoïdo-conique, plus ou moins ventrue ;
spire peu allongée, à galbe conique ; protoconque lisse, formée de
trois tours un peu convexes, à nucléus petit, non dévié ; tours plus ou
moins convexes, à sutures linéaires, ornés de costules axiales, légèrement sinueuses et parfois peu apparentes, croisées par des filets spiraux et généralement réguliers ; dernier tour grand, ovale, occupant

  ESSAIS DE

les deux tiers ou les trois cinquièmes de la hauteur totale, selon les
espèces dont les proportions varient dans une large mesure ; base
convexe, sur laquelle persistent seuls les cordonnets spiraux, et qui
est séparée du cou par une petite dépression excavée ; bourrelet
médiocrement saillant, quelquefois limité par une faible carène, qui
disparaît chez la plupart des espèces. Ouverture ovale, avec une
étroite gouttière postérieure, rétrécie en avant, où elle se termine
par un canal court, quoique bien formé, échancré sur le cou ; labre
presque rectiligne, légèrement incliné et antécurrent vers la suture,
assez épais, plissé à l'intérieur ; columelle excavée en arrière, où
elle porte ordinairement une ou deux rides pariétales, munie en
avant de deux rides transversales, non confondues avec la torsion
oblique qui existe à l'origine du canal, et à partir de laquelle elle
s'infléchit à droite ; bord columellaire peu calleux en arrière, portant souvent quelques rides irrégulières, bien distinctes des rides
columellaires.

Diagnose complétée d'après l'espèce-type, et d'après un plésiotype du Bartonien du Guépelle : *Buccinum subAndrei* d'Orb. (Pl. VI, fig. 20), ma coll.

Rapp. et difl. — Ce Genre est le plus fusoïde et le moins nassoïde des *Buccinidæ* ; son canal presque formé, sa columelle peu infléchie à droite, son bourrelet peu saillant, généralement dépourvu de carène, le distinguent de *Cominella* ;
cependant Fischer a désigné, comme plésiotype fossile de *Cominella*, précisément l'espèce que je choisis comme le plésiotype le plus exact de *Tritonidea*
(*C. subAndrei* d'Orb.) : il y a là une erreur évidente, attendu que jamais *Cominella* ne porte les rides columellaires qui caractérisent ce plésiotype, et que ce
dernier est absolument différent de *Cominella*, quant au bourrelet et à l'échancrure basale. Il est vrai que, chez quelques *Tritonidea* fossiles, il existe une
gouttière dans l'angle inférieur de l'ouverture, et que c'est ce qui a pu motiver
la confusion ; mais ces espèces n'ont pas le dernier tour aussi déprimé vers la
suture, que *Cominella*. Enfin, la spire est ordinairement plus longue chez *Tri-
tonidæa*, et l'ornementation n'a pas du tout le même aspect.

La plupart des espèces, dénommées *Pollia* par beaucoup d'auteurs, sont des
Tritonidea tout à fait typiques ; leur erreur provient de la confusion qui est
généralement faite au sujet du type de *Pollia*, et j'ai indiqué ci-dessus, à propos
de *Pisania*, que *Pollia* doit être considéré comme synonyme exact de *Cantharus*,
qui est lui-même un Sous-Genre de *Tritonidea*. Toutefois, dans la Monographie
de Bellardi, les espèces classées dans la première Section de *Pollia*, ayant la

columelle complètement lisse, le canal long et dépourvu d'échancrure, avec un bourrelet lamelleux et une fente ombilicale, je suis d'avis qu'on doit les placer dans la Famille *Muricidæ*.

Répart. stratigr.

PALÉOCENE. — Une espèce dans le Landénien des environs de Paris : *Bucc. deceptum* Defr., ma coll.

EOCENE. — Plusieurs espèces aux trois niveaux du Bassin anglo-parisien : *Bucc. subAndrei* d'Orb., *B. subambiguum* d'Orb., *Fusus excisus* Lamk., *F. axestus* Bayan, *F. interstriatus, neglectus, costellifer*, Desh., *F. latus* Sow., ma coll. ; dans le Bartonien d'Angleterre : *Bucc. lavatum* et *labiatum* Sow., ma coll. Deux espèces dans le Bassin de Nantes : *Fusus excisus* Lamk., *Tritonidea adela* Cossm., ma coll. Deux espèces dans l'Australie : *Tritonidea brevis* Tate, *Ricinula purpuroides* Tate, ma coll. Une espèce dans le « Lignitic stage » de l'Alabama : *Tritonidea Johnsoni* Ald., d'après la figure publiée par M. Gilb. Harris [Bull. Amer. Pal. 1899].

OLIGOCENE. — Une espèce dans le Tongrien de la Belgique et de l'Allemagne du Nord : *Fusus crassisculptus* Beyr., ma coll. Une espèce dans le Vicentin : *Fusus lugensis* Fuchs, d'après la figure publiée par cet auteur. Une espèce à Gaas : *Euthria Dollfusi* Cossm. [Revis. somm. Olig. p. 45, pl. X, fig. 7], ma coll.

MIOCENE. — Une espèce dans l'Helvétien de la Touraine et le Burdigalien de la Gironde : *Purpura exsculpta* Duj., ma coll., plusieurs autres espèces dans l'Aquitanien et le Burdigalien du Sud-Ouest de la France : *Bucc. Andrei* Bast., *Trit. Souverbiei* Benoist, *Turbinella pleurotoma* Grat., *Pollia Meneghinii* Mich[ii]., *P. Fischeri* Benoist, ma coll. Plusieurs espèces dans l'Helvétien et le Tortonien du Piémont : *Murex intercisus* Mich[ii]., ma coll., *Pollia lirata, multicostata, unifilosa* Bell., *Murex Bredai, Fusus Philippii, Triton varians* Mich[ii]., d'après la Monographie de Bellardi. Deux autres espèces dans le Bassin de Vienne : *Pollia Mariæ, Engina Weinstergeni* Hoern. et Auinger, d'après la Monographie de ces auteurs. Une espèce dans l'Australie : *Pisania obliquecostata* Tate, ma coll.

PLIOCENE. — Plusieurs espèces dans le Plaisancien et l'Astien des Alpes maritimes et de l'Italie. *Murex plicatus* Br., *Pollia subspinosa* Bell., ma coll., *Pollia æquicostata* Bellardi, d'après la Monographie de cet auteur. Une espèce inédite dans les couches néogéniques de Karikal, coll. Bonnet.

PLEISTOCENE. — Une espèce de la Méditerranée dans les couches récentes de Palerme : *Cantharus Orbignyi* Payr., ma coll.

EPOQUE ACUUELLE. — Nombreuses espèces dans les mers tropicales, d'après le Manuel de Tryon.

ENDOPACHYCHILUS, Cossmann, 1889. Type: *Purp. crassilabrum*, Desh. Eoc.

Test très épais. Taille dépassant parfois la moyenne ; forme ovoïdoconique ; spire peu allongée, souvent étagée, à galbe conique ; tours convexes, ou même anguleux, ornés de côtes noueuses, plus ou moins saillantes, traversées par de gros filets spiraux ; dernier tour très grand, un peu ventru, atténué à base, qui est déclive et ornée de cordons jusqu'au cou un peu long ; bourrelet très obsolète, non limité. Ouverture ovale, réduite par l'épaisseur du péristome, anguleuse en arrière, avec une faible gouttière postérieure, graduellement atténuée du côté antérieur, et terminée par un canal court, presque sans inflexion, à peine échancré sur le cou ; labre épaissi par la dernière côte, ou subvariqueux à l'extérieur, presque vertical, taillé en biseau et crénelé à l'intérieur ; columelle peu sinueuse, presque lisse ou obtusément ridée, à peine infléchie avec le canal ; bord columellaire calleux, se terminant en pointe à l'extrémité antérieure.

Diagnose complétée d'après un échantillon de l'espèce-type, du Calcaire grossier de Vaudancourt. (Pl. VI, fig. 16), ma coll.

Rapp. et diff. — Cette Section, très voisine de *Tritonidea s. s.*, s'en distingue cependant par l'épaisseur du labre taillé en biseau, par sa columelle presque lisse, presque droite, par son échancrure peu profonde, et par son bourrelet obsolète. Les autres caractères sont identiques, sauf l'ornementation qui est, d'ailleurs, très variable chez *Tritonidea* ; aussi je ne conserve *Endopachychilus* que comme une Section éocénique du Genre principal.

Répart. stratigr.

Eocene. — Trois espèces, outre le type, dans le Bassin parisien : *Fusus semiplicatus* Desh., ma coll., *F. sulcatus* et *Rigaulti* Deshayes, d'après les figures publiées par cet auteur. Une espèce bien distincte du type, dans le Bassin de Nantes : *Purpura Munieri* Vasseur, ma coll.

CANTHARUS, Bolten, 1798 (*fide* Mörch, 1852). Type : *C. tranquebaricus*,

Gm. Viv.

(= *Pollia*, Gray 1839, *ex parte*).

Test épais. Taille moyenne ; forme biconique, ventrue ; spire assez courte, souvent étagée, à galbe conique ; tours convexes, an-

guleux, fortement costulés, et ornés de filets spiraux ; dernier tour
égal ou supérieur aux deux tiers de la hauteur totale, arrondi, un peu
excavé à la base, sur laquelle se prolongent les cordons et cessent les
côtes ; cou un peu gonflé par un gros bourrelet qui est obliquement
sillonné. Ouverture large, subtrigone, avec une profonde gouttière
postérieure, un peu atténuée en avant où elle se termine par un canal
court, tronqué et bien échancré sur le cou ; labre très épaissi par la
dernière côte, convexe en avant, échancré par une sinuosité postérieure souvent peu visible, très antécurrent vers la suture, crénelé à
l'intérieur ; columelle légèrement arquée, un peu infléchie en courbe
le long du canal ; bord columellaire calleux, ridé sur presque toute
son étendue, bien limité, parfois séparé du bourrelet par une fente
ombilicale.

Diagnose refaite d'après l'espèce-type, et d'après un plésiotype du Calcaire
grossier de Villiers : *Fusus polygonus* Lamk. (Pl. VIII, fig. 8-9), ma coll.

Observ. — *Tritonidea* est antérieur, en réalité, à *Cantharus* qui n'a été régulièrement publié qu'en 1852, par Mörch ; on sait, en effet, que les Genres du Catalogue de Bolten ne sont admissibles, aux termes stricts des règles de la nomenclature, qu'autant qu'un autre auteur les a ultérieurement repris en les
définissant. D'autre part, ce que nous avons précédemment dit au sujet du
Genre *Pisania*, nous dispense de répéter ici les motifs pour lesquels *Pollia* doit
être considéré comme synonyme de *Cantharus*, mais pas avec assez de certitude
pour qu'il y ait lieu de remplacer ce dernier par la dénomination antérieure de Gray.

Rapp. et diff. — Tryon a réuni *Tritonidea* avec *Cantharus*, sous prétexte
qu'il n'y a aucune différence ; or, si l'on compare *T. undosa* avec *C. tranquebaricus*, on trouve que: non seulement la forme de la coquille et son ornementation
sont radicalement différentes, mais encore l'échancrure basale est plus profonde,
la columelle plus rectiligne, le bord columellaire moins fortement ridé, le labre
plus sinueux, etc. Il est vrai que les fossiles de l'Eocène, que je classe dans ce
Sous-Genre, n'ont pas tout à fait le galbe de *C. tranquebaricus*: leurs côtes sont
plus noueuses, leur labre est plus crénelé, la fente ombilicale n'y existe pas ; ils
se relient davantage à *Endopachychilus*, quoiqu'ils en diffèrent par la sinuosité
du labre, et par leur bord columellaire plus ridé. Cependant, il ne me paraît
guère possible de tout réunir dans la dénomination *Tritonidea*, sans risquer
d'attribuer à ce dernier une variabilité telle, que la diagnose en deviendra tout
à fait vague.

Répart. stratigr.

Eocene. — Le plésiotype ci-dessus figuré, dans les Bassins de Paris et de Nantes. Une espèce dans les Lignites : *Fusus berellensis* de Laub. et Carez, ma coll. ; une autre espèce dans le Calcaire grosssier parisien : *F. cortulatus* Lamk., ma coll.

Oligocene. — Deux espèces dans le Stampien des environs de Paris : *Purpura Heberti* Desh.. *Engina consobrina* Cossm. et Lamb., ma coll.

Miocene. — Une espèce dans le Tortonien du Piémont : *Pollia taurinensis* Bellardi, d'après la Monographie de cet auteur. Une espèce dans l'Australie : *Trit. brevis* Tate, ma coll.

Epoque actuelle. — Plusieurs espèees dans les mers tropicales, d'après le Manuel de Tryon.

CANTHARULUS, Meek. 1876. Type : *Fus. Vaughani*, Meek et Hayd. Crét.

« Coquille avec un canal modérément allongé, assez étroit et inflé-
» chi ; bord columellaire lisse sur toute son étendue, et assez bien
» développé : columelle arquée et tordue, de sorte qu'elle forme une
» obtuse proéminence, mal délimitée en avant, labre un peu sinueux
» en arrière ».

» Le type de cette Section est une coquille un peu épaisse, et a le
» bord columellaire largement étalé, quoique aminci, sur la base de
» l'avant-dernier tour, s'étendant un peu au delà de la limite du
» labre, qui est obscurément entaillé à la suture, et un peu sinueux
» en arrière, assez étroit sur le reste de son contour. L'extrémité du
» canal de l'unique exemplaire connu est brisée, mais on voit qu'elle
» devait être modérément allongée et comparativement étroite » .

Reproduction d'une photographie de l'échantillon-type, du Musée de Washington (Pl. VII, fig. 1), envoyée par M. Stanton.

Observ. — J'ai textuellement reproduit ci-dessus la traduction fidèle de la diagnose de Meek, pour que le lecteur puisse apprécier combien sont vagues les caractères sur lesquels est fondée cette Section de *Cantharus*; je n'ai pas donné ici la copie de la figure 5 de la Pl. XXXII [Invert. Pal. of Missouri, p. 378], représentant *C. Vaughani* vu de face, parce que l'auteur lui-même l'a reconnue assez inexacte pour se croire obligé de la corriger par une autre figure intercalée dans le texte [*Loc. cit.* p. 379. fig. 48], laquelle ne représente l'individu que du côté du dos. Dans ces conditions, j'aurais évidemment été très embarrassé par le classement de cette coquille, si M. Stanton, l'un des Conservateurs du Musée de Washington, n'avait eu l'obligeance de faire photographier pour moi l'échantillon en question, et de m'en envoyer une excellente épreuve qui a servi de base à mon examen, et à laquelle ne ressemblent guère les figures de l'ouvrage de Meek.

Rapp. et dif. — *Cantharulus* se rapproche beaucoup de *Tritonidea* par la forme de son ouverture, et par la disposition de sa columelle, quoique cependant celle-ci ne porte pas les rides caractéristiques du Genre principal, et que le cou paraisse dépourvu de bourrelet. Le galbe général de la spire et son ornementation rappellent plutôt *Endopachychilus*; mais le labre est beaucoup moins épais et n'est pas taillé en biseau, avec des crénelures internes ; il est sinueux en arrière, comme celui de *Cantharus*; toutefois le canal ne paraît pas échancré sur le cou comme celui de ce dernier Sous-Genre. En définitive, malgré le nom choisi par l'auteur, je trouve que *Cantharulus* a plus d'affinité avec *Endopachychilus* qu'avec *Cantharus s. s.*

Répart. stratigr.
    CRÉTACE. — L'espèce-type dans le Groupe « Fox-Hill's » du Missouri supérieur, d'après la photographie du type conservé au Musée de Washington. Une autre espèce, très douteuse et d'ailleurs mutilée dans l'Inde méridionale : *Murex pondicherriensis* Forbes, classée comme *Pollia* par Stoliczka [Cret. Gastr. South India, II, p. 127, pl. XI, fig. 10-12]. Une espèce probable dans les couches de Gosau : *Tritonium gosauicum* Zek., d'après la figure de la Monographie de cet auteur.

PSEUDOPISANIA, Cossm. 1897. Type : *Tritonidea Plateaui*, Cossm. Éoc.

Test assez épais. Taille petite ; forme buccinoïde, un peu ventrue ; spire égale à l'ouverture, à galbe conique et subulé ; protoconque lisse, polygyrée, conoïdale, à nucléus obtus ; tours presque plans, séparés par des sutures rainurées, lisses en avant, ornés en arrière de deux ou trois sillons spiraux, plissés par des accroissements sinueux et irréguliers ; dernier tour égal ou supérieur aux deux tiers de la hauteur totale, un peu large et subanguleux à la périphérie de la base excavée, sur laquelle reparaissent les sillons, égaux aux filets qui les séparent, finement décussés par les accroissements , cou assez long, peu incliné, faiblement gonflé, obliquement sillonné. Ouverture piriforme, anguleuse en arrière, avec une gouttière canaliculée, terminée en avant par un canal étroit, oblique, assez long, tronqué presque sans échancrure à son extrémité ; labre légèrement sinueux, épaissi et crénelé à l'intérieur ; columelle en *S*, presque rectiligne au milieu, munie de deux rides pliciformes, infléchie à droite avec le canal ; bord columellaire peu calleux, à peine distinct.

Diagnose complétée d'après des échantillons de l'espèce-type, du Suessonien de Sapicourt (Pl. VIII, fig. 6), ma coll.

Rapp. et diff. — Cette coquille n'a ni l'ornementation, ni le galbe des véritables *Tritonidea*; d'autre part, sa columelle en zigzag, son canal un peu allongé, contribuent à justifier la séparation d'un Sous Genre distinct. Elle s'écarte de *Pisania* par l'absence d'une dent pariétale et d'un pli columellaire antérieur, par son canal mieux formé, moins échancré.

Répart. stratigr.
EOCENE. — L'espèce-type aux environs de Paris. Une autre espèce dans le Bassin de Nantes : *Tritonidea coislinensis* Cossm., ma coll.

SUESSIONIA, Cossmann, 1889.

Canal un peu oblique, faiblement échancré ; pas de bourrelet, columelle presque lisse, ou obtusément et très obliquement plissée ; labre subvariqueux, plissé à l'intérieur ; protoconque conoïdale.

SUESSIONIA, *sensu stricto*.   Type : *Fusus exiguus*, Desh. Eoc.

Test peu épais. Taille assez petite ; forme un peu étroite, oblongue, quoique buccinoïde ; spire un peu allongée, à galbe conique ; protoconque lisse, polygyrée, conoïdale, à tours étroits, à nucléus petit, pointu, non dévié ; tours convexes, ornés de costules plus ou moins régulières, subvariqueuses par places, et de filets spiraux ; dernier tour à peu près égal à la moitié de la hauteur totale, ovale, peu ventru, à base convexe et ornée comme la spire, jusqu'au cou qui est presque droit, peu gonflé à cause de l'absence d'un véritable bourrelet. Ouverture petite, subquadrangulaire, avec une petite gouttière dans l'angle inférieur, un peu contractée en avant, à l'ori-

gine du canal qui est très court; obliquement dévié à droite de l'axe,
tronqué par une très faible échancrure dorsale ; labre presque vertical, à peine convexe au milieu, faiblement arqué en arrière, formant
en avant une petite saillie sur le contour, subvariqueux à l'extérieur,
finement plissé à l'intérieur vis-à-vis la varice, c'est-à-dire un peu en
retrait sur le contour ; columelle presque droite, faisant en arrière
un angle très ouvert à son point d'implantation sur la base de l'avant-
dernier tour, infléchie en avant avec le canal, obtusément et très
obliquement plissé au milieu ; bord columellaire peu distinct sur la
plus grande partie de son étendue, légèrement calleux, et terminé en
pointe effilée à son extrémité.

Diagnose complétée d'après des échantillons de
l'espèce-type, du Suessonien de Saint-Gobain
(Pl. V, fig. 18-19), ma coll. Protoconque grossie
(Fig. 43).

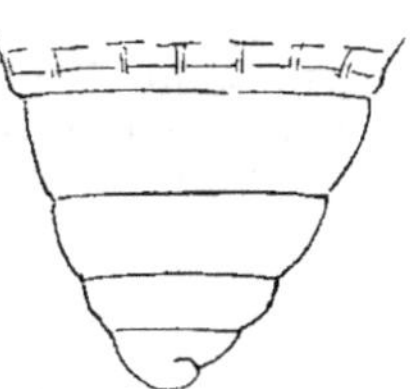

FIG. 43. — *Suessionia
exigua*, Desh.

Rapp. et diff. — Ce Genre se distingue aisément
de la plupart de ses cofamiliaux : par son aspect général, par sa faible échancrure basale, par la disparition presque complète du bourrelet, qui en est la
conséquence ; d'autre part, on ne peut le rapprocher
de *Coptochetus*, c'est-à-dire de la Famille *Chrysodo-
midæ*, à cause de sa protoconque polygyrée, non papilleuse, à cause de son
canal un peu échancré, comme l'est toujours celui des *Buccinidæ*, enfin à cause
de sa columelle légèrement plissée. Les espèces des Bassins de Paris et de
Nantes représentent bien la forme typique de *Suessionia* ; mais il y a plus d'incertitude et plus d'écart, en ce qui concerne les provenances des États-Unis :
en effet, si la protoconque de ces dernières est conoïdale, leur canal est certainement plus allongé que celui de *Suessionia exigua*, et il y a des espèces, ou
plutôt des échantillons isolés, dont l'échancrure basale disparaît totalement ;
d'autre part, leur canal court, dépourvu de bourrelet, ne permet pas de les
rapprocher de *Streptochetus*, dont l'ornementation est, d'ailleurs, très différente;
leur columelle n'est pas arquée et lisse comme celle de *Streptolathyrus*; bref,
dans cette incertitude, il y a lieu de les laisser provisoirement avec *Suessionia*
dont ils s'écartent le moins.

Répart. stratigr.
ÉOCÈNE. — L'espèce-type, dans le Suessonien des environs de Paris. Deux
espèces dans le Bassin de Nantes : *Fusus Bergeroni* et *armoricus* Vasseur,

ma coll. Une espèce à peu près certaine dans le Claibornien des Etats-Unis : *F. subscalarinus* Heilprin ([1]), ma coll. Plusieurs espèces douteuses, dans le Claibornien de l'Alabama : *Fusus bellus* Conr., *F. Delabechei, magnocostatus* Lea, *F. gracilis* Aldr., ma coll.

OLIGOCENE. — Une espèce dans le Stampien des environs de Paris : *Fusus undatus* Stan. Meunier, ma coll. (précédemment désignée par moi comme *Coptochetus*, mais possédant un embryon conoïdal et polygyré, comme *Suessionia*).

PLIOCENE. — Une espèce probable, mais inédite, dans le gisement de Gourbesville (Manche), ma coll.

JANIOPSIS, Rovereto, 1899.

(= *Jania*, Bell. 1871, *non* Lamk. 1812, *nec* M'Coy).

Coquille fusiforme ; canal court, à peine échancré, presque sans bourrelet ; columelle munie d'une ou de deux fortes dents pliciformes ; labre variqueux, un peu oblique, denté ou crénelé à l'intérieur ; pli pariétal.

JANIOPSIS, *sensu stricto*.   Type : *Murex angulosus*, Br. Mioc.

Test épais. Taille un peu supérieure à la moyenne ; forme fusoïde, ou buccinoïde et un peu ventrue ; spire médiocrement allongée, à galbe parfaitement conique ; protoconque subglobuleuse, conoïdale (?) ; tours convexes, ornés de côtes épaisses, qui se succèdent en formant une pyramide tordue, et de filets spiraux, entre lesquels des stries spirales sont élégamment croisées par des plis d'accroissement parfois crépus ; dernier tour supérieur à la moitié de la longueur totale, arrondi, un peu excavé à la base qui dégage un cou assez long, peu gonflé par un bourrelet généralement obsolète, avec des filets obliques, plus serrés que ceux de la base. Ouverture ovale, rétrécie par les saillies internes des bords opposés, avec une gouttière dans

---

([1]) Cette dénomination fait double emploi avec *F. subscalarinus* d'Orb., qui est un *Pseudoneptunea* ; je propose, en conséquence, pour l'espèce des Etats-Unis : **Suessionia Aldrichi**, *nobis* (car il y a déjà *Fusus Heilprini* Aldr).

l'angle inférieur, plus ou moins atténuée en avant, où elle se termine par un canal bien formé, quoique assez court, qui est obliquement infléchi à droite de l'axe. et tronqué à son extrémité, presque
sans échancrure sur le cou; labre très épais, un peu oblique, antécurrent vers la suture, épaissi à l'extérieur par la dernière côte, muni
à l'intérieur de quelques grosses crénelures ou dents courtes et saillantes, inégalement distribuées; columelle excavée en arrière, bombée à l'origine du canal, et munie, en ce point, d'une ou de deux
dents transversales, qui s'enroulent sur l'axe sous la forme de plis;
bord columellaire peu calleux en arrière, avec un pli pariétal conti-
gu à la gouttière, parfois subdétaché en avant.

Diagnose refaite d'après un échantillon de l'espèce-type, du Plaisancien
de Sienne (Pl. VI, fig. 21), ma coll., et d'après un plésiotype du Calcaire
grossier de Grignon : *Turbinella parisiensis* Desh. (Pl. VIII, fig. 5), ma
coll.

Rapp. et diff. — Le Genre *Jania*, dont M. Rovereto a changé le nom, pour
corriger un double emploi, a été créé par Bellardi, pour des coquilles dont l'ouverture présente quelques-uns des caractères des *Muricidæ*, tandis que la spire
conserve encore l'apparence des *Fusidæ*; Fischer le classe comme Sous-Genre
d'*Euthria*, ce qui ne me paraît guère admissible, car il n'y a pas de canal
recourbé, et, d'autre part, la protoconque semble bien différente. Je le rapproche plutôt de *Tritonidea*, à cause de son faciès général, de sa columelle dentée,
et de son canal peu échancré. Dans mon Catalogue de l'Eocène, j'avais dénommé
Lathyrus plusieurs coquilles parisiennes, parmi lesquelles le second des plésiotypes ci-dessus figurés; toutefois, après un nouvel examen et surtout après une
délimitation plus exacte des caractères de ce Genre, je suis obligé de reconnaître
actuellement, que deux d'entre elles au moins, n'ont pas du tout le canal droit
de *Lathyrus*, que leur labre crénelé est bien différent, et qu'enfin elles ont une
échancrure basale, ce qui fait que ce sont des *Janiopsis*. Les autres prétendus
Lathyrus ont été classés dans d'autres Genres.

Répart. stratigr.
EOCENE. — Deux espèces dans le Bassin de Paris : *Turbinella parisiensis*
Desh., *Fusus herouvalensis* Desh., ma coll.; la première, dans le Bartonien
d'Angleterre, ma coll. Une espèce probable dans la Vénétie : *Lathyrus del-
phinus* de Gregorio. d'après la figure publiée par cet auteur [Fauna S. Giov.
Ilarione].
MIOCENE. — Outre l'espèce-type dans l'Helvétien et le Tortonien du Piémont,

d'après Bellardi, deux espèces aux mêmes niveaux : *Murex labrosus* Bonelli, ma coll., *M. maxillosus* Bon., d'après Bellardi ; cette dernière et l'espèce-type, dans le Bassin de Vienne, d'après la Monographie de Hœrnes et Auinger. Une espèce dans l'Aquitanien et le Burdigalien de la Gironde, ainsi que dans l'Helvétien de la Touraine : *Jania crassicosta* Benoist, ma coll. Une espèce probable, dans l'Australie du Sud : *Trophon brevicaudatus* Tate, ma coll.

Pliocène. — L'espèce-type dans le Plaisancien de la Toscane, ma coll. Une espèce voisine de *J. labrosa*, dans le Messinien de Vaucluse, ma coll.

*

PISANIANURA, Rovereto, 1899.

(= *Anura*, Bell. 1871, *non* Hodgs. Aves 1841, *nec* Fitz. Rept. 1843 ;
nec Anoura, Gray, Mamm. 1838, *nec* Gray, Ech. 1840,
nec Gerv. Thys. 1842).

Coquille ventrue ; canal tronqué ; columelle arquée, tordue en avant ; labre lisse à l'intérieur ; protoconque conoïdale, sillonnée.

Pisanianura, *sensu stricto.*   Type : *Murex inflatus* Br., Plioc.

Taille moyenne ; forme ventrue, buccinoïde ; spire courte, à galbe conique ou subconoïdal ; protoconque formée de trois tours très convexes ; ornés de filets spiraux et obsolètes, à nucléus lisse et déprimé ; tours anguleux, ou simplement convexes, ornés de filets spiraux et de côtes noduleuses sur l'angle, qui s'effacent chez certaines espèces ; dernier tour très grand, atteignant les deux tiers de la hauteur totale, arrondi ou polygonal, selon qu'il n'y a pas ou qu'il y a des angles, convexe à la base qui n'est excavée que vers le cou très court et absolument dénué de bourrelet. Ouverture ample et presque arrondie, à peine anguleuse et sans gouttière en arrière, terminée en avant par une troncature peu échancrée, qui supprime presque totalement le canal, réduit simplement au rétrécissement

compris entre le contour supérieur du labre et la torsion columellaire ; labre parfois un peu épaissi, lisse à l'intérieur, presque vertical ou à peine obliquement sinueux ; columelle très excavée, subitement tordue en travers, au point où elle s'infléchit à droite pour
se raccorder avec le contour de la troncature basale ; bord columellaire mince, lisse, et souvent à peine distinct.

Diagnose complétée d'après l'espèce-type (Pl. VI,
fig. 17), du Plaisancien de Bologne, coll. Foresti ;
et d'après des échantillons d'une variété helvé-
tienne (var. A), de Colli torinesi, coll. du Musée
de Turin, types de Bellardi, prêtés par M. Sacco.
Protoconque d'un échantillon typique du Plaisancien de Bologne (**Fig. 44**), ma coll.

FIG. 44. — *Pisania
inflata*, Br.

Rapp. et diff. — Ce Genre, dont le nom a été changé par M. Rovereto, pour
corriger un quintuple emploi, est le prototype d'une Sous-Famille *Anochetinæ*
que je propose pour une série de formes caractérisées par l'absence complète de
canal, qui se réduit à une troncature peu ou point échancrée, sans bourrelet
par conséquent. En particulier. *Pisanianura* se distingue par sa columelle
transversalement tordue et très arquée, ainsi que par son labre lisse à l'intérieur ; on peut le comparer à mon Genre *Dalliella*, classé dans les *Trichotropidæ*,
et qui, au premier aspect, a beaucoup d'analogie avec *P. Craveri* Bell. ; mais,
outre que la protoconque de *Dalliella* est papilleuse, tandis que celle de *Pisanianura* est conoïdale, l'ouverture forme, chez le premier, un bec antérieur non
tronqué, qu'on ne peut attribuer à aucun membre de la Famille *Buccinidæ* ; en
outre, le labre de *Dalliella* est plissé à l'intérieur : il n'y a donc pas de confusion
possible entre ces deux formes.

Répart. stratigr.

EOCENE. — Une espèce très douteuse dans le Nummulitique de Biarritz :
Nassa prisca Oppenheim. d'après deux échantillons peu complets, donnés
par l'auteur, ma coll.

MIOCENE. — L'espèce-type, ses variétés, et d'autres espèces distinctes, dans
l'Helvétien et le Tortonien du Piémont : *Fusus Borsoni* Géné, *Anura ovata,
striata, pusilla, sublævis* Bellardi, d'après la monographie de cet auteur.
Une espèce dans le Burdigalien de l'Aquitaine : *Buccinum papyraceum*
Grat., d'après le Catalogue de Benoist.

PLIOCENE. — L'espèce-type dans le Plaisancien de l'Italie centrale, ma coll.

BUCCINARIA, Kittl, 1887.

Forme buccinoïde, globuleuse; columelle presque rectiligne au milieu, tordue et infléchie en avant; labre lisse à l'intérieur.

BUCCINARIA, *sensu stricto.*   Type: *Fusus Hoheneggeri*, M. Hœrnes. Mioc.

Taille moyenne ou assez petite; forme ovo-buccinoïde, ventrue ou subglobuleuse; spire peu allongée, à galbe conoïdal; protoconque petite, lisse, paucispirée, subglobuleuse, à nucléus obtus et peu saillant; spire peu allongée, à galbe conoïdal; tours étroits, convexes ou subanguleux, ornés d'une couronne de tubercules subépineux sur l'angle, et souvent d'une seconde rangée de tubercules plus obsolètes, au-dessus de la suture; rampe lisse, encavée entre ces deux rangées; sillons spiraux sur la région antérieure; dernier tour très grand, arrondi, orné de sillons irréguliers au-dessus de la couronne de nodules, et jusque sur la base qui est un peu excavée près du cou court, droit, dépourvu de bourrelet. Ouverture assez large, ovale, sans gouttière postérieure, términée en avant par un bec peu rétréci, peu échancré, qui remplace le canal; labre mince, lisse à l'intérieur, un peu sinueux; columelle presque rectiligne au milieu, se raccordant par un angle arrondi avec la base de l'avant-dernier tour, infléchie en avant contre le bec antérieur de l'ouverture; bord columellaire large, étalé, un peu calleux.

Diagnose complétée d'après un échantillon de l'espèce-type, à ouverture mutilée (Pl. VII, fig. 11), communiqué par M. Kittl; reproduction de l'ouverture d'après l'une des figures publiées par l'auteur (Fig. 45).

Rapp. et diff. — Ce Genre (¹) a été proposé pour quelques espèces du Bassin de Vienne, qui ne peuvent se confondre avec *Cominella*, parce que leur canal à peine formé n'est pas échancré comme chez les coquilles de ce dernier Genre, et parce que

FIG. 45. — *Buccinaria Hoheneggeri*, Hœrn.

(¹) Il existe déjà un genre *Buccinarius* Dum. (Mall. 1806); toutefois, en raison de la différence des désinences, on peut, à la rigueur, conserver les deux dénominations.

le labre ne forme pas, en s'attachant à l'avant-dernier tour, une gouttière comparable à celle de *Cominella* ; en outre, il n'y a pas de bourrelet sur le cou, le labre est lisse à l'intérieur, la columelle est plus rectiligne, etc. ; sous réserve de ces différences capitales, qui motivent le classement de *Buccinaria* dans une Sous-Famille tout à fait distincte (*Anochetinæ*), on ne peut nier qu'il présente une réelle analogie extérieure avec certaines formes de *Cominella*. D'autre part, si on le compare à son voisin *Pisanianura*, il s'en distingue par son ornementation, par sa columelle rectiligne, et par son bec un peu plus formé. M. Kittl indique, à l'appui de sa diagnose, qu'on pourrait probablement rapporter au même Genre ; *Bucc. excavatum* Sow., *B. cassidaria* Braun, etc., qui sont, à mon avis, de véritables *Cominella*, à ouverture échancrée.

Répart. stratigr.

Miocene. — L'espèce-type et deux autres variétés, ou formes très voisines, dans le Bassin du Danube : *Fusus Hoheneggeri*, *orlaviensis* M. Hœrnes, *Buccinaria fusiformis* R. Hœrn. et Auinger, d'après les figures publiées par M. Kittl [Die mioc. Ablag. d. Ostrau-Karwiner, Ann. K. K. naturhist. Hofmus. Bd. II, p. 250, pl. VIII].

LEVIBUCCINUM, Conrad, 1865.

Coquille étroite, oliviforme ; columelle très peu arquée, à peine tordue en avant ; labre plissé à l'intérieur ; protoconque lisse, conoïdale.

LEVIBUCCINUM, *sensu stricto.*   Type : *Buccinum prorsum*, Conrad. Eoc.

Taille moyenne ; forme olivoïde, peu ventrue ; spire peu allongée, à galbe d'abord conique, puis conoïdal ; protoconque lisse, polygyrée, conoïdale, à tours peu conveves, à nucléus déprimé ; tours croissant rapidement ; un peu convexes, à sutures étroitement canaliculées, ornés de sillons spiraux, serrés et réguliers, plus profonds en arrière qu'en avant ; dernier tour très grand, égal ou supérieur aux trois quarts de la longueur totale, quand on le mesure de face, ovale, presque lisse au milieu, atténué à la base sur laquelle les sillons persistent ou reparaissent, et qui est excavée vers le cou, court, faiblement gonflé, obliquement sillonné. Ouverture étroite, allongée, an-

      ESSAIS DE

guleuse, avec une petite gouttière en arrière, peu atténuée en avant
où elle est brièvement tronquée, de sorte que le canal est à peu près
réduit à une large embouchure, à contour sinueux, mais presque
sans échancrure ; labre légèrement sinueux, proéminent en avant où
il s'élève moins haut que le bord opposé, faiblement excavé en arrière, où il est antécurrent vers la suture, un peu épaissi et plissé à
l'intérieur, à quelque distance du contour ; columelle à peine arquée
au milieu, obtusément tordue en avant et presque sans inflexion antérieure, se raccordant avec le contour supérieur par un angle arrondi, plus haut que l'extrémité du labre ; bord columellaire très
mince, peu distinct, ou simplement limité par une
strie.

Diagnose refaite d'après des échantillons de l'espèce-
type, du Claibornien Woods Bluff, dans l'Alabama
(Pl. VIII, fig. 2-3), ma coll. Protoconque grossie de
l'un d'eux (Fig. 45 bis).

Fig. 45 bis. — Levi-
buccinum prorsum,
Conr.

Rapp. et diff. — Il n'y a, au premier abord, aucun rapprochement à faire
entre cette coquille et *Pisanianura*, à cause de la forme et de l'ornementation ;
elles ne se ressemblent que par la troncature de l'ouverture et par la suppression
presque complète du canal ; mais *Levibuccinum* a la columelle moins arquée, et
le labre plissé à l'intérieur. Ce Genre de Conrad n'a été repris que dans le
Manuel de Tryon ; M. de Gregorio le cite dans son Etude sur les fossiles de
Claiborne, et il y rapporte même une coquille qui me paraît s'en écarter (*L. po-
pleum* de Greg.); mais il ne connaissait l'espèce-type que par la figure originale
de Conrad, laquelle est très imparfaite. Par sa columelle peu sinueuse, par sa
forme et même par son ornementation, on pourrait le comparer à *Acamptochetus* ; mais, outre que ce dernier a un véritable canal, quoique court et un
peu infléchi, sa protoconque est papilleuse, tandis que celle de *Levibuccinum*
est conoïdale et polygyrée ; de sorte que le premier appartient à la Famille
Chrysodomidæ, tandis que je place le second dans la Sous-Famille *Anochetinæ*, c'est-à-dire dans les *Buccinidæ*.

Répart. stratigr.
    PALEOCENE. — Une espèce très mutilée, dans le «Midway stage» de l'Ala-
        bama : *L. lineatum* Heilp., d'après M. Gilbert Harris [Bull. Amer. Pal. I,
        p. 97, pl. IX, fig. 45].
    EOCENE. — L'espèce-type dans le Claibornien de l'Alabama, abondante à
        Woods Bluff, très rare à Claiborne, ma coll.

EURYOCHETUS, Cossmann, 1896. Type: *Bucc. cylindraceum*, Desh. Eoc.

Test mince. Taille petite ; forme ovale, étroite, mitroïde ; spire peu allongée, à galbe conoïdal ; protoconque lisse, paucispirée, en calotte, à nucléus petit, formant un petit bouton saillant, non dévié ; tours croissant rapidement et devenant très élevés, ornés de sillons finement gravés dans le test, séparés par des sutures profondes et subcanaliculées ; dernier tour très grand, supérieur aux deux tiers de la hauteur totale, ovale, à base indistincte, sillonnée comme la spire, jusqu'au cou qui est lisse, court, et limité par une légère dépression oblique. Ouverture étroite, anguleuse sans gouttière en arrière, brièvement tronquée sans canal, et sans le moindre rétrécissement en avant ; labre mince, lisse à l'intérieur, un peu sinueux, à peine antécurrent vers la suture, formant avec le contour supérieur un angle situé plus haut que l'extrémité du bord opposé ; columelle à peine arquée, portant une rainure médiane très oblique qui sépare deux plissements obsolètes, presque sans inflexion en avant, où elle se termine un peu en deçà de la troncature basale ; bord columellaire lisse, large, un peu calleux, bien limité du côté extérieur.

Diagnose faite d'après des échantillons de l'espèce-type, du Suessonien d'Aizy (Pl., VIII, fig. 15), ma coll. ; et d'après un plésiotype, à columelle rainurée: *Voluta multistriata* Desh. (Pl., X, fig. 23-24), ma coll.

Rapp. et diff. — J'ai autrefois [Catal. Eoc. IV, 1899, p. 145] confondu cette coquille avec le Genre *Levibuccinum* (que j'orthographiais à tort *Lævibuccinum*) ; mais, depuis cette époque, dans le second appendice au Catalogue précité (p. 35), j'ai rectifié cette erreur, après avoir de nouveau comparé nos fossiles parisiens avec l'espèce-type du Genre de Conrad, et j'ai, en conséquence, proposé pour ceux-ci le Genre *Euryochetus*, qui rappelle la largeur de leur canal. Toutefois, dans le classement, que je reprends actuellement, de toutes ces formes de *Buccinidæ*, je considère *Euryochetus* comme un Sous-Genre seulement de *Levibuccinum*: en effet, il s'en distingue principalement parce que la troncature est inclinée en sens inverse, l'extrémité du labre étant située plus haut que celle de la columelle ; tandis que c'est le contraire chez *L. prorsum*. En outre, la protoconque est moins élevée, plus déprimée, la columelle est rainurée et paraît même obliquement plissée; le bord columellaire est plus calleux, plus distinct ; enfin le labre est plus mince et dépourvu de plis ; ces différences sont assez importantes, mais elles ne justifient pas la séparation d'un Genre distinct.

Répart. stratigr.

    Eocene. — L'espèce-type dans le Suessonien, avec le plésiotype ci-dessus figuré, et une autre espèce dans le Parisien : *Levibuccinum brevispiratum* Cossm., ma coll.

PSEUDOBUCCINUM, Meek et Hayden, 1876.

Coquille globuleuse, à spire très courte ; columelle très arquée en arrière, non tordue en avant ; ouverture dilatée, très largement tronquée, sans canal.

Pseudobuccinum, *sansu stricto.* Type : *Bucc. nebrascense* M. et H. Crét.

« Coquille ovale, mince, ventrue ; spire très courte ; dernier tour
» large, non prolongé en avant ; ouverture large, terminée à la base
» par un sinus arrondi ; labre mince et simple ; bord columellaire très
» mince, lisse, hermétiquement appliqué sur la région ombilicale,
» qui forme une dépression séparant ce bord du cou gonflé comme
» une fausse columelle ; surface plus ou moins distinctement ornée
» de lignes ou de sillons spiraux, »

Diagnose traduite d'après celle de Meek [Inv. Miss. p. 349, Pl. XXXI, fig. 5]. Reproduction de la figure originale (**Fig. 46**), et d'une photographie (Pl. VII, fig. 5) de l'échantillon-type du Musée de Washington, envoyée par M. Stanton.

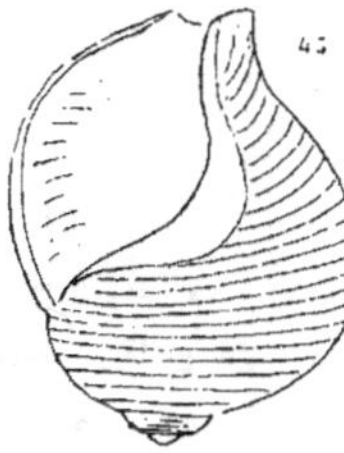

Fig. 46. — *Pseudobuccinum nebrascense,* Meek et Hayd.

Rapp. et diff. — Malgré la forme un peu confuse de cette diagnose, dont j'ai respecté les termes un peu vagues, on se rend compte que cette singulière coquille doit être placée dans la Sous-Famille *Anochetinæ*, à côté d'autres Genre à canal complètement tronqué. Chez P. *nebrascense*, les deux bords opposés s'élèvent à la même hauteur, et sont reliés par une sinuosité légèrement échancrée : c'est ce qui distingue ce Genre, outre sa forme globuleuse, de *Levibuccinum* et d'*Euryochetus*, dont les bords opposés ne se terminent pas à la même hauteur ; d'autre part, la columelle, très excavée en arrière, est à peine infléchie en avant, sans aucune torsion, et la région ombilicale est plus déprimée, presque contrac-

·tée, de sorte que le cou paraît plus arrondi que chez les Genres qui précédent. Enfin autant qu'on peut en juger par la figure, ainsi que par la photographie ci-dessus reproduite, et en tenant compte de ce qu'il s'agit d'échantillons crétaciques dont la protoconque est très rarement intacte, le sommet paraît obtus et moins co-noïdal que chez *Levibuccinum*, ou même que chez *Euryochetus*, qui porte encore une calotte bien visible.

Répart. stratigr.

CRÉTACE, — L'espèce-type dans le groupe « Fox Hills », du Crétacé supérieur du Missouri, d'après la Monographie de Meek et Hayden.

ECTRACHELIZA, Gabb, 1872.

Coquille ovale ; spire tronquée à tout âge ; columelle courte, tron-quée sans aucune torsion antérieure ; labre dépasant en avant l'extré-mité de la columelle.

ECTRACHELIZA, *sensu stricto.*   Type : *E. truncata*, Gabb. Mioc.

« Coquille oblogue, à spire toujours tronquée dans la seule espèce » connue ; surface du dernier tour comprimée près de la suture ; » bord columellaire encroûté ; columelle sinueuse, courte ; labre » proéminent en avant ».

« Ce Genre se relie, par la plupart de ses caractères, à *Cominella* et » à *Truncaria*, et notamment par la compression de son dernier tour » au-dessus de la suture. Il n'y a aucune trace d'ombilic, comme il » en existe chez beaucoup de *Buccinidæ* ; mais le plus distinctif de » ses caractères est la troncature de la columelle, qui » n'atteint pas l'extrémité antérieure de la coquille. »

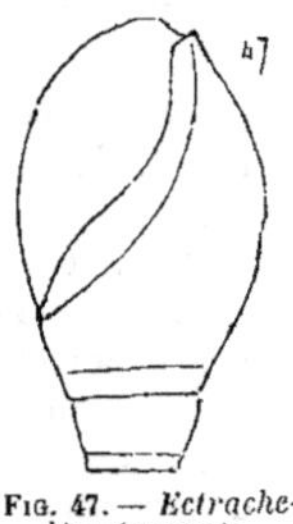

Diagnose et observations traduites d'après le Manuel de Tryon. Reproduction de la figure originale, dans ce Manuel (Fig. 47).

Rapp. et diff. — Je place cette coquille dans la Sous-Famille *Anochetinæ*, à cause de son ouverture tronquée, et de l'absence d'un pli tordu à la columelle, ce qui ne permet pas de la rapprocher de *Truncaria*, dans la Famille

FIG. 47. — *Ectrache-liza truncata*, Gabb.

Nassidæ. Le labre dépasse l'extrémité du bord opposé, comme chez *Euryoche-tus* ; mais la columelle est plus excavée et plus courte que chez ce dernier : en outre, *Ectracheliza* s'en écarte par sa spire tronquée, paraissant lisse, et par la dépression suprasuturale de son dernier tour. J'ignore si le labre est lisse à l'intérieur, la figure étant très défectueuse.

Répart. stratigr.

    Miocène. — L'espèce-type dans les couches néogéniques de St-Domingue, d'après l'auteur.

PSEUDOVARICIA, Tate, 1888.

Coquille étroite, allongée, à protoconque déprimée, tordue, plus haute que le labre ; ouverture largement tronquée sans canal.

PSEUDOVARICIA, *sensu stricto.*   Type : *P. mirabilis*, Tate. Eoc.

« Coquille cylindroïde, fusiforme, lisse ; spire obstuse ; tours avec
» des varices imbriquées, assez éloignées, non continues ; canal très
» court, large ; columelle lisse, légèrement arquée. »

Diagnose traduite d'après celle de l'auteur [Gastr. older Tert. Austr. I, p. 56, pl. VII, fig. 9]. Reproduction de la figure originale (**Fig. 48**); reproduction de la protoconque, d'après M. Geo. Harris (**Fig. 49**).

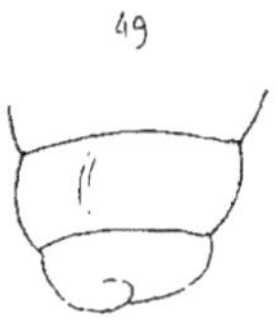

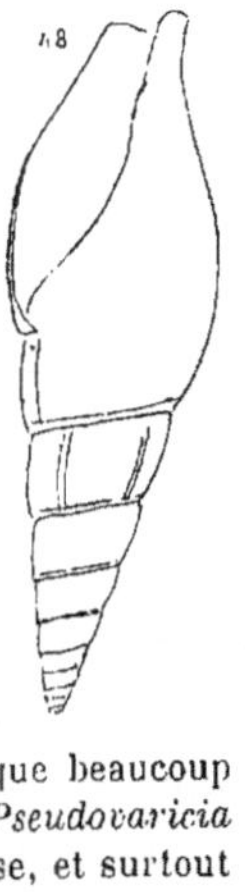

Fig. 48 et 49. — *Pseudovaricia mirabilis*, Tate.

Rapp. et diff. — M. Tate a comparé cette coquille à *Genea* (= *Andonia* H. et B.), à cause de sa spire allongée ; mais sa protoconque est bien différente, non papilleuse ; en outre, elle n'a, pour ainsi dire, pas de canal, et l'ouverture est tronquée en avant, à peu près comme celle de *Levibuccinum.* Aussi je rapproche *Pseudovaricia* de ce dernier Genre, et cependant je l'en distingue à cause des varices de sa surface, à cause de son labre lisse à l'intérieur, et de sa protoconque beaucoup plus déprimée, plus encore que celle d'*Euryochetus*; d'ailleurs, *Pseudovaricia* s'écarte d'*Euryochetus* par sa spire plus allongée, lisse et variqueuse, et surtout parce que la columelle s'élève plus haut que l'extrémité du labre, de même que chez *Levibuccinum.* Il y a, d'autre part, sauf la troncature de la spire, une cer-

taine analogie entre *Pseudovaricia* et *Ectracheliza*, suffisante tout au moins pour
confirmer le rapprochement que je fais entre ces deux genres, dans la même
Sous-Famille.

Répart. stratigr.
 · EOCÈNE. — L'espèce-type dans les couches inférieures de Muddy-Creek (Victoria), d'après M. Tate.

*

LATRUNCULUS, Gray, 1847.

(=*Dipsaccus*, Klein 1753, *pro parte* ; = *Eburna*, Lamk 1882, *non* 1801,
et *auctorum* ; = *Babylonia*, Schlüter 1838, *nomen sec.* Rovereto).

Coquille lisse, globuleuse, à ombilic ouvert, ou occlus par la callosité columellaire ; limbe basal ou bourrelet, circonscrit par un
sillon ; columelle arquée, lisse ; échancrure très profonde ; pas de
canal ; labre lisse, oblique.

LATRUNCULUS, *sensu stricto.*   Type : *Eburna spirata,* Lamk. Viv.

Test solide. Taille au-dessus de la moyenne ; forme globuleuse, ou
ovale-oblongue.; spire médiocrement allongée, à galbe généralement
conoïdal, parfois extraconique au sommet, chez les jeunes individus ;
protoconque en calotte, lisse, à tours convexes, étroits, et à nucléus
peu saillant; tours plus ou moins convexes, entièrement lisses, à
sutures profondément canaliculées ; dernier tour ventru, arrondi à
la base, qui n'est pas excavée, et qui est simplement séparée par une
rainure d'un gros bourrelet spiral correspondant aux accroissements
de l'échancrure ; ombilic ouvert, duquel sort à droite un limbe à
accroissements obliques, tordu en avant, comme une fausse columelle, tandis que la paroi opposée, à gauche de l'ombilic, est ver-

nissée comme le bord columellaire. Ouverture largement ovale, avec une gouttière bien marquée dans l'angle inférieur, sans canal antérieur, et entaillée à la base par une échancrure extrêmement profonde, entre le bec de la columelle et l'angle antérieur du labre, qui est mince, très oblique, un peu sinueux, lisse à l'intérieur, antécurrent au fond de la rampe suturale ; columelle arquée, dépourvue de plis ou de rides, à peine tordue en avant, se terminant par un bec effilé, à l'origine de l'échancrure basale ; bord columellaire large et calleux en arrière, où il porte une lamelle pariétale, s'enfonçant en spirale et limitant la gouttière, tapissant la paroi gauche de l'ombilic, du côté antérieur.

Diagnose complétée d'après l'espèce-type, et d'après un plésiotype de l'Oligocène de San Gonini (Pl. VIII, fig. 18), confondu à tort avec *Eburna Caronis* Brongn., ma coll. Reproduction de la figure d'un autre plésiotype du Tongrien de la Ligurie : *Eburna apenninica* Bell. (Fig. 50), d'après Bellardi.

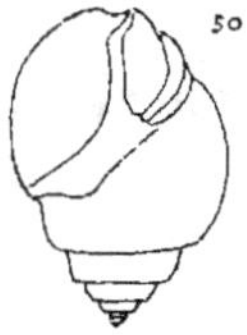

Fig. 50. — *Latrunculus apenninicus,* Bell.

Observ. — Voici, à peu près textuellement, ce qu'a écrit, avec beaucoup de raison, M. Rovereto [Moll. foss. tongr. 1900, p. 168], au sujet de la dénomination définitive de ce Genre contesté : « Comme l'a fait remarquer Deshayes, dans » l'édition de Lamarck, ce dernier auteur a établi, en 1801, un grand Genre » *Eburna*, qui ne comportait exclusivement que des Ancillaires ; ce n'est qu'en » 1822 que Lamarck y classa aussi des coquilles bucciniformes, du groupe » d'*E. spirata*. Tous les auteurs qui ont suivi (Kiener, les frères Adams, So- » werby, Chenu, Deshayes lui-même) ont conservé, à tort, le nom *Eburna* pour » la forme buccinoïde, à l'exclusion des Ancillaires. Fischer, voulant corriger » cette erreur, a repris, pour *E. spirata*, le nom *Dipsaccus* Klein (1753), déjà » rejeté par Deshayes dans son Encyclopédie, parce qu'il comprenait à la fois des » Ancillaridés et des Buccinidés, exactement comme le Genre de Lamarck » (1882) ; comme les frères Adams ont précisément retenu *Dipsaccus* pour les » formes ancillaroïdes, il n'est pas possible de l'appliquer aux formes ébur- » noïdes. »

Cela posé, M. Rovereto, éliminant *Babylonia* qui n'est qu'une dénomination sans diagnose, propose d'adopter *Latrunculus* Gray, qui a pour type *Eburna spirata*. Quoique je n'aie pu vérifier ce dernier point, je me rallie à cette opinion, tout à fait conforme aux règles de la Nomenclature ; de plus, à l'exemple de M. Rovereto, je restreins *Latrunculus* aux formes ombiliquées, à sutures lar-

gement canaliculées, portant un bourrelet basal bien limité, distinct du limbe
qui sort de l'ombilic et qui est formé par les accroissements du bec de droite de
l'échancrure. Ce faciès tout à fait particulier me dispense, d'ailleurs, de comparer *Latrunculus* aux coquilles des Sous-Familles précédentes : il n'y a aucune
hésitation possible, quant à la séparation de ces formes.

Répart. stratigr.
> OLIGOCENE. — Une espèce dans le Tongrien de la Ligurie : *Eburna apenninica*
> Bellardi, d'après la Monographie de cet auteur ; la même probablement,
> dans le Vicentin, ma coll.
> PLIOCENE. — Trois espèces daus les couches récentes de Java : *Eburna cana-
> liculata*, Schum., *Dipsaccus pangkaensis* et *gracilis* Martin, d'après la Mo-
> nographie de cet auteur.
> EPOQUE ACTUELLE. — Plusieurs espèces dans les mers de Chine et l'Océan
> Indien, d'après Fischer et Tryon.

PERIDIPSACCUS, Rovereto, 1900. Type: *Eburna Molliana*, Chemn. Viv.

Taille moyenne ; forme ovoïdo-ventrue ; spire naticoïde, à galbe
conoïdal ; tours convexes, lisses, croissant rapidement, séparés par
des sutures simplement rainurées, sans rampe spirale ; dernier tour
ovale, à base déclive et un peu convexe, jusqu'au sillon qui limite un
bourrelet plat, séparé par une rainure d'un large limbe obliquement
plissé ; région ombilicale, d'où sort le limbe, à peu près complètement recouverte par la callosité du bord columellaire, qui est parfois
déprimé contre la columelle, de sorte qu'il semble y avoir un faux
ombilic imperforé, et creusé dans le vernis. Ouverture grande,
ovale, avec une profonde gouttière postérieure, un peu contractée et
profondément échancrée sans canal, du côté antérieur ; labre peu
épais, assez oblique et sinueux, peu antécurrent vers la rainure suturale, lisse à l'intérieur ; columelle arquée en arrière, dépourvue de
plis, mais tordue légèrement et amincie à son extrémité antérieure,
où elle forme un bec saillant ; bord columellaire très calleux sur la
région pariétale, avec une callosité spirale, s'étalant en avant sur la
régiom ombilicale, et souvent creusé par un faux ombilic, qui disparaît au contraire chez d'autres espèces.

Diagnose complétée d'après l'espèce-type, coll. Dautzenberg ; d'après une variété du plésiotype désigné par l'auteur : *Eburna Caronis* Brongn., var. *derivata* Bell., du Tortonien de Monte Gibbio (Pl. VIII, fig. 21), ma coll. ; et d'après une variété de l'espèce-type, dans le Pliocèue de Karikal : *E. valentiniana* Sow. (Pl. VIII, fig. 23), coll. Bonnet.

Rapp. et diff. — M. Rovereto [*Loc. cit.* p. 168] a proposé cette Section pour les espèces de *Latrunculus* à ombilic clos : chez les espèces fossiles du Tertiaire inférieur, la callosité columellaire recouvre, en effet, entièrement la perforation ombilicale ; mais, chez les espèces vivantes, et aussi chez celles du Pliocène de l'Inde, qui s'en rapprochent intimement, la callosité laisse encore une petite fente ouverte entre elle et le limbe, et d'autre part, elle se creuse souvent d'une dépression qui forme une sorte d'ombilic imperforé, exactement comme un linge mouillé, qu'on pose sur un objet concave et qui en épouse partiellement le creux. Toutefois, *Peridipsaccus* se distingue encore de *Latrunculus* par d'autres caractères : le bourrelet basal est plus plat, et il ressemble davantage à un ruban ; la rampe spirale se réduit à une rainure suturale, de sorte que la spire ne semble pas si étagée ; le labre est moins antécurrent vers la suture ; enfin, la lamelle pariétale est remplacée par un bourrelet calleux, souvent peu visible. Aussi ai-je érigé *Peridipsaccus* au rang de Sous-Genre. J'y rapporte une espèce oligocénique que j'avais, à tort, classée dans le Genre *Macron* (Revis. somm. Olig. III, p. 42), qui est bien distinct par ses plis columellaires, ou dans son Sous-Genre *Zemira* qui a l'ombilic ouvert.

Répart. stratig.

OLIGOCENE. — Une espèce du Stampien de Pierrefitte, classée par moi comme *Zemira* : *Buccinum Archambaulti* Stan. Meunier, ma coll. L'espèce signalée par Brongniart dans les calcaires supérieurs du Vicentin : *Eburna Caronis* Br., ma coll. ; la même, dans le Tongrien de la Ligurie, d'après Bellardi et d'après M. Rovereto.

MIOCENE. — Deux espèces dans l'Helvétien et le Tortonien du Piémont : *Buccinum eburnoides* Math., *Eburna derivata* Bellardi, d'après la Monographie de cet auteur. Une espèce dans l'Aquitanien et le Burdigalien du Sud-Ouest de la France : *Eburna Brugadina* Grateloup, d'après l'Atlas de cet auteur ; la même dans le Tortonien du Portugal, et dans l'Helvétien de la Serbie, ma coll., dans le Bassin de Vienne, d'après R. Hœrnes et Auinger.

PLIOCENE. — Plusieurs variétés de l'espèce vivante, ou peut-être espèces distinctes, dans les couches néogéniques de Karikal (Inde française), coll. Bonnet.

EPOQUE ACTUELLE. — L'espèce-type et quelques formes voisines, dans l'Océan indien, d'après le Manuel de Tryon.

*

PSEUDOLIVA, Swainson, 1840.

(= *Gastridium*, G. B. Sow. 1842 ; = *Pseudodactylus*, Hermannsen
1846, *non* Fitz ; = *Sulcobuccinum*, d'Orb. 1850).

Coquille subglobuleuse, profondément échancrée à la base, munie
d'un sillon dorsal, qui aboutit à un denticule saillant sur le contour
du labre ; columelle lisse, calleuse.

PSEUDOLIVA, *sensu stricto*.   Type : *Buccinum plumbeum*, Chemn. Viv.

Test épais. Taille moyenne ; forme ovoïde, ventrue, subglobuleuse ;
spire courte, aiguë au sommmet, à galbe plus ou moins extraconique ; protoconque lisse, paucispirée, mammillée, à nucléus subdévié ;
tours parfois costulés, peu convexes, à sutures subcanaliculées ;
dernier tour très grand, ventru, arrondi en arrière, obliquement
atténué à la base, généralement lisse, portant au milieu de la
surface dorsale un profond sillon spiral, qui aboutit à un denticule
sur le contour du labre ; base obliquement déclive, imperforée ou
laissant à peine apercevoir une fente ombilicale sous la callosité du
bord columellaire, avec une petite carène limitant la zone des
accroissements de l'échancrure. Ouverture ovale, anguleuse et canaliculée en arrière, à peu près dépourvue de canal et simplement
entaillée à la base par une très profonde échancrure ; labre mince,
dilaté, convexe, lisse à l'intérieur, avec un petit denticule saillant
vis-à-vis la rainure dorsale, sans sinuosité du côté postérieur ;
columelle lisse, largement excavée au milieu, faiblement contournée
à droite, du côté antérieur ; bord columellaire très calleux, très
large, s'étendant sur la base de l'avant-dernier tour et sur la région
ombilicale.

Diagnose complétéc d'après l'espèce-type, coll. Dautzenberg, et d'après un
plésiotype des sables paléocéniques de Chenay (Marne) : *P. fissurata* Desh.
(Pl. VIII, fig. 22), ma coll.

Rapp. et diff. — On distingue *Pseudoliva*, — et d'ailleurs les *Pseudolivinæ*, — des *Latrunculinæ*, par l'existence d'une rainure dorsale aboutissant à un denticule labial. L'espèce-type n'est pas perforée, et les plésiotypes fossiles ont tous la région ombilicale entièrement recouverte par une épaisse callosité, qui ne présente pas le même aspect que celle de la base de *Peridipsaccus* : on n'y aperçoit pas de limbe, et la surface de ce dépôt calleux est uniformément bombée.

Répart. stratigr.

CRETACE. — Une espèce bien caractérisée dans les couches supérieures de Peterwardein, en Hongrie : *P. Zitteli* Pethö, d'après un échantillon du Musée paléontologique de Munich, communiqué par M. Zittel.

PALEOCENE. — Plusieurs espèces dans le Landénien des environs de Paris : *P. fissurata* et *prima* Desh. ; et dans le Montien d'Obourg ; *P. Elisæ, elongata, canaliculata* Br. et Corn., ma coll. Plusieurs espèces dans le « Midway stage » des Etats-Unis : *P. unicarinata* Aldr., *P. ostrarupis* Harr., *P. scalina* Heilp., d'après les figures publiées par M. Gilbert Harris [Bull. Amer. Pal. III, 1899].

EOCENE. — Une espèce dans les Lignites parisiens : *P. semicostata* Desh., dans le Suessonien et le Parisien : *P. obtusa* Desh., ma coll. Une espèce dans le Texas : *P. fusiformis* Conr., ma coll. ; un fragment douteux dans l'Alabama : *Macron philadelphicus* Gilb. Harr., d'après la figure qui ne représente pas la columelle plissée du Genre *Macron* ; une autre espèce, à sinus labial très visible : *Cominella hatchetigbeensis* Aldr., d'après la figure publiée par M. Gilbert Harris [Bull. Amer. Pal. III, 1899], qui le place dans le Genre *Triumphis*, quoique ce dernier ait un sinus près de la suture, et non pas au milieu du labre.

OLIGOCENE. — Trois espèces dans le Tongrien inférieur de l'Allemagne du Nord : *Purpura nodulosa* Beyr., *Pseudoliva pusilla* Beyr., *P. rudis* von Kœnen, d'après la Monographie de cet auteur.

EPOQUE ACTUELLE. — L'espèce-type sur le littoral atlantique de l'Afrique, d'après le Manuel de Fischer.

BUCCINORBIS, Conrad, 1865. Type : *Pseudoliva vetusta*, Conr. Eoc.

Taille moyenne ; forme globuleuse, subsphéroïdale ; spire excessivement courte, aiguë au sommet, à galbe extraconique ; protoconque paucispirée, lisse, à nucléus dévié et subglobuleux ; tours étroits, sillonnés, à peine convexes, séparés par des sutures canaliculées ; dernier tour arrondi, doliiforme, orné de filets spiraux plus ou moins obsolètes, et d'un sillon basal très profond, qui aboutit au denticule labial ; base convexe, séparée d'un large entonnoir ombilical par la zone des accroissements de l'échancrure, qui est limitée, du côté de l'ombilic, par un angle saillant, du côté de la base, par un bourrelet obsolète. Ouverture amygdaloïde, anguleuse et munie d'une gouttière en arrière, peu atténuée et profondément échancrée en avant ; labre un peu épaissi et lisse à l'intérieur, oblique et muni d'un denticule antérieur, sinueux et subéchancré au-dessus de la suture ; columelle lisse, un peu excavée au milieu, amincie et redressée en avant, où elle se termine par une saillie carénée sur le bord columellaire très calleux et très large en arrière, rétréci au bord de l'entonnoir ombilical, sur la paroi interne duquel il se replie.

Diagnose faite d'après l'espèce-type, de Claiborne ; et d'après une espèce voisine : *Pseudoliva perspectiva*, Conr. (Pl. VIII, fig. 19-20), de l'Eocène supérieur de Jackson, toutes deux de ma coll.

Rapp. et diff. — J'avais d'abord ajouté *Buccinorbis* à la synonymie de *Pseudoliva* ; mais, en examinant le type de ce Genre de Conrad, j'y ai constaté des différences constantes avec *P. plumbea*, qui justifient la création d'une Section distincte : d'abord, l'ombilic largement ouvert, par suite d'une déviation du bord columellaire qui n'a jamais la moindre tendance à le recouvrir ; ensuite, la faible courbure de la columelle en avant ; enfin l'échancrure sinueuse du labre qui, au lieu de se raccorder directement et antécurrent vers la suture, fait invariablement un crochet triangulaire, visible par les accroissements jusque sur l'avant-dernier tour, ce qui prouve bien qu'il ne s'agit pas là d'un fait accidentel. La forme de la coquille et son ornementation, contribuent encore à faciliter la séparation des deux groupes, quoique cependant toutes ces différences n'aient pas une importance sous-générique.

Répart. stratigr.
Sᴇɴᴏɴɪᴇɴ. — Une espèce probable, bien ombiliquée, dans le groupe d'Arrialoor (Inde méridionale) : *Pseudoliva subcostata* Stoliczka, d'après la figure publiée par l'auteur.
Eᴏᴄᴇɴᴇ. — Le type et le plésiotype ci-dessus indiqués, dans le « Lignitic stage », le Claibornien et le Jacksonien des Etats-Unis, ma coll. Deux espèces dans l'Australie du Sud : *Zemira præcursor* et *tessellata* Tate, ma coll.

Eʙᴜʀɴᴏᴘsɪs, Tate, 1888.   Type : *E. aulacœssa,* Tate. Eoc.

Taille moyenne ; forme globuleuse, ventrue ; spire étagée, assez courte, à galbe à peu près conique ; protoconque obtuse, à nucléus globuleux ; tours peu nombreux, étroits, bordés à la suture par un large canal excavé, ornés de cordonnets serrés, arrondis et réguliers ; dernier tour très grand, arrondi au-dessus de la carène qui limite la rampe suturale, déclive à la base, qui est ornée comme la spire, jusqu'à une fente ombilicale, assez étroite, limitée par une côte spirale un peu plus étroite que les autres, et guillochée par les accroissements successifs de l'échancrure. Ouverture ovale, canaliculée en arrière sur la crête qui borde la rampe suturale, étroitement échancrée à la base ; labre mince, crénelé sur son contour ; columelle très arquée, obliquement tronquée contre l'échancrure ; bord columellaire peu épais, peu large, ne recouvrant pas l'ombilic.

Diagnose refaite d'après la figure de l'espèce-type, de Muddy Creek (Victoria).

Rapp. et diff. — Bien que l'auteur n'indique pas s'il existe un sillon dorsal aboutissant à une petite saillie sur le contour du labre, j'estime que ce Sous-Genre se rapproche beaucoup plus de *Buccinorbis* que d'*Eburna*, auquel le compare M. Tate : la disposition de l'ombilic n'a pas d'analogie avec celle de *Latrunculus* (= *Eburna*), et le bord columellaire est beaucoup moins calleux. D'autre part, les sutures sont plus largement et plus profondément canaliculées que chez aucune autre forme de *Pseudoliva* ; c'est évidemment ce qui a surtout influé sur le rapprochement qu'a fait M. Tate ; car l'ornementation de la surface suffisait déjà pour inspirer des doutes, tandis que cette ornementation ressemble, au contraire, beaucoup à celle de *Buccinorbis*. Il serait intéressant de vérifier si, parmi les sillons qui séparent les côtes spirales, il n'en est pas un plus profond sur la base, qui aboutisse à un denticule labial, non conservé peut-être sur l'échantillon-type.

Répart. stratigr.

Eocène. — L'espèce-type dans le « Lower tertiary » d'Australie, d'après la figure et la description publiées par l'auteur [Trans. Roy. Soc. South. Austr. Oct. 1888].

NASSIDÆ

Coquille bucciniforme, plus ou moins échancrée à la base, sans canal ; columelle généralement tordue par un pli antérieur et oblique, parfois non tordue, ou simplement tronquée en deçà de l'échancrure. Opercule corné, petit, subtrigone, unguiculé, à bords souvent irréguliers ou dentés.

Observ. — Comme cette Famille est loin d'être homogène, je suis obligé de la diviser en trois Sous-Familles : 1° *Nassinæ*, Swainson (1840), ne comprenant que des formes caractérisées par leur profonde échancrure basale, par leur ouverture contractée, par leur pli transversal et tordu, par leur columelle excavée ; 2° *Dorsaninæ nobis*, caractérisée par la columelle peu arquée, obliquement tordue, la base étant profondément échancrée ; 3° *Truncariinæ*, *nobis*, pour quelques coquilles dont la columelle est presque droite, et dont la base est tronquée, sans échancrure et sans bourrelet.

Dans ces conditions, on conçoit que la diagnose, qui doit s'appliquer à la fois à un ensemble de coquilles aussi disparates, manque nécessairement de clarté, parce que les termes ne peuvent être que très vagues, accompagnés d'adverbes tels que « plus ou moins », pour éviter toute exclusion absolue ; au contraire, la diagnose de l'animal et celle de son opercule présentent un ensemble de caractères bien définis, qui justifient le rapprochement que les conchyliologues actuels ont fait entre toutes ces formes. En réalité, si le Paléontologiste n'avait pas, comme terme de comparaison, certaines espèces qui sont encore représentées dans les mers actuelles et qui ont bien un animal avec opercule de *Nassa*, il n'aurait aucune raison pour ne pas classer dans les *Buccinidæ* les *Dorsaninæ* et les *Truncariinæ*, dans le voisinage des *Latrunculinæ* ou des *Pseudolivinæ* ; car ces deux Sous-Familles de *Nassidæ* ne possèdent précisément pas le principal caractère qui permet de distinguer les *Nassinæ* des *Buccinidæ* : la contraction de l'ouverture vis-à-vis du pli très transverse par lequel se tord la columelle à son extrémité antérieure. En outre, tandis que les *Nassinæ* n'ont commencé à apparaître qu'à dater de l'époque miocénique, on trouve des *Dorsaninæ* jusque dans le Paléocène, et des *Truncariinæ* dès l'Eocène ; de sorte que, même au point de vue phylogénique, la séparation de la première Sous-Famille paraît également bien tranchée, quand on ne s'attache qu'à l'étude de la coquille.

La Sous-Famille *Nassinæ*, qui est la plus importante des trois, par le nombre et par la variété des espèces, est aussi celle dont l'histoire est la plus ingrate ; hérissée de subdivisions génériques ou sous-génériques, créées par des auteurs qui n'ont eu en vue que la forme et l'ornementation de la spire, elle n'offre au Paléontologiste qu'un terrain d'étude très aride, avec des causes d'hésitation permanentes ; son embarras est extrême quand il s'agit de répartir les fossiles, bien connus sous le nom universel de *Nassa*, entre la multitude des Sections proposées pour les espèces vivantes. J'ai cependant essayé de ramener, en la simplifiant un peu, cette classification à quelques groupes bien définis par des différences appréciables et constantes, soit dans leur ouverture, soit dans leur forme générale ; mais j'avoue que je n'ai pu complètement réussir à utiliser le plus grand nombre de ces Sections, de sorte que j'ai dû laisser en dehors de mes citations stratigraphiques une grande quantité d'espèces fossiles, qui pourraient peut-être se rapporter à celles de ces Sections que j'ai mentionnées comme n'existant que dans les mers actuelles. Cette question n'a d'ailleurs, — il faut bien le reconnaître, — qu'un intérêt médiocre et secondaire, attendu que la plupart des Paléontologistes, et même beaucoup de Conchyliologues, continuent, avec raison selon moi, à dénommer simplement *Nassa* presque toutes les coquilles de la Sous-Famille *Nassinæ*, parce qu'elles ont un aspect de similitude auquel on ne peut se tromper.

Tableau des Genres, Sous-Genres et Sections

*

NASSINÆ (Ouverture contractée, pli fortement tordu).

NASSA (Pli tranchant plus ou moins transversal)	**NASSA** (Columelle lisse)	*Nassa* (Gouttière pariétale non limitée)
	NIOTHA (Plis ou rides accessoires)	*Niotha* (Pas de gouttière)
		Hinia (Pas de pli pariétal)
		Uzita (Pli pariétal)
	(A) Zeuxis (Labre subvariqueux, columelle ridée)	**Zeuxis** (Pli pariétal, spire presque lisse)
		Phrontis (Spire noduleuse)
		Hebra (Spire muriquée)
	HIMA (Bord columellaire peu calleux, ridé)	*Hima* (Pli pariétal)
	AMYCLA (Renflement columellaire axial)	*Amycla* (Pas de pli pariétal)
	TELASCO (Columelle lisse non renflée)	*Telasco* (Pas de pli pariétal)
DESMOULEA (Pli tout à fait transverse)	**DESMOULEA** (Labre variqueux, columelle ridée)	*Desmoulea* (Lamelle pariétale)
ARCULARIA (Pli arqué et redressé)	**ARCULARIA** (Labre très variqueux, bord très calleux)	*Arcularia* (Forme globuleuse, lisse)
		(B) Naytia (Spire étroite, brillante)

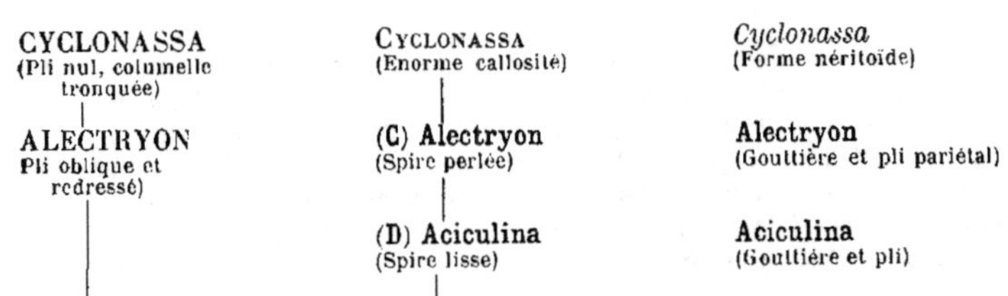

CYCLONASSA (Pli nul, columelle tronquée)	CYCLONASSA (Enorme callosité)	*Cyclonassa* (Forme néritoïde)
ALECTRYON Pli oblique et redressé)	**(C) Alectryon** (Spire perlée)	**Alectryon** (Gouttière et pli pariétal)
	(D) Aciculina (Spire lisse)	**Aciculina** (Gouttière et pli)

*

DORSANINÆ (Columelle peu tordue, limbe basal, large échancrure)

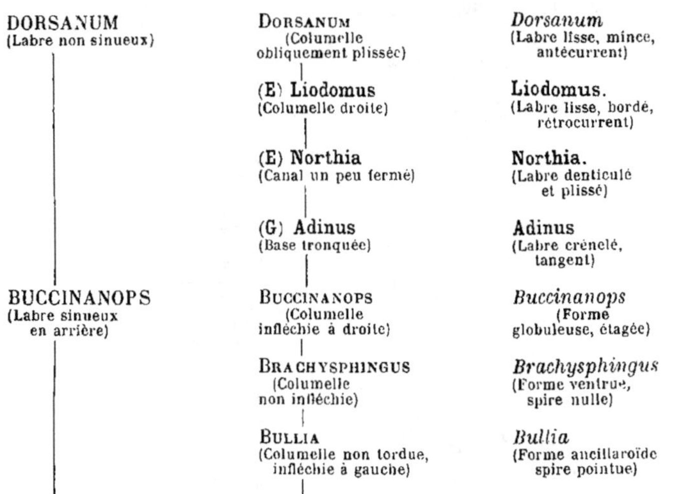

DORSANUM (Labre non sinueux)	DORSANUM (Columelle obliquement plissée)	*Dorsanum* (Labre lisse, mince, antécurrent)
	(E) Liodomus (Columelle droite)	**Liodomus.** (Labre lisse, bordé, rétrocurrent)
	(F) Northia (Canal un peu fermé)	**Northia.** (Labre denticulé et plissé)
	(G) Adinus (Base tronquée)	**Adinus** (Labre crénelé, tangent)
BUCCINANOPS (Labre sinueux en arrière)	BUCCINANOPS (Columelle infléchie à droite)	*Buccinanops* (Forme globuleuse, étagée)
	BRACHYSPHINGUS (Columelle non infléchie)	*Brachysphingus* (Forme ventrue, spire nulle)
	BULLIA (Columelle non tordue, infléchie à gauche)	*Bullia* (Forme ancillaroïde spire pointue)

*

TRUNCARIINÆ (Columelle droite, tronquée).

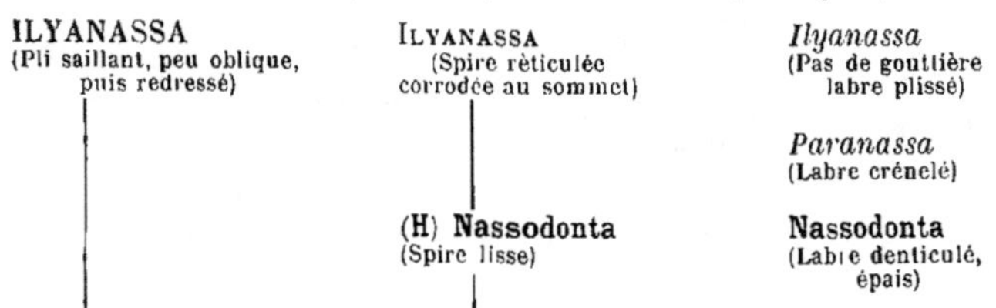

ILYANASSA (Pli saillant, peu oblique, puis redressé)	ILYANASSA (Spire réticulée corrodée au sommet)	*Ilyanassa* (Pas de gouttière labre plissé)
		Paranassa (Labre crénelé)
	(H) Nassodonta (Spire lisse)	**Nassodonta** (Labre denticulé, épais)

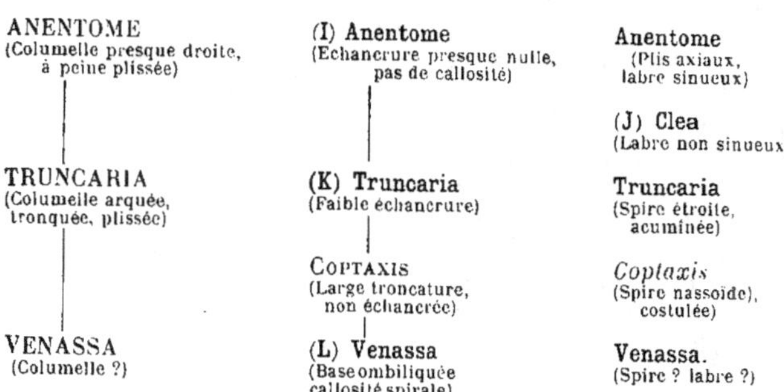

Genres, Sous-Genres et Sections non signalés à l'état fossile.

A. — Zeuxis, H. et A. Adams, 1853. — Néotype : *Buccinum crenulatum*
Brug. (*sec.* Fischer). Tryon cite, comme première espèce, *N. tænia* Gm. ; je
crois cette opinion préférable, attendu que *N. crenulata* Brug. (*non* Reeve) est
une espèce très incertaine qui ne peut être prise pour type d'un Genre bien
défini. On verra ci-après la diagnose de ce Sous-Genre dans la série des formes fossiles, quoique *Zeuxis* n'ait pas encore été trouvé à cet état ; mais les
Sections *Phronlis* et *Hebra*, qui en dépendent, sont représentées dans les terrains tertiaires.

B. — Naytia, H. et A. Adams, 1853. — Type : *Strombus glabratus* Sow.
Coquille conique, brillante et pointue, peu ventrue, qui n'a pas du tout le
galbe d'*Arcularia* ; cependant j'estime que c'est simplement une Section de ce
dernier Genre, attendu que, si la callosité columellaire est beaucoup moins
épaisse, elle n'en couvre pas moins tout le test. Le labre est bordé comme chez
Arcularia ; il y a une étroite gouttière dans l'angle postérieur de l'ouverture.
Les frères Adams ont ultérieurement décrit un *Nassa glabrata* qui, à la rigueur, ne fait pas double emploi avec *Strombus glabratus*, parce que c'est un
Aciculina.

C. — Alectryon, Montfort, 1810. — Type : *Buccinum papillosum* Lin. Je le
conserve comme Genre bien distinct de *Nassa* : outre que l'ornementation a un
aspect granuleux ou perlé, qui ne se rencontre pas chez ce dernier, l'ouverture
n'est pas contractée en avant, et surtout le pli présente une disposition parti-
culière : il se redresse presque dans l'axe, puis il se termine, ainsi que le bord
columellaire, par une troncature accuminée qui se relie au contour de l'échancrure par l'intermédiaire d'une petite dépression sinueuse ; le labre est épais,
non variqueux, faiblement plissé à l'intérieur ; enfin, l'ouverture est munie,
dans l'angle inférieur, d'une gouttière étroite et bien limitée par un renflement pariétal. Je n'ai jamais vu de forme fossile qui puisse être rapprochée
d'*Alectryon* : celles que M. Dall rapporte à ce Genre appartiennent certainement à d'autres groupes.

D. — ACICULINA, H. et A. Adams, 1853. — Néotype : *Nassa vittata* Adams (*sec.* Fischer). Bien que cette coquille ne ressemble guère à *Alectryon*, à cause de sa spire lisse et de sa forme acuminée, je la place comme Sous-Genre de la précédente, à cause de la disposition à peu près pareille de son pli columellaire, qui ne ressemble nullement à celui de *Zeuxis*, auprès duquel Tryon classe *Aciculina* ; en outre, le labre est épais et finement plissé à l'intérieur, comme celui d'*Alectryon*. D'autre part, Tryon cite *N. vittata* comme synonyme de *N. maculata* Ad., et il donne *N. anthracina* Garrett comme premier exemple d'*Aciculina* : c'est une espèce sillonnée qui ne diffère pas génériquement de l'autre. Il n'en est pas moins vrai que l'incertitude, qui règne sur les véritables types des Genres proposés par les frères Adams, contribue encore davantage à rendre très vagues les limites de toutes ces subdivisions.

E. — LIODOMUS, Swainson *em.* 1840 (= *Bulliana*, Gray 1842). — Type : *Buccinum vittatum* Lin. (*fide* H. et A. Adams 1853, *et sec* Fischer). Il n'y a pas de très grandes différences entre ce Sous-Genre et *Dorsanum* : toutefois on remarque que la columelle est moins excavée, que le pli est encore moins oblique c'est-à-dire qu'il se redresse davantage vers l'axe ; le labre, lisse en dedans, est plus épais, souvent même bordé à l'extérieur : l'échancrure est plus large, plus évasée, et — elle aussi — bordée en dehors. La gouttière de l'angle postérieur de l'ouverture est souvent limitée par une callosité pariétale.

F. — NORTHIA, Gray. 1847. — Type : *Buccinum serratum*, Dufresne (= *Bucc. pristis* Desh. ; = *Bucc. Northiæ* Gray). Cette coquille à peu près lisse, à sutures excavées, à galbe élancé, est caractérisée par sa columelle peu arquée, tordue en avant par un pli presque verticalement enroulé. L'ouverture, contractée à son extrémité antérieure, se prolonge par une sorte de canal à demi formé, beaucoup plus que chez *Dorsanum* ; en outre, le labre a le contour denticulé, ou plutôt pectiné très finement par les plis internes. La région pariétale porte une callosité aplatie et bien limitée qui paraît tout à fait isolée du bord columellaire : sur le cou, la carène s'enroule obliquement, et elle aboutit au bord gauche de l'échancrure profondément entaillée. Tryon indique que ce Genre a été rapproché de *Pusionella* et des *Terebridæ* : mais je crois que sa place est plus rationnellement choisie auprès des *Dorsaninæ*.

G. — ADINUS. H. et A. Adams. 1853. — Type : *Bullia truncata*, Reeve. Cette coquille, dont l'habitat n'est pas certain, mais que Tryon attribue à l'Afrique australe, est caractérisée par la troncature complète de l'échancrure basale, qui la rapproche des *Truncariinæ*, par les crénelures internes de son labre, qui s'applique tangentiellement contre l'avant-dernier tour. A part ces différences, elle ressemble beaucoup à *Liodomus*, non seulement par l'aspect de la spire, mais aussi par la callosité pariétale qui contribue à former la gouttière postérieure ; elle a la columelle courte et arquée, comme celle de *Dorsanum*.

H. — NASSODONTA. H. Adams, 1866. — Type : *N. insignis*, H. Adams. Cette coquille ventrue se rapproche d'*Ilyanassa obsoleta* ; mais elle est fluviatile, tandis que l'autre est saumâtre ; elle s'en distingue d'ailleurs par son labre épais, plissé, avec une denticulation en avant. Fischer la place, avec un point de doute, dans le Genre *Canidia* ; je ne puis admettre ce classement, parce que la columelle est excavée et que la base est échancrée. D'autre part, Tryon la ramène dans le Genre *Zeuxis*, ce qui ne me paraît guère plus exact, puisqu'il n'y a pas de torsion columellaire aussi transversale. Je crois plutôt que sa véritable place est comme Sous-Genre d'*Ilyanassa*.

I. — Anentome(1), Cossm. 1901 (= *Canidia*, H. et A. Adams, 1861 ; *non* Thoms. Col. 1857, *nec* Holmgr. Hym. 1860). Néotype : *C. Jullieni*, Desh. (*sec.* Fischer). Coquille fluviatile, absolument différente des *Nassidæ* marins, par sa columelle droite, très obliquement tordue en avant, presque dans l'axe, et par son écancrure nulle ; mais l'animal étant, paraît-il, semblable à celui de *Nassa*, je laisse, d'après Fischer, *Canidia* dans la même Famille, en me bornant à corriger le double emploi de nomenclature qui a échappé aux frères Adams. Tryon en fait un Sous-Genre de *Clea*, et il les place tous les deux dans la Famille *Buccinidæ*, auprès de *Cominella* ; je préfère l'opinion de Fischer, même au point de vue conchyliologique, attendu que j'ai vérifié sur mon échantillon que *Canidia Helena* (qui est tout-à-fait voisin de *C. Jullieni*) a une ouverture analogue à celle de *Truncaria*, que Tryon lui-même classe dans la Famille *Nassidæ*.

J. — Clea, A. Adams, 1855. — Type: *C. nigricans*, A. Adams. Cette espèce est le seul représentant de *Clea*, que Fischer indique comme Sous-Genre de *Canidia*, et qui en diffère par sa forme plus ventrue, par l'absence d'ornementation, et par son labre vertical, non sineux en avant. Cette coquille a d'abord été classée dans les *Melaniidæ*, à cause de son habitat et de sa couleur brune, et on l'approchée de *Semisinus* ; Tryon l'a ramenée dans les *Buccinidæ*, et je suis l'exemple de Fischer, en la plaçant dans les *Nassidæ*.

K. — Truncaria, Adams et Reeve, 1848. — Type : *T. filosa*, Ad. et Reeve. Ce Genre n'est représenté, à l'état fossile, que par une forme éocénique, que j'en sépare comme Sous-Genre ; il se distingue de *Nassa* par sa columelle droite, tordue en avant, et tronquée plus bas que l'extrémité du bord opposé ; le labre est amplement dilaté en avant, et dépasse l'échancrure basale, de sorte que l'ouverture n'est nullement contractée comme chez les *Nassinæ* ; la forme est étroite, acuminée, le test est épais, les sutures sont canaliculées ; enfin l'ouverture est échancrée en arrière par une étroite gouttière. Ces derniers caractères, distinguent suffisamment *Truncaria* d'*Anentome*, dont la columelle est semblable et qui a aussi la base peu échancrée sur le cou.

L. — Venassa, von Martens, 1881. — Type : *Nassa pulvinaris*, v. Martens. Je n'ai aucun renseignement sur cette coquille de l'île Timor. Fischer et Tryon se bornent à mentionner que la base est aplatie, ombiliquée, munie d'une forte callosité spirale. Je ne connais pas de figure qui puisse me fixer sur la forme de la columelle, de l'échancrure, etc...

---

(1) **A privatif** ; εντομη. entaille : soit, pas d'échancrure.

Genre à éliminer de la Famille.

MOLOPOPHORUS, Gabb, 1879. — Type : *Bullia striata*, Gabb. Paléocène ou Danien (Groupe « Téjon » en Californie). Cette coquille a complètement l'aspect de *Cominella*, et je ne puis me décider à le placer auprès de *Bullia*, — dont elle serait un Sous-Genre, d'après Gabb, — attendu que sa columelle est franchement plissée, exactement comme cela a lieu chez *Cominella* ; en outre, son labre est appliqué tangentiellement et déprimé au-dessus de la suture. Toutefois, comme je ne puis juger de cette similitude que d'après une figure dont l'exactitude n'est pas garantie, je me borne à indiquer le rapprochement en attendant des matériaux plus certains.

*

NASSA, Lamarck, 1799.

Coquille ovale, bucciniforme ; ouverture assez large, contractée en avant, sans canal, profondément échancrée à la base, avec un gros bourrelet dorsal ; columelle tordue et carénée par un pli antérieur, obliquement transversal.

NASSA, *sensu stricto*.   Type : *Buccinum mutabile*, Lin. Viv.
(= *Nassacites*, Krüger ; = *Nassina*, Gray 1847 *ex parte* ;
= *Nasseburna*, de Greg. 1890.)

Test peu épais. Taille moyenne ; forme ovale, plus ou moins ventrue ; spire médiocrement allongée, pointue au sommet, à galbe conique ou légèrement conoïdal ; protoconque lisse, paucispirée, subglobuleuse, à nucléus un peu dévié ; tours convexes, subétagés à la suture, souvent lisses ou faiblement sillonnés ; dernier tour grand, ovale, arrondi à la base qui est toujours sillonnée, imperforée, bien isolée du bourrelet subanguleux formé par les accroissements de l'échancrure. Ouverture ovale, assez courte, avec une étroite gouttière dans l'angle inférieur, complètement dépourvue de canal en avant, simplement tronquée par une large et très profonde échancrure, permettant d'apercevoir verticalement l'intérieur de la coquille dans l'axe ; labre assez oblique, incliné à gauche de l'axe, du côté antérieur, épaissi, non variqueux, mais plissé par les accroissements loin de son contour, sillonné ou denticulé à l'intérieur, antécurrent vers la suture ; columelle excavée en arc jusqu'à la torsion antérieure, où elle s'infléchit transversalement, en formant un pli caréné qui contourne l'échancrure et qui se termine par une petite saillie, un peu plus bas que l'extrémité du bord opposé ; callosité columellaire largement étalée en arrière sur la région ventrale, plus étroite et subdétachée sur la région ombilicale.

Diagnose complétée d'après l'espèce-type, échantillons vivants et individus fossiles de l'Astien de Cannes (Pl. X, fig. 1-2), ma coll. Protoconque grossie de la même espèce (Fig. 51).

Fig. 51. — *Nassa mutabilis*, Lin.

Observ. — A l'exception d'Hermannsen qui cite *Bucc. arcularia* Lin., tous les auteurs ont admis *Bucc. mutabile* Lin, comme type de *Nassa* ; d'ailleurs, *N. arcularia* me paraît génériquement voisin de *N. gibbosula*, qui est le type du Genre *Eione* Risso (= *Arcularia* Link, comme on le verra ci-après). En admettant donc que Lamarck ait eu en vue ces deux espèces, quand il a créé le Genre *Nassa*, l'une d'elles ayant été démembrée pour faire partie d'un autre Genre, c'est évidemment *N. mutabilis* qui subsiste comme type. Il est vrai que cette espèce n'est précisément pas ornée comme le sont la plupart des formes de *Nassinæ*, séparées dans d'autres Sections, et dont la surface cancellée ressemble plutôt à une « nasse de pêcheur » ; mais ce motif étymologique ne doit avoir aucune influence sur la stricte application des règles de la nomenclature. *Nassacites* n'est autre chose que *Nassa* avec une désinence différente ; quant à *Nasseburna*, M. de Gregorio a proposé ce nom pour des espèces du type de *N. mutabilis*, il est donc complètement synonyme de *Nassa*.

Répart stratig.

ÉOCENE. — Une espèce douteuse dans l'Alabama : N. *Calli* Aldr., d'après M. de Gregorio.

MIOCENE. — Une espèce dans le Tortonien des Landes : *Bucc. ventricosum* Grat. ma coll. Plusieurs espèces dans l'Helvétien et le Tortonien du Piémont : *N. inconstans, consimilis, dubia, præcedens, crassilabris* Bell., *N. tornata* Doderl., *N. agatensis* Bellardi, d'après la Monographie de cet auteur.

PLIOCENE. — Plusieurs espèces dans le Plaisancien et l'Astien du Piémont et de l'Italie centrale : *Bucc. mutabile* Lin.; *obliquatum* Br., *B. Bonellii*

Sism., *N. pulchra* d'Anc,, ma coll. L'espèce-type est une variété : *N. Companyoi* Font., dans les environs de Perpignan, d'après Fontannes.

EPOQUE ACTUELLE. — Espèces peu nombreuses dans les mers d'Europe, dans l'Océan Indien et les mers de Chine, d'après le Manuel de Tryon.

NIOTHA, H. et A. Adams, 1853.   Type : *N. Cumingi*, A. Adams. Viv.

Taille un peu au-dessus de la moyenne; forme globuleuse, ventrue, spire peu allongée, à galbe conique ; protoconque petite, paucispirée, à nucléus saillant et à peine dévié; tours élégamment cancellés par des costules obliques, nombreuses, et par des cordons serrés qui y produisent des crénelures ; sutures profondes et parfois rainurées ; dernier tour grand, arrondi à la base, qui est ornée comme la spire et qui est séparée, par une dépression assez profonde, du cou très court et garni d'un bourrelet très saillant, aboutissant à l'échancrure antérieure. Ouverture subquadrangulaire, large, courte, sans gouttière dans l'angle inférieur, échancrée en avant par une large entaille versante ; labre non variqueux, oblique, épaissi et longuement plissé à l'intérieur ; columelle peu arquée, faisant un angle très ouvert avec la base de l'avant-dernier tour, tordue en avant par un pli presque transversal qui se prolonge assez loin sur le bord de l'échancrure ; au-dessous de ce pli, existent une rainure et quelques plis accessoires, très obsolètes ou même parfois effacés ; lamelle pariétale en arrière du bord columellaire, qui est un peu étalé, assez mince, presque détaché du bourrelet antérieur, avec une petite sinuosité vis-à-vis du pli tordu de la columelle.

Diagnose faite d'après une espèce actuelle voisine du type (*N. albescens* Dunk.), et d'après un plésiotype du Plaisancien de Bologne : *Buccinum clathratum* Born. (Pl. IX, fig. 3), ma coll.

Rapp. et diff. — On peut, à la rigueur, admettre ce Sous-Genre, et le distinguer de *Nassa s. s.* par la disposition de sa columelle moins arquée, munie de plis supplémentaires, et par l'inclinaison plus transversale du pli supplémentaire, qui se prolonge davantage sur le contour de l'échancrure basale; celle-ci est plus versante et se redresse comme un faux canal; enfin il n'y a pas de gouttière dans l'angle inférieur de l'ouverture, mais la région pariétale porte une lamelle bien différente de l'épaississement qu'on observe chez *N. mutabilis*. Si l'on compare *Niotha* avec *Alectryon*, on remarque qu'outre l'ornementation différente (cancellée au lieu de granuleuse ou perlée), le pli antérieur est plus oblique, non redressé, et qu'il existe des plis inférieurs, dont on ne constate pas l'existence chez *Alectryon*; enfin il n'y a pas, chez *Niotha*, la gouttière postérieure qui existe chez *Alectryon*.

Répart. stratigr.

MIOCENE. — Une espèce dans le Tortonien du Piémont : *N. Emiliana* Mayer, d'après Bellardi.

PLIOCENE. — L'espèce plésiotype ci-dessus figurée, dans le Plaisancien de l'Italie centrale et dans l'Astien des Alpes-Maritimes, ma coll. Une espèce distincte dans le Plaisancien de Biot: *N. bisotensis* Depontaillier, ma coll. (*ex typo*). L'espèce miocénique dans le Messinien d'Italie. *N. Emiliana*, ma coll. Autres espèces dans le Plaisancien et dans l'Astien du Piémont : *N. Cantrainei* Bell., *N. scalaris* Borson, *N. interdentata* Bon., *N. Ligustica*, *scalarata* Bell., *N. craticulata* Foresti, d'après les figures.

PLEISTOCENE. — Une espèce dans les couches récentes de la Sicile : *N. ficarattiensis* Monterosato, ma coll.

ÉPOQUE ACTUELLE. — Un certain nombre d'espèces dans l'Océan indien et dans la Polynésie, d'après le Manuel de Tryon.

HINIA, Leach *in* Gray, 1847. Type : *Bucc. reticulatum*, Lin. Viv.

Taille moyenne ; forme ovale, peu ventrue ; spire un peu allongée, à galbe conique ou subconoïdal ; protoconque lisse, polygyrée, conoïdale ; tours peu convexes, élégamment cancellés par des côtes axiales presque droites et par des sillons spiraux et réguliers ; dernier tour médiocrement élevé, ovale à la base, sur laquelle l'ornementation se prolonge jusqu'à une rainure assez profonde, isolant le cou qui est très court, gonflé par un bourrelet obsolète et longitudinalement liré. Ouverture ovale, courte, avec une étroite gouttière en arrière, échancrée en avant par une entaille circulaire et versante, permettant d'apercevoir l'enroulement interne de la columelle ; labre épais, un peu oblique, portant à l'intérieur, à quelque distance du contour, une costule axiale, munie de denticules courts et saillants ; columelle très arquée en arrière, droite au milieu, et tronquée en avant par un pli saillant et transversal, au-dessous duquel il y a simplement des

rides dentiformes, plus ou moins visibles selon les individus ; bord
columellaire mince et étalé en arrière, plus calleux et mieux limité
du côté antérieur.

Diagnose faite d'après des échantillons de l'espèce-type, de la Manche, et
de l'Astien de Cannes (Pl. IX, fig. 8), ma coll.

Rapp. et diff. — Cette Section est très voisine de *Niotha* : on ne l'en distingue que par l'absence d'une lamelle pariétale, à la partie inférieure du bord
columellaire, et par sa forme moins globuleuse, en général ; en outre, le pli
tordu et transversal de la columelle est parfois bifide ou dédoublé, tandis que
les plis accessoires sont à peine visibles, ou se réduisent à des rides sur la face
du bord columellaire, sans prolongement spiral à l'intérieur de l'ouverture ;
enfin le labre est denticulé à l'intérieur, tandis qu'il est plissé chez *Niotha*.

Répart. stratigr.
  Miocene. — Quelques espèces dans l'Helvétien et le Tortonien du Piémont :
    N. flexicostata, crebrisulcata, confundenda, consobrina Bellardi, d'après cet
    auteur.
  Pliocene. — L'espèce-type dans l'Astien des Alpes-Maritimes, dans le Mes-
    sinien de Vaucluse, dans le Plaisancien de l'Italie centrale, ma coll. ; dans
    le Piémont, d'après Bellardi ; une espèce voisine du type, dans les Alpes-
    Maritimes (ma coll.), et dans toute l'Italie, d'après Bellardi et Foresti :
    Buccinum musivum Br. Plusieurs espèces dans le Piémont : *N. recticostata,
    atava, corrugata, antiqua* Bellardi, d'après la Monographie de cet auteur.
    Une espèce dans les couches néogéniques de Java : *N. Verbeeki* Martin,
    d'après cet auteur.
  Époque actuelle. — L'espèce-type dans les mers d'Europe, ma coll. ; une
    autre espèce sur la côte Atlantique de l'Amérique du Nord, d'après le
    Manuel de Tryon.

Uzita, H. et A. Adams, 1853.   Type : *Buccinum migum*, Brug. Viv.
  (= *Cæsia*, H. et A. Ad. 1853 ; = *Tritia*, Risso 1825, *sec.* Tryon ;
    = *Schizopyga*, Conr. 1856 ; = *Zaphon*, H. et A. Ad. 1853.)

Taille moyenne ; forme ovo-conique ; spire longue, pointue, à
galbe conique ; protoconque lisse, paucispirée, formant un bouton
conoïdal, à nucléus obtus et peu saillant ; tours convexes, fortement
costulés, avec des cordons spiraux séparés par d'étroites rainures ;
sutures profondes, crénelées, parfois subcanaliculées ; dernier tour

assez court, arrondi à la base qui est ornée comme la spire, jusqu'à la rainure profonde qui isole le cou court et gonflé, muni en arrière d'une carène tranchante au bord de la rainure. Ouverture courte, presque circulaire, avec une gouttière postérieure, contractée en avant, à l'origine de l'échancrure qui est étroite, peu versante, très profondément entaillée, et bordée ; labre peu oblique, épais, plissé à l'intérieur ; columelle excavée en arrière, droite en avant, transversalement tronquée par un pli tranchant, au-dessus duquel il y a des rides plus ou moins saillantes, avec un pli pariétal limitant la gouttière postérieure : bord columellaire calleux, étroit, détaché de la région ombilicale.

> Diagnose faite d'après l'espèce-type (ma coll.), et d'après un plésiotype du Plaisancien de Castell'arquato : *Buccinum prismaticum* Br. (Pl. IX, fig. 4-5), ma coll.

Observ. — En présence de l'excessive multiplicité des Sections proposées dans le Genre *Nassa*, et de l'impossibilité de définir les caractères distinctifs de la plupart de ces formes, je suis obligé de réunir ici un certain nombre d'entre elles, et de les désigner sous le nom générique de l'espèce vivante qui se rapproche le plus du fossile que j'y rapporte ; or, *Buccinum migum* (type d'*Uzita*) étant, en quelque sorte, la réduction actuelle de *Buccinum prismaticum*, j'ai adopté *Uzita* de préférence à *Cæsia*, qui n'a pas d'analogie aussi grande avec cette espèce fossile. D'autre part, je n'ai pas suivi l'exemple de Tryon qui a repris le nom antérieur *Tritia* Risso, parce que, d'après le témoignage de Hermannsen, cette dénomination est synonyme de *Planaxis* ; c'est-à-dire qu'il y a incertitude sur la forme que Risso avait en vue, et dans ces conditions, il est préférable d'adopter un nom postérieur, mais mieux défini.

Le Genre *Zaphon* a pour type *Nassa elegans* Reeve (*non* Sow.), c'est-à-dire presque spécifiquement l'équivalent de *Nassa fossata*, dont *Cæsia perpinguis* ne serait que le jeune âge, d'après Tryon, qui cite *N. fossata* comme première espèce de *Tritia* (= *Uzita*) ; toutefois l'ornementation de ces trois espèces est subgranuleuse, et diffère certainement de celle d'*Uzita miga*, de sorte qu'il serait possible de conserver *Cæsia* (= *Zaphon*) comme Section de *Niotha*, distincte d'*Uzita*. Je n'approfondis pas cette question qui intéresse plutôt les conchyliologistes, attendu que je ne connais pas de forme fossile qui puisse exactement se rapporter à *Zaphon elegans* ou à *Cæsia perpinguis*, tandis qu'au contraire, j'ai la certitude que *Buccinum prismaticum* est bien l'ancêtre fossile d'*Uzita miga*.

Quant au Genre *Schizopyga* Conrad, Tryon en figure le type : *S. californica*

Conr., espèce miocénique qui, d'après lui, serait l'équivalent complet de *Cæsia perpinguis* Hinds. Je n'ai pas les éléments d'appréciation nécessaires pour trancher cette question.

Répart. stratigr.

MIOCENE. — Une espèce dans l'Helvétien de la Touraine et de la Vienne, dans le Burdigalien des Landes et dans l'Helvétien du Piémont : *Buccinum flexuosum* Grat. (= *N. intercisa* Géné), ma coll. Une espèce dans le Tortonien de l'Italie centrale : *N. Brugnonii* Bell., ma coll. Plusieurs espèces dans l'Helvétien du Piémont. *N. omissa, augusta, Woodi* Bellardi, d'après là Monographie de cet auteur. Une espèce en Californie : *Schizopyga californica* Conrad, d'après la figure du Manuel de Tryon.

PLIOCENE. — L'espèce plésiotype ci-dessus figurée, dans le Messinien de Vaucluse, dans le Plaisancien des Alpes-Maritimes et de l'Italie, ma coll., dans le Crag de Suffolk, d'après S. Wood. Une espèce voisine dans le Roussillon et le Vaucluse, rapportée à *N. limata* Chenu., ma coll. Une espèce du même groupe dans le Crag de Suffolk et de Belgique : *N. reticosa* Sow., ma coll.

EPOQUE ACTUELLE. — Quelques espèces sur les côtes d'Amérique et d'Afrique, d'après le Manuel de Tryon.

ZEUXIS, H. et A. Adams, 1853. Néotype : *Buccinum tænia* Gmelin. Viv.

Taille assez grande ; pli columellaire caréné ; labre variqueux ; bord columellaire calleux et ridé ; lamelle pariétale.

PHRONTIS, H. et A. Adams, 1853. Néotype : *Nassa tiarula*, Kiener. Viv.

Taille au-dessous de la moyenne ; forme ventrue ; spire peu allongée, étagée et subnoduleuse, à galbe régulièrement conique ; protoconque lisse, paucispirée, subglobuleuse, à nucléus en calotte déprimée ; tours convexes, subétagés, à sutures peu profondes, ornés de côtes ou de nodosités généralement recoupées par une rainure spirale au-dessus de la suture ; dernier tour grand, arrondi à la base, sur laquelle se prolongent les côtes et reparaissent les sillons, jusqu'à la rainure qui sépare le bourrelet existant sur le cou, très gonflé, simplement strié dans le sens longitudinal. Ouverture petite, subtrapézoïdale, avec une petite gouttière dans l'angle inférieur, contractée en avant et très profondément échancrée sur le cou ; labre variqueux, oblique, épaissi et crénelé à l'intérieur, portant un denticule antérieur qui contribue, avec le pli columellaire situé en face à contracter l'ouverture ; columelle régulièrement arquée, munie en avant d'un pli tout à fait transversal, mince et saillant, qui fait un angle presque droit avec le bord de l'échancrure ; bord columellaire calleux, ridé, muni d'une lamelle pariétale plus ou moins visible, qui limite la gouttière postérieure, et qui se raccorde autour de celle-ci avec le bourrelet du labre.

Diagnose faite d'après la figure de l'espèce-type, et d'après un plésiotype du Burdigalien de la Gironde : *Nassa Basteroti* Micht[l]. (Pl. IX, fig. 15-16), ma coll.

Rapp. et diff. — Bien qu'il n'y ait pas de différences très importantes entre *Phrontis* et *Zeuxis*, je l'admets comme Section distincte, surtout à cause de son galbe ventru et noduleux ; le pli columellaire ne se raccorde pas, comme chez *Nassa*, avec le contour de l'échancrure, mais il forme une ligne brisée et anguleuse, presque à 90° ; cette disposition se retrouve aussi chez *N. tænia*, que Tryon cite comme type de *Zeuxis*, mais dont la spire est plus régulière et plus allongée.

Répart. stratigr.

Mɪᴏᴄᴇɴᴇ. — L'espèce plésiotype ci-dessus figurée, dans l'Aquitaine, ma coll. ; dans l'Helvétien du Piémont, d'après Bellardi ; quelques autres espèces dans divers gisements de l'Italie : *N. senilis* Doderl., ma coll., *N. Bowerbanki* Mich[u]., *N. turgidula* Bellardi, d'après cet auteur. Une espèce voisine, dans le Bassin de Vienne : *N. vindobonensis* Partsch, ma coll. ; deux autres espèces presque lisses, dans les mêmes gisements. *Buccinum Schönni* et *Telleri* Hœrnes et Auinger, d'après les figures de la Monographie de ces auteurs.

Pʟɪᴏᴄᴇɴᴇ. — Une espèce caractéristique, dans le Sarmatien de la Russie et dans le Messinien de l'Italie centrale : *N. tumida* Eichw., ma coll. Une espèce voisine, dans le Plaisancien de la Toscane et dans le Messinien de Vaucluse : *N. bufo* Doderl., ma coll., avec une autre dans ce dernier gisement : *N. bollenensis* Tourn., ma coll. Une espèce dans les couches néogéniques de Java : *N. Sondiana* Martin, d'après la Monographie de cet auteur.

Eᴘᴏᴏ̨ᴜᴇ ᴀᴄᴛᴜᴇʟʟᴇ. — Quelques espèces aux îles Philippines, à Panama, et sur la côte Ouest d'Afrique, d'après le Manuel de Troyon.

HEBRA, H. et A. Adams, 1853. Type : *Nassa muricata*, Quoy et G. Viv.

Taille au-dessous de la moyenne ; forme plus ou moins ventrue ; spire plus ou moins allongée, à galbe conique ; protoconque lisse, paucispirée, conoïdale, à nucléus obtus ; tours convexes, à sutures peu profondes, ornés de costules axiales et de cordons spiraux, dont l'intersection produit des granulations souvent épineuses ; dernier tour grand, arrondi à la base, sur laquelle se prolonge l'ornementation, et qui est séparée, par une profonde rainure, d'un gros bourrelet simplement sillonné dans le sens longitudinal. Ouverture petite, arrondie, munie en arrière d'une étroite gouttière, très contractée en avant, profondément échancrée sur le cou ; labre oblique, extérieurement bordé par une varice saillante, intérieurement crénelé ; columelle peu excavée, faisant un angle arrondi avec la base de l'avant-dernier tour, tordue en avant, presque sans pli caréné, et faisant un angle brisé avec le contour de l'échancrure ; bord columellaire souvent très calleux, muni de deux ou trois rides divergentes au milieu, et d'une ride pariétale mince.

Diagnose refaite d'après un échantillon de l'espèce-type, ma coll. ; et d'après un plésiotype du Pliocène de Karikal : *Zeuxis Bonneti*, *nov. sp.* (Pl. XI, fig. 18-19), coll. Bonnet.

Rapp. et diff. — Outre que cette Section diffère de *Phrontis* par son ornementation muriquée, — ce qui est rare chez les *Nassidæ*, — la saillie de la torsion antérieure de la columelle disparaît presque complètement ; mais elle se rattache encore à *Zeuxis* par son bourrelet au labre, et par l'angle que fait la columelle avec le contour antérieur. Notre plésiotype fossile n'a pas l'ornementation aussi muriquée que le type vivant ; il ressemble plutôt, à ce point de vue, à un *Cancellaria* ou à un *Lampusia* ; mais Tryon a classé, dans la Section *Hebra*, deux espèces (*N. echinata* Ad. et *N. nodulifera* Phil.), qu'il considère comme des monstruosités scalariformes de *N. muricata*, et dont l'ornementation, ainsi que l'aspect général, se rapprochent beaucoup de notre nouvelle espèce.

Répart. stratigr.

PLIOCENE, — L'espèce plésiotype ci-dessus figurée, dans les couches néogéniques de Karikal, coll. Bonnet, ma coll.

EPOQUE ACTUELLE. — Quatre espèces dans l'Océan indien et aux Iles Philippines, d'après le Manuel de Tryon.

Hima, H. et A. Adams, 1853.   Type : *N. incrassata*, Muller. Viv.

Taille au-dessous de la moyenne; forme et ornementation de *Niotha*; protoconque lisse, conoïdale, polygyrée, à nucléus petit et déprimé; tours un peu convexes, à sutures peu profondes ; dernier tour ovale, arrondi à la base qui n'est séparée que par une profonde rainure du cou peu gonflé, muni de funicules obliques, mais dépourvu de carène. Ouverture petite, arrondie, avec une étroite gouttière dans l'angle inférieur, contractée à la naissance de l'échancrure, qui est profonde et versante ; labre à peine oblique, bordé d'une épaisse et large varice externe, plissé à l'intérieur ; columelle excavée, tordue en avant par un pli presque transversal, mince et caréné, au-dessous duquel il existe généralement deux rides obtuses ; pli pariétal limitant la gouttière ; bord columellaire assez mince, peu étalé. bien appliqué en avant.

Diagnose faite d'après l'espèce-type, échantillons actuels, et fossiles de l'Astien de Cannes (Pl. IX, fig. 6-7), ma coll.

Rapp. et difl. — C'est principalement par l'épaississement du labre, qui est variqueux à l'extérieur, qu'on peut distinguer ce Sous-Genre des formes dépendant du Sous-Genre *Niotha*, dont la columelle est également ridée, et qui ont, pour la plupart, un pli pariétal ; toutefois, la protoconque a le nucléus beaucoup plus déprimé qu'il ne l'est, en particulier, chez *Uzita*, dont la forme et l'ornementation se rapprochent le plus de celles de *Hima*. Quoi qu'il en soit, je répète encore, à cette occasion, que toutes ces trop nombreuses divisions ne sont guère séparées les unes des autres que par des caractères très artificiels; Fischer a placé *Hima* comme Section de *Zeuxis*; dans mon tableau de classification, j'avais d'abord placé ces deux formes sur le même rang ; puis, j'ai admis la première comme Sous-Genre de la seconde, parce que cet arrangement m'a paru plus satisfaisant ; mais c'est une pure question d'appréciation.

Répart. stratigr.
Eocene. — Une espèce d'Australie : *N. Tatei* T. Woods, ma coll.
Miocene. — Plusieurs espèces dans le Tortonien du Piémont : *N. similis, Mortilleti* Bell., *N. serraticosta* Bronn, *N. cavata, Fischeri, textilis* Bellardi, d'après cet auteur.
Pliocene. — L'espèce-type dans l'Astien des Alpes-Maritimes, dans le Messi-

nien de Vaucluse, ma coll., dans le Plaisancien et l'Astien d'Italie, d'après
Bellardi. Quelques espèces voisines. dans l'Astien du Piémont : *N. bugel-*
lensis Bell., ma coll., *N. volpedana, planicostata, turgens* Bell. (= *tumida*,
Bell. *non* Eichw.), *Bucc. angulatum* Br., *N. Seguenzæ, producta* Bellardi,
d'après la Monographie de cet auteur. Deux espèces typiques, dans le Crag
d'Angleterre : *N. elegans* (¹) Leathes, *N. consociata* S. Wood, ma coll,

Post-Pliocène. — L'espèce-type dans les couches récentes de Palerme, ma
coll.

Epoque actuelle. — Nombreuses espèces dans toutes les mers, d'après le
Manuel de Tryon.

AMYCLA, H. et A. Adams, 1853. Néotype : *Bucc. corniculum*, Olivi. Viv.

Taille au-dessous de la moyenne; forme étroite, un peu ovale, allongée ; spire pointue, à galbe conique ; protoconque lisse, obtuse,
conoïdale, à nucléus très petit et peu saillant ; tours costulés au début, puis lisses ou à peine ornés, séparés par des sutures linéaires,
parfois surmontées d'une strie spirale ; dernier tour égal aux trois
cinquièmes de la longueur, lisse, à base sillonnée, ovale, non excavée, munie d'un bourrelet peu saillant sur le cou. Ouverture courte,
ovale, munie d'une étroite gouttière dans l'angle inférieur, peu contractée en avant, où elle est échancrée par une entaille profonde ;
labre oblique et variqueux à l'extérieur, plus ou moins finement cré
nelé à l'intérieur ; columelle arquée, tordue en avant par un pli
caréné et saillant ; bord columellaire calleux, bien limité, portant
souvent un renflement axial, qui remplace les rides existant chez
les autres Sections du même Genre ; pas de ride pariétale.

Diagnose refaite d'après le néotype de la Méditerranée, ma coll., et d'après
un plésiotype du Plaisancien de Bologne : *Buccinum semistriatum* Br.
(Pl. IX, fig. 17), ma coll.

Rapp. et diff. — L'interprétation du Sous-Genre *Amycla* est variable : Fischer
le conserve parmi les *Nassa*, et il prend pour néotype *N. corniculum*, espèce

(¹) Double emploi avec les espèces portant déjà ce nom (Sowerby et Reeve) ; à remplacer par **N. Leathesi**, *nobis*.

méditerranéenne à laquelle on a souvent, quoique à tort, rapporté notre plésiotype fossile (*N. semistriata*); d'autre part, Tryon, qui classe *N. corniculum* et
semistriata dans le Sous-Genre *Zeuxis*, indique *Amycla* dans la Famille *Columbellidæ*, et il cite comme exemple *Columbella dermestoidea* Lamk., qui a bien la
forme de *Nassa*, quoique avec une columelle moins tordue en avant. J'adopte de
préférence l'opinion de Fischer, mais je classe *Amycla* auprès de *Hima*, dans le
groupe des formes à labre variqueux, dont il se distingue par sa surface presque entièrement lisse, et par son ouverture peu contractée en avant ; le renflement axial qui existe souvent sur le bord columellaire, l'absence de pli pariétal,
la faible saillie du bourrelet sur le cou, contribuent, en outre, à justifier cette
séparation.

Répart. stratigr.

MIOCENE. — Plusieurs espèces voisines du plésiotype, dans le Tortonien du
Piémont : *N. megastoma, Pantanellii, nitens, oblita* Bellardi, d'après cet
auteur ; l'espèce plésiotype dans l'Italie centrale et le Bassin de Vienne,
ma coll. ; deux autres espèces dans ce dernier gisement : *N. Hœrnesi*
Mayer, *N. badensis* Partsch, ma coll. Autres espèces du Piémont : *N. neglecta, solidula, transitans* Bellardi, d'après cet auteur.

PLIOCENE. — L'espèce plésiotype ci-dessus figurée, dans le Plaisancien et
l'Astien des Alpes-Maritimes, dans le Messinien de Vaucluse, ma coll. ;
une espèce très voisine dans le Plaisancien de Biot : *N. Cossmanni* Depontaillier, ma coll. (*ex typo*) ; une autre espèce dans le Plaisancien du Bolo-
nais : *N. cf. dertonensis* Bell., ma coll. ; autre espèce sillonnée, dans le
Messinien de la Toscane : *N. castrocarensis* For., ma coll. ; dans les environs de Modène : *N. recondita* Mayer, ma coll ; une espèce, également
miocénique du Piémont, dans le Messinien de Castrocaro : *Bucc. gigan-
tulum* Bon., ma coll.

PLEISTOCENE. — Deux espèces dans les couches récentes d'Altavilla et de
Ficarazzi ; *N. altavillensis* Monteros., *N. Edwardsi* Fischer, ma coll.

EPOQUE ACTUELLE. — Mers d'Europe, d'après Fischer.

TELASCO, H. et A. Adams, 1853. Néotype : *B. costulatum*, Br. Plioc.

Taille moyenne ; forme ovo-conoïdale, peu ventrue ; spire médiocrement allongée ; protoconque lisse, conoïdale, à tours étroits, à
nucléus un peu saillant ; tours peu convexes, séparés par des sutures
rainurées, ou avec une étroite rampe, ornés de fines côtes axiales,
décussés par des sillons spiraux qui séparent des cordonnets aplatis ;
dernier tour à peu près égal aux deux tiers de la longueur totale,
ovale à la base, sur laquelle se prolonge l'ornementation de la spire,

jusqu'à la dépression non rainurée isolant le cou assez élevé, plus ou moins gonflé, et obliquement funiculé. Ouverture ovale, avec une très étroite gouttière dans l'angle inférieur, non contractée en avant, où elle se termine par une large échancrure, entaillant profondément le cou, et versante à son extrémité ; labre obliquement incliné, un peu épaissi à l'extérieur, finement plissé à l'intérieur ; columelle presque droite, formant avec la base de l'avant-dernier tour, un angle très ouvert et arrondi tordue en avant par un pli presque transversal, saillant et caréné, parfois dédoublé ou bifurqué, puis contournant le bord de l'échancrure, après avoir subitement changé de direction ; bord columellaire lisse dans toute son étendue, avec une ride pariétale contre la gouttière postérieure, assez calleux, bien limité à l'extérieur, aminci en avant à sa jonction avec l'extrémité de la columelle.

Diagnose refaite d'après des échantillons de l'espèce-type (Pl. IX, fig. 12), du Plaisancien de Biot, ma coll.

Rapp. et diff. — Quoique Tryon confonde ce Sous-Genre avec *Zeuxis*, sous prétexte que ce dernier n'est que la forme adulte de *Telasco*, je crois que l'opinion de Fischer est plus exacte, si toutefois c'est bien *Bucc. costulatum* que les frères Adams avaient en vue, quand ils ont proposé *Telasco* ; en effet, cette coquille a invariablement, à tout âge, la columelle lisse au-dessous du pli supérieur, tandis que *Zeuxis crenulata* a le bord columellaire ridé comme *Hima* ; il est vrai que l'ornementation de *Zeuxis* se rapproche davantage de celle de *Telasco costulata*, que son labre n'est guère plus variqueux, et qu'en outre, sa base n'est pas séparée du cou par une rainure. En résumé, *Zeuxis* doit être rattaché à *Hima* ou à *Telasco*, selon qu'on prête plus d'importance aux rides columellaires, ou à la varice labiale et à la rainure du cou. Quel que soit le parti que l'on prenne sur cette question tout à fait dénuée d'intérêt, il est bien évident que, jusqu'à *Telasco* inclus, toutes les formes, vivantes ou fossiles, énumérées dans ce qui précède, appartiennent à peu près au même Genre *Nassa*, et ne se séparent que par des nuances tout à fait fugitives.

Répart. stratigr.
MIOCENE. — Une variété de l'espèce-type, dans le Tortonien d'Italie : *N. italica* Mayer, et une espèce peu ornée, dans l'Helvétien du Piémont : *N. genitrix* Bellardi, d'après cet auteur.

PLIOCENE. — La même variété miocénique (*N. italica*), dans l'Italie centrale, ma coll. L'espèce-type, contestée par Bellardi, dans le Plaisancien des Alpes-Maritimes et de la Catalogne, ma coll.

PLEISTOCENE. — L'espèce-type dans les couches récentes de Palerme, ma coll.

EPOQUE ACTUELLE. — Plusieurs espèces confondues avec *Zeuxis*, d'après le Manuel de Tryon.

DESMOULEA, Gray, 1847.

Coquille globuleuse, sillonnée ; columelle fortement ridée ; labre variqueux ; ouverture très contractée ; cou très court et rainuré.

DESMOULEA, *sensu stricto*.   Type : *Nassa pinguis*, A. Adams. Viv.

Test pesant. Taille assez grande ; forme globuleuse comme un *Cassis* ; spire courte, à galbe conoïdal ; tours étroits, un peu convexes, séparés par des sutures linéaires et enfoncées, ornés de sillons spiraux et de cordonnets aplatis, réticulés par des plis d'accroissement beaucoup plus fins ; dernier tour très grand, ventru, arrondi à la base, sur laquelle se prolonge l'ornementation de la spire jusqu'au cou, dont elle est séparée par une dépression spirale profondément rainurée. Ouverture courte, arrondie, à péristome subdétaché, avec une profonde gouttière dans l'angle inférieur, subitement contractée en avant par la saillie et le rapprochement des bords opposés, échancrée à la base en un entonnoir circulaire, qui permet d'apercevoir tout l'enroulement de l'axe de la coquille ; labre oblique, épaissi et subvariqueux à l'extérieur, crénelé et plissé à l'intérieur ; columelle très courte, faisant presque un angle droit avec la base de l'avant-dernier tour, transversalement limitée par un pli saillant, qui est dans le prolongement du bord de l'échancrure peu versante ; bord columellaire large, calleux, muni de rides irrégulières, dont la dernière limite la gouttière postérieure, complètement détaché en avant de la région ombilicale.

Diagnose complète d'après l'espèce-type, ma coll., et d'après un plésiotype
du Plaisancien de Castell'Arquato : *Bucc. conglobatum* Brocchi (Pl. IX,
fig. 13), ma coll.

Rapp. et diff. — Ce Genre se distingue facilement de *Nassa* et de tous ses
Sous-Genres ou Sections, non seulement par la forme subsphérique de la coquille, et par son ornementation, mais encore par son bord columellaire bien
ridé, par son échancrure en entonnoir, par son cou extrèmement court, etc.,
cependant Fischer n'a admis *Desmoulea* que comme un Sous-Genre de *Nassa* ;
tandis que Tryon l'a érigé au rang de Genre, et je suis son exemple. Hermannsen indique *D. pulchra* Gray, comme type; mais Tryon réunit cette espèce à *N.
pinguis*. Quant au plésiotype fossile, il est aussi identique que possible à cette
espèce vivante.

Répart. stratigr.
   Miocene. — Quelques espèces dans l'Helvétien du Piémont *N. perrara, pu-
       poïdes, altilis* Bellardi, *N. pachygaster* Mayer, d'après les figures de la
       Monographie de Bellardi.
   Pliocene. — L'espèce plésiotype ci-dessus figurée, dans l'Astien du Piémont
       d'après Bellardi, et dans le Subapennin de l'Italie centrale, ma coll.
   Epoque actuelle. — Six espèces sur les côtes d'Afrique et au Japon, d'après
       Tryon.

ARCULARIA, (Link 1807) Gray, 1847.

(= *Eione*, Risso 1826, *non* Rafin. 1814)

Spire courte ; ouverture à péristome très calleux ; pli columellaire
peu saillant, redressé en arc vers l'axe ; labre bordé ; gouttière profondément entaillée dans la callosité pariétale.

Arcularia, *sensu stricto*.   Type : *Buccinum gibbosulum*, Lin. Viv.

Test très épais. Taille au-dessous de moyenne ; forme globuleuse,
ventrue ; spire très courte, pointue, à galbe à peu près conique ;
protoconque petite, conoïdale, à nucléus obtus et peu saillant ; tours
convexes, lisses, à sutures peu profondes ; dernier tour formant plus
des trois quarts de la coquille, envahi par la callosité du péristome
sur toute sa face ventrale, arrondi et généralement bossué sur sa sur-

Arcularia

face dorsale, entièrement lisse, même à la base, qui est convexe, dépourvue de cou et de bourrelet, l'échancrure étant simplement entaillée dans le rebord calleux qui unit, sur le dos, le labre au bord
columellaire. Ouverture petite, arrondie, avec une profonde gouttière entaillée dans la callosité pariétale, très profondément et brièvement échancrée en avant ; labre peu incliné, extérieurement bordé
par une épaisse bande, lisse à l'intérieur ; columelle arquée, tordue
en avant par un pli un peu saillant, recourbé et redressé en arc vers
l'axe, sur le contour de l'échancrure basale ; bord columellaire largement calleux et vernissé, étalé sur toute la face ventrale, et rejoignant le bourrelet du labre, aussi bien autour de la gouttière pariétale, que sur le contour supérieur de l'échancrure.

Diagnose complète d'après des individus de l'espèce type, de la Méditerranée
et du Plaisancien de Senese (Pl. IX, fig. 9-10), ma coll.

Rapp. et diff. — Ce Genre mérite d'être distingué de *Nassa*, à cause de son
péristome calleux, et surtout parce que le pli, déjà beaucoup moins transverse,
forme une transition avec celui des Genres subséquents. La dénomination *Arcularia* Link, adoptée par Tryon, non citée par Fischer, est, en réalité, antérieure à celle de Risso : néanmoins, comme elle n'a été publiée que longtemps
après, et seulement par Gray, ainsi qu'en fait foi le supplément à l'index d'Hermannsen (1852), j'aurais, comme Fischer donné la préférence à *Eione*, si ce
nom n'avait déjà été employé avant Risso, par Rafinesque, pour un Genre de
Mollusques qui ne paraît pas se confondre avec la coquille que Risso a voulu
désigner.

Répart. stratigr.

MIOCENE. — Plusieurs espèces dans l'Helvétien ou le Tortonien de l'Italie :
N. coarctata Eichw., ma coll., *N. ringicula, magnicallosa, lacryma, defossa*
Bellardi, d'après les figures de la Monographie de cet auteur. Une espèce
probable dans la Caroline : *N. Johnsoni* Dall, d'après la figure publiée par
cet auteur [Tert. Flor. II, p. 241, pl. XIII, fig. 12].

PLIOCENE. — Plusieurs espèces dans le Plaisancien et l'Astien d'Italie : *Bucc.
gibbosulum* Lin., ma coll., *N. Soldanii* Bellardi, d'après cet auteur. Une
espèce dans les couches néogéniques de Java : *N. Thersites* Brug., d'après
la Monographie de M. Martin.

EPOQUE ACTUELLE. — Plusieurs espèces, dans la Méditerranée, sur les côtes de
l'Afrique australe, dans l'Océan indien et aux îles Philippines, d'après le
Manuel de Tryon.

CYCLONASSA, Swainson, 1840.

(*Cyclops*, Montf. 1810, *non* Muller 1785 Crust., *nec Cyclope* Risso 1876 ;
= *Neritula*, H. et A. Adams 1853 [Plancus] ; = *Nanina*, Risso 1826.

Coquille orbiculaire, déprimée, presque entièrement couverte par la callosité du péristome ; pli à peu près nul ; columelle tronquée à léchancrure basale ; pas de gouttière pariétale.

CYCLONASSA, *sensu stricto.*   Type : *Buccinum neriteum*, Lin. Viv.

Test épais. Taille au-dessous de la moyenne ; forme néritoïde, déprimée, aplatie sur la face ventrale, bombée sur la face dorsale ; spire à peu près nulle et sans saillie, à nucléus obtus ; tours peu nombreux, séparés par des sutures linéaires, lisses et croissant rapidement ; dernier tour formant presque toute la coquille, totalement recouvert par la callosité columellaire, sauf une petite partie de la surface dorsale. Ouverture subrhomboïdale, à gouttière profonde et étroite en arrière, largement et obliquement échancrée à la base, dans le bourrelet du péristome ; labre lisse à l'intérieur, très oblique par rapport à l'axe ; columelle arquée en demi cercle, tronquée en avant, mais non plissée ; callosité columellaire énorme, remontant presque jusqu'au sommet, un peu carénée sur le cou.

Diagnose complétée d'après des échantillons de l'espèce-type, de la Méditerranée et du Plaisancien de Bologne (Pl. IX, fig. 11), ma coll.

Observ. — La dénomination *Cyclops* Montfort, pas plus que *Cyclope* Risso, qui en est le synonyme estropié, ne peut être adoptée, parce qu'elle ferait double emploi avec un Genre antérieur de Crustacés : c'est donc *Cyclonassa* qu'il faut adopter, puisque *Neritula* n'a été publié que treize ans plus tard, par les frères Adams qui ont exhumé un ancien nom de Plancus.

Rapp. et diff. — Il n'y a pas de grande différence entre *Arcularia* et *Cyclonassa* : celui-ci n'est que l'exagération de l'autre, et on passe assez facilement de la première de ces formes à la seconde ; évidemment, *Arcularia* est moins calleux, moins déprimé et a encore la spire saillante ; d'autre part, la columelle de *Cyclonassa* est complètement dépourvue de pli, elle se tronque plus obliquement que chez *Arcularia*, pour former le contour de l'échancrure basale.

Répart. stratigr.

PLIOCENE. — L'espèce-type dans le Plaisancien des Alpes-Maritimes et de l'Italie centrale, ma coll., dans l'Astien du Piémont, d'après Bellardi.

PLEISTOCENE. — L'espèce-type dans les sables blancs de Biot (Vaugrenier), ma coll.

EPOQUE ACTUELLE. — Trois espèces, dans la Méditerranée et la Mer Rouge, d'après le Manuel de Tryon.

*

DORSANUM, Gray, 1847.
(= *Pseudostrombus*, Klein 1853, *fide* Adams 1853).

Coquille allongée, turriculée ; spire étroite, pointue ; columelle tordue par un pli plus ou moins tranverse ; cou portant un limbe encadré de carènes, et correspondant aux accroissements de l'échancrure.

DORSANUM, *sensu stricto*.　　　Type : *Buccinum politum*, Lamk. Viv,

Taille un peu au-dessus de la moyenne ; forme ovale-conique, en général peu gonflée ; spire allongée, turriculée, pointue au sommet, à galbe conique, protoconque lisse, petite, paucispirée, à nucléus papilleux ; tours lisses, ou simplement ornés de deux rangées de nodules, dont l'une contiguë à la suture ; dernier tour ovale, parfois un peu ventru, à base sillonnée et convexe jusqu'au cou, qui est très court, muni d'un limbe plus ou moins large, correspondant aux accroissements de l'échancrure, et compris entre deux carènes inégales. Ouverture ovale, relativement courte, anguleuse avec une étroite gouttière postérieure, dilatée en avant, très largement échancrée à la base : labre oblique, peu épais, lisse à l'intérieur, sauf quelques rares exceptions, antécurrent vers la gouttière suturale ; columelle excavée en arrière, munie en avant d'un pli incliné à 45°, saillant, tordu, et s'élevant au-dessus de l'échancrure au même niveau que l'extrémité du bord opposé ; bord columellaire, lisse, étroit, un peu calleux.

Diagnose complétée d'après l'espèce-type, ma coll., et d'après un plésiotype
miocénique de Cestas : *Bucc, subpolitum* d'Orb. (Pl. IX, fig. 22), ma coll. ;
autre plésiotype du groupe nébuleux : *Bucc baccatum* (Pl. IX, fig. 20-21),
de Burdigalien de Saucats, ma coll.

Observ.— La priorité du nom *Dorsanum* n'est pas douteuse, puisque c'est seulement en 1853 que les frères Adams ont exhumé l'ancienne dénomination
Pseudostrombus Klein, qui comprenait d'ailleurs toutes sortes de formes bien
différentes. Quant au choix du type de *Dorsanum*, Hermannsen a désigné *Bucc.
politum* Lamk., et *Bucc. lineolatum* Wood; Fischer a adopté, comme exemple,
la première de ces deux espèces, mais il ne reprend pas *Dorsanum s. s.*, et il y
admet deux sections *Liodomus* et *Adinus*. Quant à Tryon, il donne, à tort, la préférence à *Pseudostrombus*, dont il fait simplement un Sous-Genre de *Bullia*,
et il y classe non seulement *Bucc. politum*, mais aussi *Bucc. vittatum* Lin.,
qui est le type de *Liodomus*, tandis qu'il place dans le Genre *Buccinanops*
Bullia armata Gray, qui est le représentant actuel des formes noduleuses de
Dorsanum s. s. On voit, par ce simple exposé, combien les avis sont partagés
sur les divisions à admettre dans la Sous-Famille *Dorsaninæ* ; et il semblerait
en résulter que les nuances qui les séparent ne sont pas bien tranchées : j'ai
toutefois adopté la classification de Fischer, tout en l'amendant un peu, parce
qu'elle m'a paru plus rationnelle.

Rapp. et diff. — *Dorsanum* est classé dans la Famille *Nassidæ*, quoique la
coquille soit plutôt buccinoïde. à cause des principales affinités de l'animal.
L'espèce-type est lisse ; mais elle a les premiers tours subcostulés, et chez les
plésiotypes fossiles, ces costules persistent davantage. envahissent jusqu'au
dernier tour ; puis elles deviennent un peu plus arrondies, subnoduleuses chez
d'autres espèces, tandis que la surface reste invariablement lisse dans le sens
spiral : on passe donc insensiblement de la forme typique et unie, au groupe noduleux, dont nous avons figuré ci-dessus un exemple fossile, et dont il existe
encore un représentant dans les mers actuelles (*Dorsanum armatum* Gray)
Dans ces conditions, je ne crois pas qu'il soit possible — ni vraiment utile, —
de proposer une Section nouvelle pour ces formes noduleuses, quoique en apparence, elles s'écartent beaucoup plus de *D. politum* que *Liodomus* et même
Northia; car, en examinant attentivement l'ouverture de ces coquilles noduleuses, on n'aperçoit pas de différence avec celles de *Dorsanum* ; le seul motif à
invoquer, pour les séparer, résiderait donc uniquement dans l'ornementation,
et encore celle-ci subit-elle des transformations tellement graduelles qu'on
serait embarrassé pour le classement de certaines espèces. Il y a même une
forme sillonnée : *Buccinum Veneris* Faujas, du Burdigalien de la Gironde, qui
exigerait la création d'une troisième subdivision !
Un certain nombre d'espèces du groupe noduleux ont été classées, par Bellardi, avec *Nassa miocænica* dans son genre *Cyllenina* ; c'est une grave erreur,
qu'on reconnaît facilement, en comparant cette dernière espèce avec *Bucc. bac-*

catum; sans doute, l'aspect extérieur de ces deux coquilles a un peu d'analogie ; mais, si l'on examine l'ouverture, on ne trouve, chez *B. baccatum*, aucune ressemblance avec la callosité postérieure et échancrée de *Cyllenina*. Aussi Bellardi, observateur habile, à qui cette différence ne pouvait échapper, a t-il lui-même établi, dans son Genre *Cyllenina*, plusieurs séries dont la première seule appartient sûrement au Genre en question ; la plupart des autres sont des des *Dorsanum* du groupe noduleux, et c'est ici qu'on les retrouvera mentionnées.

Répart. stratigr.

MIOCÈNE. — 1° *Forme typique*, — Plusieurs espèces dans le Burdigalien de l'Aquitaine : *B. subpolitum* d'Orb., *B. Deshayesi* Mayer., ma coll. Une espèce dans l'Helvétien d'Orthez : *Buccinanops æquistriatum* G. Dollf., ma coll.

2ᵉ *Forme sillonnée*. — Une grande espèce dans le Burdigalien de la Gironde : *B. Veneris* Faujas, ma coll.

3° *Forme noduleuse*. — Plusieurs espèces dans l'Aquitanien et le Burdigalien de la Gironde et des Landes : *B. baccatum* Bast., *B. duplicatum* Sow., ma coll.; cette dernière dans le Sarmatien de la Russie et de la Hongrie, ma coll. Plusieurs espèces dans le Bassin de Vienne : *B. grundense* Hœrn. et Auinger, ma coll., *B. ternodosum*, *nodosocostatum* Hilber, *B. Suessi, Neumayri* Hœrnes et Auinger, d'après les figures de la Monographie de ces auteurs. Deux espèces dans l'Helvétien du Piémont : *Buccinum Haueri* Michᵗⁱ., *Cyllenina ovulata* Bellardi, d'après cet auteur.

PLIOCÈNE. — Une variété de *B. duplicatum*, dans l'Astien des Alpes-Maritimes, ma coll. Plusieurs espèces dans le Plaisancien et l'Astien du Piémont: *Cyllenina recens, irregularis, subumbilicata, Sismondæ* Bellardi, d'après les figures de la Monographie de cet auteur. Une espèce dans les couches néogéniques de Java: *Dors. tjidamarense* Martin, d'après cet auteur.

ÉPOQUE ACTUELLE. — Une espèce en Patagonie et sur les côtes de la République Argentine, ma coll.

BUCCINANOPS, d'Orbigny, 1841.

(= *Pseudostrombus*, Klein 1753, *pro parte*; = *Bullia*, Gray 1835, *pro parte*;

= *Leiodomus* Swainson 1840, *pro parte*)

Coquille ovale, polie, à sutures comblées par un dépôt émaillé ; labre aigu, sinueux en arrière ; columelle arquée, à bords très calleux en arrière, à peine tordue en avant, terminée en pointe. Type : *Bucc. cochlidium*, Kiener. Viv.

BRACHYSPHINGUS, Gabb, 1869.   Type : *B. sinuatus*, Gabb. Paléoc.

Test très épais. Taille un peu au-dessus de la moyenne; forme
ventrue, ovale ; spire courte, souvent réduite à un simple bouton
saillant ; tours convexes ou anguleux, lisses, à sutures généralement
accompagnées d'une rampe ; dernier tour très grand, formant presque toute la coquille chez les plésiotypes éocéniques, sans ornements, à galbe arrondi en arrière, ovale à la base qui porte en avant
une bande dorsale, formée par une double et légère sinuosité des
stries d'accroissements ; limbe basal large, un peu excavé, limité
par un angle subcaréné et par la collosité columellaire. Ouverture
ovale, dilatée, avec une gouttière postérieure évasée, sans canal ni
cou en avant, et largement entaillée par une profonde échancrure ;
labre assez mince, lisse à l'intérieur, arqué en profil, avec une faible
saillie antérieure, sinueux en arrière au-dessus de la suture ;
columelle lisse, très excavée, un peu tordue en avant, terminée en
pointe aiguë au-dessus de l'échancrure ; bord columellaire épais et
très calleux, couvrant une grande partie de la base du dernier tour,
et même une partie de l'avant-dernier, au delà de la suture.

Diagnose faite d'après la figure de l'espèce-type, et d'après un plésiotype
éocénique de Claiborne : *Ancilla subglobosa* Conrad (Pl. IX, fig. 23), ma coll.

Rapp. et diff. — J'avais d'abord classé *A. subglobosa* et *Bucc. patulum* dans
le Genre *Buccinanops*, bien qu'ils n'aient pas tout à fait le galbe extérieur de
B. cochlidium Kiener, qui est d'ailleurs extrêmement variable ; ces espèces fossiles sont plus régulièrement ovales que la coquille vivante, leur spire forme,
sur le contour postérieur du dernier tour, une petite saillie comparable à un
bouton pointu. Puis, en étudiant la figure de *Brachysphingus sinuatus* Gabb,
j'ai constaté que cette espèce était complètement assimilable aux deux formes
éocéniques précitées ; de sorte que j'en ai conclu que *Brachysphingus* pouvait
être admis comme Sous-Genre de *Buccinanops*, dont il serait l'ancêtre, et dont il
diffère par sa forme plus ovale, par sa columelle encore moins infléchie.
   On ne peut rapprocher *Buccinanops*, de *Pseudoliva*, à cause de l'absence d'une
rainure dorsale, remplacée ici par une simple bande, correspondant, comme
chez *Ancilla*, à une double inflexion des stries d'accroissement. D'autre part, la

Buccinanops

columelle étant lisse et dépourvue de plissements obliques, on ne peut placer *Buccinanops* dans le voisinage d'*Ancilla*, comme l'avait fait Conrad, probablement parce qu'il ne s'en rapportait qu'au galbe, qui en effet semblable à celui de *Baryspira;* en outre, l'échancrure est beaucoup plus profondément entaillée chez *Buccinanops.*

Répart. stratigr.

PALEOCENE. — Deux espèces dans les couches postcrétaciques (groupe « Tejon ») de Californie : *Bucc. liratum* et *Brachysphingus sinuatus* Gabb, d'après cet auteur [Pal. Calif. II, p. 1869, p. 156, pl. XXVI, fig. 35].

EOCENE. — Outre le plésiotype américain ci-dessus figuré, une espèce dans le Bartonien des environs de Paris et d'Angleterre: *Bucc. patulum* Desh., ma coll.

BULLIA, Gray, 1835 (*fide* H. et A. Adams, 1853). Type : *Bucc. lævis-
simum*, Gmelin. Viv.

(= *Ancillopsis*, Conrad, 1865.)

Taille moyenne ; forme ancilloïde, ou ovoïdo-conique ; spire aiguë, à galbe conique ou un peu extraconique ; tours peu convexes, parfois excavés ou bordés à la suture, qui est comblée par la callosité pariétale ; ornementation subcostulée sur les premiers tours, tandis que les derniers sont lisses ; dernier tour égal aux deux tiers de la longueur totale, ovale, atténué à la base qui porte une bande dorsale correspondant à une double inflexion des stries d'accroissement, et à une minuscule saillie sur le contour du labre ; limbe basal presque plan, calleux, limité à l'extérieur par un léger rebord à peine saillant, séparé du bord columellaire par une dépression ombilicale. Ouverture lancéolée, ou peu dilatée, avec une gouttière entaillée dans la callosité suturale, profondément échancrée à la base ; labre assez mince, presque vertical, avec un petit denticule antérieur, sinueux au-dessus de la suture, et se prolongeant par des stries antécurrentes sur la callosité suturale ; columelle lisse, arquée sans torsion antérieure, infléchie vers la gauche à son extrémité, terminée par une lame mince et aiguë au-dessus de l'échancrure ; callosité du bord columellaire peu large, épaissie vers la région pariétale et rejoignant le rebord infrasutural, rétrécie en pointe du côté antérieur, et séparée du limbe par la dépression ombilicale, qu'elle recouvre partiellement.

Diagnose complétée d'après la figure de l'espèce-type, et d'après des plésiotypes éocéniques de l'Alabama et du Texas : *Ancillaria scamba* Conr. (Pl. IX, fig. 14); *Anaulax ancillopsis* Heilp. (Pl. IX, fig. 24) ; tous deux de ma coll.

Rapp. et diff. — Ce Sous-Genre se distingue de *Buccinanops* s. s , non seulement par son galbe plus élancé et plus pointu au sommet, mais encore par sa columelle moins tordue, infléchie à gauche à son extrémité antérieure, et aussi par son rebord infrasutural, analogue à celui des *Olividæ*. Toutefois la coquille de *Bullia* se distingue de celles de cette dernière Famille : par l'absence de plis à la columelle, par son échancrure basale plus profonde, enfin par l'ornementation des premiers tours de sa spire.

En ce qui concerne la dénomination *Ancillopsis*, j'ai précédemment indiqué [Essais, III, p. 45] qu'elle doit être considérée comme synonyme de *Buccinanops*; à cette époque, en effet, je n'avais pas encore établi les caractères distinctifs de *Buccinanops* et de son Sous-Genre *Bullia*. C'est bien à ce dernier Sous-Genre que doivent être rapportées les formes éocéniques que Conrad avait en vue, quand il a proposé *Ancillopsis*, attendu qu'elles ne présentent aucune différence sectionnelle quand on les compare à *B. lævissima*.

Répart. stratigr.
EOCENE. — Deux espèces dans le « Lignitic stage » des Etats-Unis : *Buccinanops ellipticum* Whitf. et *Anaulax ancillopsis* Heilp., ma coll. Deux autres espèces dans le Claibornien de l'Alabama : *Ancill. scamba* Conr., *A. plicata* Lea, ma coll.

MIOCENE. — Une espèce dans les « Sooke Beds » de l'île Vancouver : *Bullia buccinoides* Merriam, d'après la figure donnée par cet auteur [Proc. Calif, Acad. Sc. 3ᵉ ser. 1899, pl. XXIII, fig. 5].

EPOQUE ACTUELLE. — Quelques espèces sur les côtes de l'Afrique australe, d'après le Manuel de Tryon.

*

ILYANASSA, Stimpson, 1866.

Coquille ovale ou ventrue ; spire sillonnée, généralement corrodée au sommet ; pli très saillant et arqué en avant ; échancrure faible.

ILYANASSA, *sensu stricto.*   Type : *Nassa obsoleta,* Say. Viv.

Taille moyenne ou au dessous ; forme ovale, un peu ventrue ; spire peu longue, corrodée au sommet par suite de l'habitat saumâtre de l'animal ; tours presque plans, à sutures profondes, ornés de sillons spiraux, séparant des rubans aplatis qui sont légèrement perlés par des accroissements curvilignes ; dernier tour grand, ovale à la base qui est ornée comme la spire ; cou nul, un peu excavé à la place du bourrelet, et limité par une crête oblique. Ouverture ovale, sans gouttière postérieure, médiocrement échancrée en avant ; labre peu épais, légèrement oblique, finement plissé à l'intérieur ; columelle très excavée en arc de cercle, jusqu'au pli antérieur qui est saillant, puis arqué avant de se raccorder avec le contour de l'échancrure ; bord columellaire un peu étalé, lisse.

Diagnose refaite d'après l'espèce-type, ma coll.

Rapp. et Diff. — Cette forme s'écarte tellement d'*Alectryon*, auprès de qui la classe M. Dall, que je suis d'avis d'en faire un Genre distinct, et même de le classer dans la Sous-Famille *Truncariinæ*, à cause de sa faible échancrure basale. Il est vrai que la columelle n'est pas aussi tronquée en avant ; le pli se relie au contour supérieur d'une manière différente de celle qu'on observe chez *Truncaria*. D'autre part, l'ornementation, la couleur et la corrosion de la spire qui indiquent une dégénérescence saumâtre, distinguent complètement *Ilyanassa* des autres *Nassidæ*.

Répart. stratigr.

MIOCENE et PLIOCENE. — Une espèce voisine du type, et sa variété, dans la Caroline du Nord : *Ilyan. granifera* Conrad. et *Bucc. sexdentatum* Conr., d'après la citation (sans figure) de M. Dall. [Tert. Flor. II, p. 239].

EPOQUE ACTUELLE. — L'espèce-type sur les côtes de la Floride et du Massachusets, ma coll.; trois autres espèces en Océanie, d'après le Manuel de Tryon.

PARANASSA, Conrad, 1867   Type : *Buccinum aratum,* Say. Viv.

Forme ovoïdo-conique, assez ventrue ; spire peu allongée à galbe conique ; tours peu convexes, ornés de sillons spiraux assez serrés, qui séparent des rubans lisses ; dernier tour grand, arrondi, à base déclive, ornée comme la spire ; cou dépourvu de bourrelet. Ouverture médiocre, subovale, sans gouttière postérieure, peu échancrée à la base ; labre épais, crénelé à l'intérieur ; columelle très excavée ; pli peu saillant, arqué en avant, se reliant sans discontinuité avec le contour antérieur ; bord columellaire un peu calleux, peu étalé.

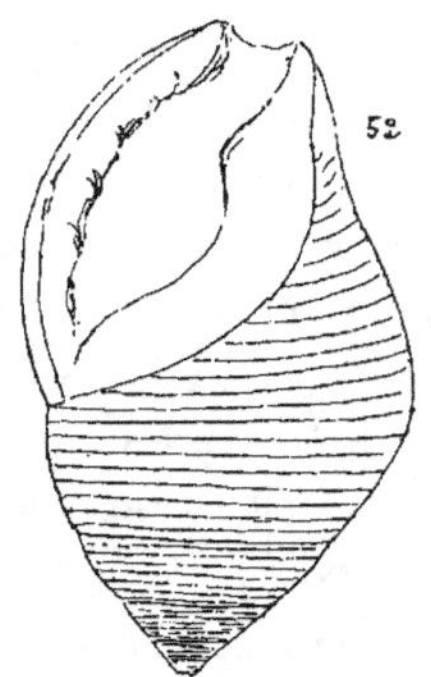

FIG. 52. — *Paranassa arata,* Say.

Diagnose faite d'après la figure de l'espèce-type, publiée par M. Dall [*loc. cit.* Pl. XX. fig. 15]. Reproduction de cette figure (**Fig. 52**).

Rapp. et diff. — Cette Section ne se distingue d'*Ilyanassa* que par des caractères tout à fait secondaires : le labre est plus épais, et crénelé au lieu d'être plissé ; la spire ne paraît pas corrodée au sommet ; le cou est un plus formé que chez *I. obsoleta*. M. Dall a repris, par conséquent, la dénomination proposée par Conrad, et dont Tryon ne fait qu'un synonyme d'*Ilyanassa* ; comme je n'ai à ma disposition que des figures pour me former une opinion, j'adopte provisoirement ce classement, et je place *Ilyanassa*, ainsi que sa Section *Paranassa*, dans la Sous-Famille *Truncariinæ*, sans être absolument convaincu que ces deux formes ne seraient pas mieux classées auprès de *Nassinæ*.

Répart. stratigr.

MIOCENE. — Trois espèces des mers actuelles, dans le Maryland, la Caroline, du Nord et la Virginie : *Bucc. aratum* et *porcinum* Say, *I. isogramma* Dall, d'après cet auteur.

PLIOCENE. — Les deux dernières dans la Caroline du Sud, d'après M. Dall.

EPOQUE ACTUELLE. — Les trois espèces sur les côtes de la Floride, d'après M, Dall.

TRUNCARIA, Adams et Reeve, 1848

Columelle droite, tronquée ; échancrure à peu près nulle : ouverture peu contractée ; labre un peu dilaté, se terminant plus haut que l'extrémité de la columelle. Type : *Bucc. filosum*, Ad. et R.

COPTAXIS, Cossmann, 1901.   Type : *Buccinum truncatum*, Desh. Éoc.
(= *Buccinopsis*, Desh. 1865, *non* Conrad 1857.)

Taille petite ; forme de *Nassa* ; spire un peu allongée, à galbe conoïdal ; tours convexes, costulés, avec de petits filets spiraux ; dernier tour à peine supérieur à la moitié de la hauteur totale, arrondi
à la base, sur laquelle se prolonge l'ornementation de la spire, et qui
est totalement dépourvue de cou, la troncature étant seulement gar-
nie d'un petit bourrelet périphérique. Ouverture petite, ovale, sans
gouttière postérieure, largement tronquée en avant, sans échancrure,
laissant apercevoir l'enroulement interne ; labre à peine oblique,
bordé à l'extérieur par une dernière côte variqueuse, faiblement
plissé à l'intérieur ; columelle peu arquée, tronquée bien au-dessus
de l'extrémité du bord opposé, et tordue par un pli peu saillant, dont
on aperçoit l'enroulement à l'intérieur de la coquille ; bord columel-
mellaire mince et peu calleux, étalé en arrière.

Diagnose faite d'après l'espèce-type, du Bartonien de Valmondois (Pl. VII,
fig. 8-9), coll. de l'Ecole des Mines.

Rapp. et diff. — Je ne puis réellement confondre cette petite et rare coquille
avec les espèces vivantes du Genre *Truncaria*, dont la columelle ne présente
pas tout à fait la même disposition, et surtout dont la spire est complètement
différente ; il est vrai que la troncature est semblable, que l'échancrure est également nulle, et que le labre dépasse le bord opposé, chez *Buccinum truncatum*
comme chez *Truncaria filosa* ; mais ce sont là les seuls points de ressemblance
entre ces deux formes. Aussi, comme Deshayes, avant de rapporter son espèce
à *Truncaria*, l'avait dénommée *Buccinopsis*, j'aurais repris ce nom s'il n'avait été
antérieurement employé par Conrad. J'ai donc donné un nom nouveau à cette
coquille éocénique : *Coptaxis*, qui signifie « axe coupé », et je la classe provisoirement comme Sous-Genre de *Truncaria*. Bien qu'elle ait un peu l'apparence
extérieure des *Nassinæ*, elle s'en distingue, comme les *Truncariinæ*, par l'absence d'une véritable échancrure basale ; la troncature qui en tient lieu n'entaille pas, en effet, la surface du cou, et celui-ci est à peu près supprimé. Quant
au pli columellaire, il n'est pas visible quand on regarde l'ouverture de face ;
il existe néanmoins, et il s'enroule obliquement autour de l'axe ; dans ces conditions, il n'est pas possible d'admettre que cette curieuse petite coquille soit

Truncaria

un exemplaire mutilé de *Coptochetus*, malgré l'apparence semblable de l'ornementation.

Répart. stratigr.

Éocene. — L'espèce-type ci-dessus figurée, dans les « Sables de Beauchamp »,
aux environs de Paris, coll. de l'Ecole des Mines. L'autre espèce citée et
figurée par Deshayes (*T. mirabilis*) me paraît être un fragment incomplet
d'une coquille de *Fusidæ*, à canal cassé à la base.

COLUMBELLIDÆ, Troschel.

Coquille ovale ou turriculée, lisse ou ornée ; protoconque paucispirée, subglobuleuse, à nucléus obtus ; ouverture rétrécie par le
péristome, plus ou moins échancrée à la base, tantôt dépourvue de
canal, tantôt terminée par un canal droit et très court ; labre généralement épais ou variqueux, crénelé à l'intérieur ; columelle peu
excavée, tordue en avant, plus ou moins plissée ; bord columellaire
généralement ridé, indépendamment des plis de la columelle.

Observ. – Quoique cette Famille se compose de Genres extrêmement dissemblables, strombiformes ou turriculés, avec ou sans canal antérieur, qui ne se
relient entre eux que par les caractères assez constants de l'ouverture, on
n'éprouve pas de grandes difficultés dans le classement des formes qu'elle comprend, et qui ne peuvent se rattacher ni aux *Buccinidæ*, ni aux *Nassidæ*. Parmi
les *Buccinidæ*, il n'y a guère que *Tritonidea* dont la columelle soit ridée comme
celle de *Columbella* ; mais l'ouverture est absolument différente chez ces deux
Genres, et la torsion columellaire ne se comporte pas du tout de la même manière. Du côté des *Nassidæ*, l'écart est encore plus grand, même si l'on compare
Columbella aux membres de cette Famille qui ont le pli antérieur redressé dans
l'axe ; en effet, outre la forme rétrécie de l'ouverture, *Columbella* n'a jamais une
échancrure aussi profonde, ni un bourrelet aussi saillant sur le cou. On voit
donc que, même sans tenir compte des différences anatomiques, les caractères
définitifs de la coquille sont suffisamment tranchés pour ne donner lieu à aucune
confusion.

On peut diviser la Famille *Columbellidæ* en deux Sous-Familles, entre lesquelles il existe cependant quelques formes de transition : *Columbellinæ* Swainson (1840), dépourvues de canal ; et *Atilinæ*, *nobis*, munies d'un canal antérieur,
plus ou moins développé, mais rectiligne. Tandis que la première Sous-Famille
n'a guère commencé, sauf une exception, à apparaître que dans le Néogène, et

qu'elle est largement représentée à l'Epoque actuelle, la seconde comprend surtout des formes tertiaires, débutant déjà dans l'Eocène. Ainsi la phylogénie paraît confirmer la séparation que nous avons cru utile de proposer, d'après l'apparence conchyliologique. Pas plus que chez les *Nassidæ*, on ne trouve de *Columbellidæ* ancestrales dans le Crétacé ; les Genres que l'on y a rapportés appartiennent à une autre Famille.

Tableau des Genres, Sous-Genres et Sections

*

COLUMBELLINÆ (Canal court ou très court)

COLUMBELLA (Pas de canal, columelle fortement ridée)	**COLUMBELLA** (Labre variqueux, ouverture étroite)	*Columbella* (Stromboïde, sillonnée)
		(A) Amphissa (scalariforme)
		Alia (étroite, lisse)
		Conidea (ovoïde, courte)
		(B) Microcithara (Coniforme, costulée)
		(C) Meta (Conique, lisse)
MITRELLA (Pas de canal, columelle peu crénelée)	**MITRELLA** (Labre non variqueux, ouverture dilatée)	*Mitrella* (Elancée, lisse)
		(D) Nitidella (Olivoïde, lisse)
ANACHIS (Faible canal, columelle plus ou moins ridée)	**ANACHIS** (Labre variqueux, ouverture étroite)	*Anachis* (Costulée ou treillissée)
	ASTYRIS (Labre variqueux, ouverture élargie)	*Astyris* (Conoïdale, lisse)
	TURRICOLUMBUS (Labre variqueux, ouverture courte)	*Turricolumbus* (Turriculée, décussée)
	STROMBINELLA (Labre noueux, ouverture courte)	*Strombinella* (Térébriforme, costulée, suture bordée)
ALCIRA (Canal très court, columelle plissée, non ridée)	**ACEIRA** (Labre mince, ouverture ample)	**Alcira** (Ovale, presque lisse)
STROMBOCOLUMBUS (Canal rudimentaire, columelle sans plis ni rides)	**STROMBOCOLUMBUS** (Labre bordé, ouverture étroite)	*Strombocolumbus.* (Stromboïde, noduleuse)
		(F) Bifurcina (Marginelloïde, luisante)

*

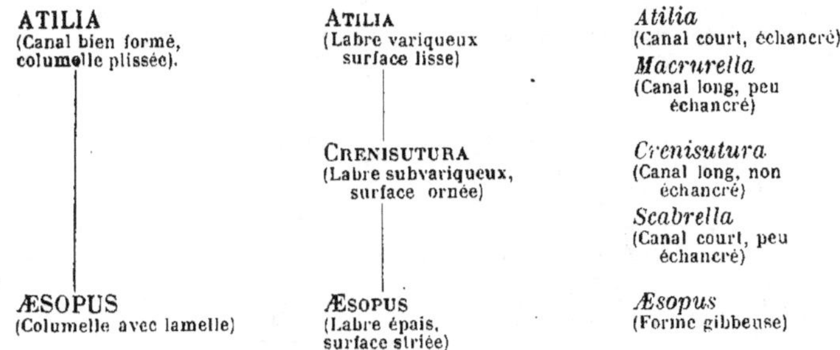

Genres, Sous-Genres et Sections, non signalés à l'état fossile.

A. — AMPHISSA, H. et A. Adams, 1853. — Type : *Columbella versicolor*, Sow. Extrèmement voisine de *Columbella s. s.*, cette Section n'en diffère réellement que par la forme plus étagée de sa spire ; Fischer indique, en outre, que le labre n'est pas épaissi ni crénelé, mais simplement sillonné : en comparant les échantillons des deux espèces-types, je n'y ai pas constaté de différences à ce point de vue.

B. — MICROCITHARA, Fischer, 1884. — Type : *C. harpiformis* Sow., Cette Section ne diffère de *Columbella s. s.* que par sa forme biconique, à spire tout à fait courte ; le labre forme, vers la suture, une saillie avec gouttière, qui rappelle vaguement *Columbellina* d'Orb., de sorte que Tryon, qui n'avait probablement à sa disposition qu'une figure de ce dernier Genre crétacique, a rapporté *C. harpiformis* à *Columbellina*. On verra ci-après que cette assimilation n'est pas admissible.

C. — META, Reeve, 1859. — Type : *C. Philippinarum*, Reeve. C'est encore une Section dont l'utilité ne se faisait guère sentir : elle ne diffère de *Columbella s. s.* que par son galbe tout à fait conique, par son labre vertical et plissé à l'intérieur, par sa surface lisse.

D. — NITIDELLA, Swainson, 1840. — Type : *C. nitida*, Lamk. Quoique cette espèce lisse ait une forme de *Marginella*, à spire peu allongée, son ouverture assez ample, sa troncature basale non échancrée, sa columelle droite, son labre non variqueux, peu crénelé à l'intérieur, la rattachent plutôt à *Mitrella* qu'à *Columbella*, près duquel la placent presque tous les auteurs.

E. — ALCIRA, H. Adams, 1860. — Type : *A. elegans*, H. Adams. Coquille lisse comme *Astyris*, ou obtusément sillonnée, se distinguant toutefois par son canal plus long, tronqué sans échancrure, par sa columelle plissée, non ridée, par son labre mince et lisse à l'intérieur. Je ne puis la rapporter à *Anachis*, qui est généralement orné et je crois qu'il y a lieu de lui faire une place à part dans cette famille: Fischer et Tryon ont également signalé le peu d'affinité qu'elle présente avec les autres formes de *Columbellidæ*.

F. — BIFURCINA, Fischer, 1884. — Type : *C. bicanalifera*, Sow. Petite coquille qui forme, à elle seule, une Section se rattachant à *Strombina* par son péristome bordé, par son dernier tour stromboïdal, par sa spire courte et conique ; mais qui en diffère par l'échancrure postérieure du labre, par l'absence de gibbosités sur la surface dorsale du dernier tour, vernissé comme la spire, par sa columelle faiblement plissée en avant, au point où elle se tord pour s'infléchir à droite. Je ne connais aucune forme fossile qui puisse en être rapprochée.

G. — ÆSOPUS, Gould, 1860. — Type : *Æ. Japonicus*, Gould. Coquille gibbeuse, qui n'a pas été figurée par l'auteur, et au sujet de laquelle il m'est difficile de me faire une opinion. Fischer la rapproche de *Conidea* ; quant à Tryon, il la place tout à fait à la fin de la Famille *Columbellidæ*, en signalant la particularité que présente la columelle, qui porte une lamelle vitreuse. Je suis provisoirement cet exemple, faute de matériaux plus complets ; toutefois je crois utile de faire remarquer que M. Dall [Report on the Results of dredging in the Gulf of Mexico, II, p. 194, Pl. XXIX, fig. 5].rapporte à ce Genre une espèce des côtes de la Floride (*Seminella Stearnsi* Tryon), dont la figure représente une petite coquille étroite, à large ouverture, tronquée sans échancrure, à tours un peu convexes, finement striés, bordés à la suture ; la columelle, peu sinueuse, paraît lisse, le sommet semble obtus ; la base, obliquement déclive est dépourvue de cou, et le bord columellaire est étroit, peu calleux : cela ne ressemble guère à la diagnose d'*Æ. japonicus*.

Genres à éliminer de la Famille.

COLUMBELLINA, d'Ob. 1843. — Type : *C. monodactylus*, d'Orb., du Néocomien inférieur. Labre prolongé en arrière par une digitation saillante et canaliculée ; ouverture étroite, tronquée sans canal ni échancrure à la base ; columelle peu sinueuse ; bord columellaire plissé.

COLUMBELLARIA, Rolle, 1861. — Type : *Cassis corallina*, Quenst., du Séquanien. Ouverture étroite, canaliculée dans l'angle inférieur, tronquée à la base ; columelle plissée.

ZITTELIA, Gemmellaro, 1870. — Type : *Z. cyprææformis* Gemm., du Séquanien. Ouverture étroite échancrée en arrière, subcanaliculée en avant ; bord columellaire très étalé.

Ces trois Genres secondaires ont été rapprochés, par Zittel, des *Columbellidæ* à cause de leur apparente similitude avec la forme extérieure de *C. mercatoria;* comme le premier (*Columbellina*) a existé jusqu'à la partie supérieure du Crétacé, que le second (*Columbellaria*) a encore des représentants dans le Crétacé inférieur, il n'y aurait pas d'impossibilité à admettre que ce soient des formes

ancestrales de *Columbellidæ*. Mais l'ouverture ne présente pas une affinité suf.
fisante pour en justifier le rapprochement dans cette même Famille. Aussi
l'opinion de Fischer, qui a en a fait une Famille nouvelle, comprise entre *Ra-
nella* et *Cassis*, me paraît-elle plus conforme à la réalité, — et c'est ce classement que j'ai adopté. On retrouvera donc cette Famille dans une Livraison
ultérieure.

*

COLUMBELLA, Lamk. 1799,

(= *Columbus*, Montf. 1810 ; = *Columbellarius*, Dum, 1807,
sec. Hermannsen).

Coquille stromboïde ; ouverture petite, étroite, sinueuse, tronquée
sans canal antérieur, faiblement échancrée à la base ; labre variqueux,
crénelé à l'intérieur ; columelle rainurée, outre les rides du bord
columellaire, tordue dans l'axe, à son extrémité antérieure.

COLUMBELLA, *sensu stricto*.   Type : *Voluta mercatoria*, Lin. Viv.

Test assez épais. Taille au-dessous de la moyenne ; forme stromboïdale, ventrue ; spire courte, peu étagée, à galbe conique ; protoconque lisse, paucispirée, formant un petit bouton subglobuleux, à
nucléus obtus ; tours convexes, parfois subanguleux, généralement
ornés de rubans spiraux, et parfois faiblement crénelés par les accroissements ; dernier tour égal aux trois quarts de la hauteur totale,
ovoïdo-conique, subanguleux en arrière, à base obliquement atténuée et ornée comme la spire, jusqu'au cou qui est extrêmement court,
gonflé par un bourrelet obtus et obliquement sillonné.

Ouverture assez allongée, très étroite et sinueuse, munie en arrière d'une gouttière bien creusée, et tronquée en avant, sans le
moindre canal, par une échancrure peu profonde ; labre obliquement
incliné, épais, variqueux, muni à l'intérieur d'un rebord plus gonflé
au milieu, et crénelé sur toute sa hauteur ; columelle un peu excavée en arrière, munie au milieu de rainures spirales qui séparent
des plis assez saillants à l'âge adulte, tordue en avant et redressée

dans l'axe, à son extrémité antérieure ; bord columellaire peu calleux en arrière, formant en avant une crête ridée, plus ou moins
saillante, séparée, par une large excavation, de la columelle qui vient
se perdre à la base de cette crête.

> Diagnose complétée d'après des échantillons de l'espèce-type, de la Médi-
> terranée ; et d'après un plésiotye du Pleistocène de Vaugrenier, près de
> Biot : *Voluta rustica* Lin. (Pl. X, fig. 3), ma coll.

Observ. — Il ne paraît y avoir aucun doute au sujet du type de *Columbella*
s. s. ; tous les auteurs admettent *Voluta mercatoria* Lin ; il en résulte que plusieurs formes, qui ne diffèrent de ce type que par des caractères peu importants, en ont été séparées sous des noms qu'on peut admettre, à la rigueur,
comme de simples Sections du Genre principal. C'est à l'une de ces Sections,
comme on le verra plus loin, que doivent être rapportées les formes fossiles, que
M. Sacco a classées comme *Columbella* ; il en résulte que nous n'avons à enre-
gistrer que très peu d'espèces fossiles appartenant absolument à la Section-type.
Columbus est un synonyme évident de *Columbella*, ainsi que *Columbellarius*,
d'après Hermannsen.

Répart. stratigr.

> PLIOCENE. — Une espèce dans les couches de la Floride : *C. rusticoïdes* Heilp.
> [Trans. Wagner free Inst. 1887, p. 81, pl. VIII, fig. 9]. Une autre espèce
> dans les couches néogéniques de Java : *C. bandagensis* Mart., d'après la
> Monographie de cet auteur.
>
> PLEISTOCENE. — Une espèce, encore vivante dans la Méditerranée, fossile
> dans les sables quaternaires des Alpes maritimes et de la Sicile : *V. rus-*
> *tica* Lin., ma coll.
>
> EPOQUE ACTUELLE. — Nombreuses espèces dans toutes les mers, d'après le
> Manuel de Tryon.

ALIA, H. et A. Adams, 1853.   Type : *Col. carinata*, Hinds. Viv.

Taille au-dessous de la moyenne ; forme étagée sur les derniers
tours, qui sont carénés au-dessus de la suture ; surface entièrement
lisse ; spire assez courte, à galbe plus ou moins conique ; dernier tour
supérieur à la moitié de la hauteur totale, atténué et subexcavé à la
base qui porte quelques sillons obliques, jusque sur le cou presque
nul, non gonflé. Ouverture subrhomboïdale, à bords à peu près pa-

rallèles, avec une gouttière postérieure, peu profonde ; labre peu oblique, un peu arqué, subvariqueux à l'extérieur, crénelé sans saillie médiane à l'intérieur ; columelle à peine plissée et tordue, peu excavée en arrière ; bord columellaire faiblement ridé, sans crête saillante.

Diagnose complétée d'après un échantillon de l'espèce type, et d'après un plésiotype du Plaisancien de la Toscane : *Buccinum curtum* Dujardin (Pl. X, fig. 1), ma coll.

Rapp. et diff. — Beaucoup plus étroite et moins strombiforme que *Columbella s. s.*, cette Section mérite d'en être séparée ; la surface est lisse, et même brillante ou vernie chez les individus vivants ; lelabre est moins oblique, moins contracté à l'intérieur, de sorte que l'ouverture paraît un peu moins étroite et moins sinueuse.

Répart. stratigr.
MIOCENE. — Plusieurs espèces dans l'Helvétien et le Tortonien du Piémont : *C. ringens, inflata, abbreviata* Bell., *C. bellardensis, conidea, scalata* Sacco, d'après la Monographie de cet auteur ; l'espèce plésiotype ci-dessus figurée, avec toutes ses variétés, dans la Touraine, le Bassin de Vienne et l'Aquitaine, ma coll. Une espèce plus allongée, dans l'Helvétien de la Touraine : *C. turonica* Mayer, ma coll.
PLIOCENE. — L'espèce plésiotype, dans le Plaisancien d'Italie, et dans le Messinien de Vaucluse, ma coll. Une espèce dans les couches néogéniques de Java : *C. palabuanensis* Martin, d'après la Monographie de cet auteur.
EPOQUE ACTUELLE. — Plusieurs espèces sur les côtes d'Amérique et en Australie, d'après le Manuel de Tryon.

CONIDEA, Swainson, 1840.   Type : *C. discors*, Gm. Viv.
(= *Brachelixella*, Sacco 1889 ; = *Pyrene*, Bolten 1798, *in* Adams 1853).

Taille au-dessous de la moyenne ; forme ovoïde ; spire généralement courte, parfois obtuse au sommet, à galbe conoïdal et subulé ; tours peu convexes, lisses, non étagés, à sutures linéaires, très étroits et se recouvrant plus ou moins ; dernier tour très grand, ovale, atténué ou même légèrement excavé à la base, qui est très faiblement sillonnée ; cou à peu près nul, à peine gonflé. Ouverture

étroite, à bord parallèles, avec une gouttière dans l'angle postérieur,
souvent étranglée quand les tours se recouvrent ; extrémité antérieure tronquée sans canal, avec une échancrure petite et assez profonde ; labre un peu oblique, subvariqueux à l'extérieur, contracté au
milieu et crénelé à l'intérieur ; columelle presque droite, à peine tordue et plissée en avant ; bord columellaire calleux, ridé, sans crête
antérieure.

> Diagnose complétée d'après l'espèce-type, et d'après un plésiotype à spire
> un peu pointue, du Tortonien de Saubrigues : *C. præcedens* Bell. (Pl. X,
> fig. 4-5), ma coll.

> **Rapp. et diff.** — Très voisine de la Section *Alia*, celle-ci s'en distingue par
> sa spire non étagée, généralement courte et obtuse au sommet, en tous cas
> conoïdale et subulée ; elle s'écarte davantage de *Columbella s. s.*, et elle forme
> une transition avec *Mitrella*. Mais le labre est encore variqueux, l'ouverture est
> étroite, à bords parallèles, et la forme n'est pas élancée comme celle de *M. scripta*.
> Il y a lieu d'y réunir *Brachelixella* Sacco, qui est représenté par une coquille
> miocénique, à spire encore plus courte que celle de l'espèce-type : les autres
> caractères sont identiques. Quant à *Pyrene* Bolten, il n'a été repris qu'en 1853,
> par les frères Adams ; c'est donc une dénomination postérieure, en fait, à *Coni-
> dea* (1840).

> **Répart, stratigr.**
> MIOCENE. — Une espèce (type de *Brachelixella*) dans l'Helvétien du Piémont :
> *C. Klipsteini* Mich"., d'après la Monographie de M. Sacco. L'espèce plésio-
> type ci-dessus figurée, dans le Tortonien des Landes, ma coll., et du Pié-
> mont, d'après M. Sacco.
> PLIOCENE. — Une espèce à spire un peu allongée, dans le Plaisancien des
> Alpes-Maritimes et de l'Italie centrale : *Mitra turgidula* Br., ma coll. ; la
> même dans le Messinien de Vaucluse, ma coll.
> EPOQUE ACTUELLE. — Plusieurs espèces en Océanie, dans l'Océan Indien, sur
> la côte orientale d'Afrique, aux Indes occid., d'après le Manuel de Tryon.

MITRELLA, Risso, 1826.

(*non Mitrella*, Swainson 1840).

Coquille allongée, étroite, sans canal antérieur ; ouverture petite,
un peu ovale ; labre non variqueux ; columelle à peine ridée ; pas
d'échancrure.

Mitrella

MITRELLA, *sensu stricto*.   Type : *Murex scriptus*, Lin. Viv.
(= *Angulatomitrella* et *Arcuatomitrella*, Sacco, 1889).

Taille assez petite ; forme étroite, subulée ; spire longue, aiguë, lisse, à galbe conique ; protoconque paucispirée, formant un petit bouton à nucléus obtus et peu saillant ; tours presque plans, séparés par des sutures linéaires : dernier tour au plus égal à la moitié de la longueur totale, non ventru, ovale, atténué et à peine creusé à la base qui n'est pas sillonnée, sauf quelquefois sur le cou très court et dépourvu de bourrelet. Ouverture petite, à bords non parallèles, presque dépourvue de gouttière postérieure, sans canal antérieur, tronquée par une échancrure basale qui n'entaille pas le cou ; labre à peu près vertical, non variqueux, crénelé intérieurement sans renflement médian ; columelle droite, non plissée, à peine tordue en avant ; bord columellaire peu calleux, portant quelques rides inégales.

> Diagnose complétée d'après l'espèce-type, échantillons vivants, et fossiles du Plaisancien de Biot (Pl. X, fig. 2), ma coll. ; et d'après une espèce plésiotype de l'Astien de Cannes : *C. prolixa* Bell. (Pl. X, fig. 13), ma coll.

Observ. — Il n'y a pas à confondre la dénomination appliquée par Risso à l'espèce méditerranéenne, avec celle que Swainson a ultérieurement donnée à un Sous-Genre de *Mitra*. Quant aux Sections *Angulatomitrella* et *Arcuatomitrella*, que M. Sacco a proposées dans l'achèvement de la Monographie de Bellardi, je les trouve tout à fait superflues : l'espèce-type est, en effet, sujette à tant de variations, que l'on pourrait y trouver des exemplaires représentant exactement les formes que M. Sacco a séparées sous ces noms. Il y a lieu de remarquer, d'ailleurs, que *Conidea præcedens* est précisément classé par lui dans la Section *Arcuatomitrella*, tandis que c'est un *Conidea* bien caractérisé; c'est la meilleure preuve de l'écueil dans lequel on tombe, quand on a égard qu'à la forme extérieure de la coquille pour établir des subdivisions génériques, surtout dans la Famille *Columbellidæ*.

Rapp. et diff. — Ce Genre se rapproche beaucoup de quelques Sections de *Columbella*, et surtout de certains échantillons de *Conidea præcedens*, ou même de quelques variétés courtes d'*Alia* ; toutefois, on l'en distingue : par son ouverture plus petite. moins rétrécie ; par son labre non variqueux à l'extérieur ; surtout, par sa columelle à peine tordue, non rainurée ; enfin, par sa forme élancée, à galbe conique.

Répart. stratigr.

Miocene. — Une espèce dans l'Helvétien de la Touraine : *Mitrella gracilis* Mayer, d'après MM. Ivolas et Peyrot. Plusieurs espèces dans l'Helvétien et le Tortonien du Piémont : *C. complanata, transiens, acuminata, oblonga* Bell., *C. liguloides* Doderl., d'après la Monographie de M. Sacco.

Pliocene. — L'espèce-type dans le Plaisancien et l'Astien des Alpes-Maritimes (ma coll.) et du Piémont, d'après M. Sacco ; le plésiotype ci-dessus figuré dans l'Astien des Alpes-Maritimes (ma coll.) et du Piémont, d'après M. Sacco : deux autres espèces dans l'Astien du Piémont et de l'Italie centrale *C. semicaudata* et *erythrostoma* Bon., ma coll., pour la seconde provenance.

Pleistocene. — L'espèce-type dans les couches récentes de Palerme, ma coll.

Epoque actuelle. — Très nombreuses espèces, dans toutes les mers, d'après le Manuel de Tryon.

ANACHIS, H. et A. Adams, 1853.

Coquille assez petite, costulée, sillonnée ou treillissée ; canal rudimentaire ; labre variqueux ; columelle ridée ; échancrure profonde.

Anachis, *sensu stricto.*   Type : *Columbella rugosa*, Sow. Viv.
(= *Seminella*, Pease 1867 ; = *Mitropsis*, Pease 1867 ;
= *Costoanachis* et *Ecostoanachis*, Sacco 1889).

Taille au-dessous de la moyenne ; forme trapue ; spire assez courte, à galbe conique ou subconoïdal ; protoconque obtuse ; tours à peu près plans, souvent étagés par une rampe suturale, ornés de côtes axiales, droites, qui disparaissent quelquefois sur les derniers tours, et de fins sillons spiraux dans les intervalles de ces côtes, persistant parfois quand les côtes s'effacent ; dernier tour grand, assez ventru, arqué à la base, sur laquelle cessent ou s'amincissent les côtes, et qui porte, sur sa surface déclive, des rubans spiraux ou des cordonnets assez serrés, jusque sur le cou court et dénué de bourrelet. Ouverture un peu rétrécie, à bords presque parallèles, avec une étroite gout-

tière postérieure, limitée par une callosité pariétale, faiblement contractée en avant, où elle se termine par un canal très rudimentaire,
échancré à son extrémité ; labre très variqueux, bordé par une côte
externe aplatie, entaillée au-dessus de la suture par un très petit
sinus ; crénelures internes, jusque vis-à-vis la callosité pariétale opposée ; columelle presque droite, subplissée et infléchie en avant ;
bord columellaire fortement ridé.

Diagnose complétée d'après l'espèce-type, et d'après des plésiotypes fossiles : *Cl. Hœrnesi*, Mayer, (Pl. X, fig. 8), des Faluns de Pontlevoy ; et
Bucc. corrugatum Br.. (Pl. X, fig. 6-7), de l'Astien de Cannes, ma coll.

Rapp. et diff. — Avec le Genre *Anachis*, commence à apparaître un canal très
rudimentaire à l'extrémité antérieure de l'ouverture ; en outre, la spire est
généralement costulée, le labre est invariablement variqueux, comme chez *Columbella* d'ailleurs. En définitive, on est bien obligé de reconnaître qu'il existe
des formes intermédiaires, permettant de passer d'une Sous-Famille à l'autre ;
mais il n'en est pas moins vrai qu'*Anachis* est, à cause de l'ornementation de la
spire, représenté par un ensemble d'espèces assez homogènes, dont la détermination générique ne présente pas de sérieuses difficultés. M. Sacco y a distingué deux Sections : *Costoanachis, Ecostoanachis*, dont la nécessité ne paraît
pas s'imposer ; il s'agit, en effet, de différences d'ornementation qui ne sont
même pas constantes chez la même espèce ; dans la seconde Section, les côtes
n'atteignent pas toujours les derniers tours des individus adultes ; je n'ai donc
pas cru utile de reprendre ces dénominations. Quant à *Seminella* Pease, dont le
type est *C. Garretti* Tryon, j'y cherche vainement des différences génériques ; il
en est de même de *Mitropsis* Pease, que Tryon considère, d'ailleurs, comme à peu
près synonyme de *Seminella*.

Repart. stratigr.
    Eocene. — Une espèce très douteuse, dans l'Australie méridionale : *Col.
funiculata* T. Woods, ma coll.
    Miocene. — Outre l'espèce plésiotype ci-dessus figurée, dans l'Helvétien de
la Touraine, une autre espèce plus étroite : *A. majuscula* Mayer Eymar,
d'après MM. Ivolas et Peyrot ; plusieurs espèces dans l'Helvétien et le Tortonien du Piémont : *A. turrita, procorrugata, parva, magnicostata. semiplicata* Sacco, *Col. cytherea* Doderl., d'après la Monographie de M. Sacco.
Une espèce treillissée, dans le Burdigalien de Mérignac (Gironde) :
C. Linderi Mayer, ma coll. ; une espèce rapportée à *C. corrugata*, dans le
Burdigalien et le Tortonien de l'Aquitaine, ma coll. La même dans le
Bassin de Vienne, avec plusieurs autres espèces : *A Haueri* Hœrn. et

Auing., *Col. Dujardini* M. Hœrn., *A. Zitteli, austriaca* H. et A., *Col. Bellardii* M. Hœrn. d'après la Monographie de MM. R. Hœrnes et Auinger.

PLIOCENE. — Deux espèces dans l'Astien des Alpes maritimes : le plésiotype ci-dessus figuré, et *C. Mariæ* Depontaillier, du groupe *Ecostoanachis*, ma coll. Une espèce simplement sillonnée, dans le Crag d'Anvers : *C. sulcata* Sow., ma coll. Trois espèces dans le Plaisancien et l'Astien d'Italie : *A. turbinella* et *semicostata* Sacco, *Buccinum corrugatum* Brocchi, d'après la Monographie de M. Sacco. Une variété ventrue de cette dernière, dans les Pyrénées orientales, d'après Fontannes. Une espèce dans le Crag de Suffolk : *Col. sulculata*, Wood, d'après la figure. Plusieurs espèces dans la Caroline du Sud et la Floride : *A. caloosaensis, camax, thitoma* Dall., d'après la Monographie de cet auteur [Tert. Flor. I, p. 156, pl. XII, fig. 3 et 6]. Trois espèces dans la Nouvelle Zélande : *C. rarians, pisaniopsis, cancellaria* Hutton, d'après la Monographie de cet auteur [Plioc. Moll. N. Z., p. 45, Pl. VI, fig. 16-18].

EPOQUE ACTUELLE. — Plusieurs espèces à Panama dans l'Océan indien et la Polynésie, d'après Tryon.

ASTYRIS, H. et A. Adams, 1863.   Type : *Col. rosacea*, Gould. Viv.

Taille assez petite ; forme conique, peu ventrue ; spire médiocrement allongée, subulée, à galbe conique ou légèrement conoïdal ; protoconque paucispirée, obtuse ; tours presque plans, lisses, brillants, séparés par des sutures rainurées ; dernier tour égal à la moitié environ de la longueur totale, arrondi à la périphérie de la base, qui est un peu excavée sur le cou, et munie de quelques sillons obliques. Ouverture courte, assez large, subrhomboïdale, avec une faible gouttière postérieure, terminée en avant par un canal rudimentaire et tronqué, avec une échancrure basale assez profonde ; labre subvariqueux, très finement crénelé à l'intérieur, souvent même dépourvu de plis, à profit absolument vertical ; collumelle rectiligne en arrière, obliquement coudée en avant, sans apparence de plis ; bord columellaire étroit, calleux, formant une crête un peu saillante, généralement sans rides.

Diagnose refaite d'après la figure de l'espèce-type, et d'après un plésiotype du Miocène du Maryland : *A. communis* Conrad (Pl. X, fig. 14-15). ma coll.

Rapp. et diff. — Fischer classe *Astyris* comme Section du Sous-Genre *Amphissa*, ce qui me paraît inadmissible, à cause de la proximité d'*Amphissa* et de *Columbella s. s.*, tandis qu'*Astyris* a plutôt le galbe de *Mitrella*. Quant à Tryon, il en fait un synonyme de *Mitrella*, quoiqu'*Astyris* s'en distingue par son canal rudimentaire, par son échancrure basale, par ses sutures rainurées, et par son labre moins crénelé, ou lisse à l'intérieur. M. Dall me paraît beaucoup plus près de la vérité, en classant *Astyris* auprès d'*Anachis*, dans sa Monographie du Tertiaire de la Floride ; c'est, à mon avis, un Sous-Genre qui se distingue du Genre *Anachis* par sa surface lisse, même sur les premiers tours, par son ouverture et son dernier tour plus courts, par son labre moins variqueux, et par sa columelle moins ridée, dépourvue de pli antérieur.

Répart. stratigr.

MIOCENE. — L'espèce plésiotype ci-dessus figurée, dans le Maryland, ma coll.

PLIOCENE. — Quatre espèces dans les Marnes de la Caroline du Sud et de la Floride : *Nassa lunata* Say, *Col. fusiformis* d'Orb., *A. profundi* et *multilineata* Dall [Tert. Flor. I, p. 137].

EPOQUE ACTUELLE. — Quelques espèces sur les côtes de l'Amérique du Nord et du Spizberg.

TURRICOLUMBUS, *nov. subgen.* Type : *Col. crebricostata*, T. Woods. Eoc.

Taille assez petite ; forme turriculée, étroite ; spire longue, scalaroïde, à galbe conique ; protoconque globuleuse, lisse, paucispirée, à nucléus obtus et un peu incliné ; tours convexes, à sutures linéaires, ornés de petits plis curvilignes, serrés, croisés par de nombreux filets spiraux ; dernier tour à peine supérieur au tiers de la longueur totale, à base déclive, sur laquelle cessent les plis et se prolongent les filets, jusqu'au cou qui est très court, non gonflé. Ouverture très courte, ovale, avec une faible gouttière postérieure, tronquée en avant par un canal rudimentaire, à peine échancré à son extrémité ; labre épaissi à l'extérieur par une grosse varice, un peu sinueux en arrière, lisse à l'intérieur ; columelle non plissée et dépourvue de rides, faiblement arquée en arrière, très obliquement coudée en avant ; bord columellaire étroit, un peu calleux, bien limité.

Diagnose établie d'après des échantillons de l'espèce-
type, de l'Eocène de Muddy Creek (Pl. X, fig. 11-12),
ma coll. Protoconque grossie (Fig. 53).

Rapp. et diff. — Cette jolie coquille a beaucoup d'affinités avec certains *Anachis* treillissés ; cependant le galbe
turriculé de la spire, la convexité des tours, la brièveté du
dernier, l'absence de plis et de rides à la columelle, le peu
de profondeur de l'échancrure, justifient la création
d'un Sous-Genre distinct, au même titre qu'*Astyris*.
On pourrait rapprocher aussi *Turricolumbus* de quel-

Fig. 53. -- *Turricolumbus
crebricostatus*, T. Woods.

ques *Coptochetus* ; mais, outre que l'ornementation n'est pas du tout semblable,
et que la columelle ne se termine pas par un véritable canal, il y a lieu de tenir
compte de ce que la protoconque est déprimée, non papilleuse comme celle des
Chrysodomidæ, quoique le nucléus soit un peu dévié, mais sans saillie. Je n'ai
pas cru devoir rapporter au même Sous-Genre l'autre coquille éocénique d'Australie, qui est ci-dessus mentionnée, comme un *Anachis* douteux : *C. funiculata*
T. Woods, parce que son ornementation a un aspect tout-à-fait différent (funicules spiraux, décussés par de petits plis), et parce que le canal de celle-ci est
un peu plus visible.

Répart. stratigr.
Eocène. — L'espèce-type dans l'Australie (Victoria), ma coll.

STROMBINELLA, Dall, 1896.   Type : *S. acuformis*, Dall. Olig.

« Coquille étroite, avec une bande suprasuturale, terminée par
» une nodosité à la partie inférieure du labre, près de la suture, chez
» l'adulte ; ornementation costulée comme celle d'*Ana-*
» *chis* ; ouverture d'*Anachis*. »

Diagnose traduite d'après celle de M. Dall [Desc. of tert.
foss. from. the Antillean region, 1896 : Proc. V. S. nat.
Mus. vol. XIX, p. 312, Pl. XXIX, fig.6]. Reproduction de
la figure originale (**Fig. 54**).

Rapp. et diff. — Cette petite coquille a tout-à-fait la forme
et l'ornementation de *Terebra* ; toutefois M. Dall fait observer
que l'ouverture est celle d'*Anachis* ; le labre porte, à l'intérieur, quelques plis lirés, la columelle est droite et paraît

Fig. 54. -- *Strom-
binella acufor-
mis*, Dall.

lisse sur la figure. En tous cas, le nom *Strombinella* n'est pas heureusement
choisi ; car cette coquille n'a certainement aucun rapport avec *Strombina*,
dont elle ne pourrait être le diminutif.

Anachis

Répart. stratigr.

OLIGOCENE. — L'espèce-type dans les couches oligocéniques de Saint Domin-
gue (*alias* Miocène), d'après M. Dall.

STROMBOCOLUMBUS, *nom. mut.*

(= *Strombina*, Mörch 1859, *non* Bronn 1849).

Coquille strombiforme, à péristome calleux, à nodosités gibbeuses,
irrégulières, sur la surface ; canal court, échancré ; labre prolongé
en arrière, crénelé à l'intérieur, variqueux à l'extérieur ; columelle
sans pli.

STROMBOCOLUMBUS, *sensu stricto.*   Type : *C. lanceolata*, Sow. (= *recurva*, Sow. *sec.* Tryon). Viv.

Test épais. Taille moyenne, ou un peu au-dessous ; forme biconique, stromboïdale ou columbelloïde ; spire médiocrement allongée,
subulée, à galbe conique ; tours plans ou subanguleux, et dans ce
cas, chargés de nodosités sur l'angle ; dernier tour ventru, portant
généralement trois gibbosités noduleuses, l'une au labre, l'autre à
l'opposé de l'ouverture, et la troisième sur le dos ; base plus ou
moins déclive, ornée de sillons écartés qui s'enroulent obliquement
sur le cou. Ouverture très rétrécie par un péristome très calleux, allongée et sinueuse, avec une étroite et profonde gouttière postérieure, terminée en avant par un canal court, à peine distinct, échancré à son extrémité ; labre épais, variqueux outre la gibbosité
inférieure, crénelé à l'intérieur avec une saillie bombée au milieu ;
columelle rectiligne en arrière, infléchie et incurvée en avant, mais
non plissée ; bord columellaire très calleux et très étalé en arrière,
subdétaché, aminci et rétréci en avant, dépourvu de rides.

Diagnose complétée d'après l'espèce-type, et d'après un plésiotype néogénique de la Martinique : *Col. cf. gibberula* Sow. (Pl. X, fig. 18), ma coll.

Observ. — Ainsi que l'ont signalé MM. Bucquoy, Dautzenberg, Dollfus, dans
les « Mollusques du Roussillon », la dénomination *Strombina*, proposée par
Mörch en 1857, avait déjà été employée par Bronn, en 1849, dans un tout autre

16

sens. La correction de ce double emploi n'ayant pas encore été faite, j'ai dû donner une nouvelle dénomination à ce Genre de la Famille *Columbellidæ*.

Rapp . et diff. — Ce Genre est évidemment voisin de *Columbella s. s.* ; mais on l'en distingue par son canal formé, quoique court, par ses gibbosités strom-biformes, par sa columelle lisse, etc. ; à part ces différences, certaines espèces ont une réelle analogie avec *Amphissa*.

Répart. stratigr.

> EOCÈNE. — Une espèce bien caractérisée, dans le Bassin de Nantes : *S. Dumasi*, Cossm., coll. Dumas [Moll. éoc. Loire inf. T. II, fasc. 2, 1901].
>
> PLIOCÈNE. — L'espèce vivante ci-dessus figurée, dans les couches néogéniques de la Martinique, ma coll.
>
> EPOQUE ACTUELLE. — Quelques espèces sur les côtes de l'Amérique centrale, au Pérou, aux îles Galapagos, et dans la Papouasie, d'après le Manuel de Tryon.

*

ATILIA, H. et A. Adams, 1853.

Canal antérieur plus ou moins long ; surface lisse ou costulée ; columelle faiblement plissée ; bord columellaire souvent ridé.

ATILIA, *sensu stricto.*   Type : *Mitrella minor*, Scacchi. Viv.
(= *Columbellopsis*, B. D. D. 1882 ; = *Tetrastomella*, Bell. 1889 ;

= *Clinurella*, Sacco 1889, *ex parte*).

Taille au-dessous de la moyenne ; forme étroite, spire subulée, lisse ; tours plans, à sutures profondes ; dernier tour peu élevé, peu convexe, subanguleux à la périphérie de la base, qui est un peu ex-cavée et sillonnée, jusque sur le cou très court, non gonflé. Ouver-ture petite, subrhomboïdale, avec une petite gouttière détachée dans l'angle postérieur, contractée en avant et terminée par un canal court, droit, tronqué avec une petite échancrure basale ; labre à peu près vertical, épais et variqueux à l'extérieur, crénelé à l'intérieur ; co-lumelle presque droite en arrière, plissée ou rainurée en avant, à peine infléchie vers la droite à son extrémité ; bord columellaire mince, bien limité à l'extérieur, souvent même par un sillon, muni de plusieurs rides dentiformes en avant.

Diagnose complétée d'après des échantillons de l'espèce-type, vivants dans la Méditerrané, et fossiles de l'Astien de Cannes (Pl. X, fig. 9-10), ma coll.

Observ. — MM. Bucquoy, Dautzenberg et Dollfus [Moll. Rouss. I, p. 77] ont proposé, en 1882, un Sous-Genre *Columbellopsis,* dont le type est *C. minor,* c'est-à dire précisément l'espèce que tous les auteurs (Fischer, Tryon) admettent comme type d'*Atilia* ; la synonymie est donc évidente, et elle ne peut s'expliquer que par une interprétation différente du nom *Atilia,* d'ailleurs non mentionné dans le texte précité. En ce qui concerne *Tetrastomella* Bellardi, et une partie des espèces citées dans le Sous-Genre *Clinurella* Sacco, je n'aperçois absolument aucune différence avec *Atilia,* et je me demande pourquoi M. Sacco a créé ou admis autant de dénominations nouvelles, sans chercher d'abord à établir une assimilation avec les subdivisions proposées par les frères Adams, surtout après avoir dressé préalablement un cadre synoptique des *Columbellidæ,* qui est la première tentative qu'on ait faite d'un classement rationnel de cette Famille.

Rapp. et diff. — *Atilia* se distingue de *Mitrella,* qui a, en apparence, le même aspect extérieur, par son canal plus complètement formé, quoique assez court, par son ouverture plus quadrangulaire, par son labre variqueux à l'extérieur, par ses sutures plus profondes, souvent rainurées. Si on le compare à *Astyris* qui a aussi la surface lisse, le labre épais, et dont le canal est rudimentaire, on trouve néanmoins que l'ouverture est bien plus étroite et plus rhomboïdale, que la columelle est plissée, que le galbe de la spire est plus turriculé, etc.

Répart. stratigr.

EOCENE. — Deux espèces dans le Suessonien et le Parisien des environs de Paris ; *Triton augustus* (1) Desh., *Col. biarata* Cossm., ma coll. Une espèce dans la Loire-Inférieure : *C. hordeola* Cossm., coll. Bourdot. Deux espèces dans le Claibornien et le Jacksonien des Etats Unis : *Fasciolaria elevata* Lea, *Col. turricula* Whitf., ma coll. Une espèce à Muddy Creek (Victoria) : *C. cænozoica* T. Woods, ma coll.

MIOCENE. — Plusieurs espèces dans l'Helvétien et le Tortonien du Piémont : *Tetrastromella crassilabris, inedita, teres. addita* Bell., *T. miopedemontana* Sacco, d'après la Monographie de cet auteur; une autre espèce classée comme *Clinurella* par M. Sacco : *Col. Borsoni* Bell. dans le Tortonien des Landes et de l'Italie centrale, ma coll.

PLIOCENE. — Outre le plésiotype ci-dessus figuré, des Alpes-Maritimes, ma coll., plusieurs espèces dans le Piémont : *Tetrastomella astensis* Bell., *T. villaverdiensis* Sacco, *Clinurella rialensis* Sacco, d'après la Monographie

---

(1) L'espèce miocénique, décrite par M. Sacco, doit, quoiqu'elle appartienne à un autre Sous-Genre, changer de nom : **Macrurella Saccoi,** *nobis.* Avant de décrire l'espèce parisienne comme *Columbella,* j'avais eu la précaution d'écrire à Bellardi, pour m'informer s'il n'existait pas antérieurement un *C. angusta* avec lequel *C. angusta* Desh. aurait fait double emploi ; il m'avait répondu négativement, et en fait, l'espèce de M. Sacco (1889) est bien postérieure à celle de Deshayes.

de cet auteur. Une espèce dans le Messinien de Vaucluse et dans les argiles du Roussillon : *Strombina tetragonostoma* Fontaunes, d'après la figure
publiée par cet auteur ; la même, dans le Plaisancien de la Catalogne,
d'après Almera et Bofik.

Époque actuelle. — Une partie seulement des espèces désignées comme
Atilia, dans le Manuel de Tryon qui y a réuni des *Mitrella* et des *Astyris* :
le classement serait à réviser complètement, à ce point de vue; mais cette
revision sortirait du cadre paléontologique de cet ouvrage.

MACRURELLA, Sacco, 1889.   Néotype : *Fusus nassoides*, Grat. Mioc.
(= *Orthurella*, Sacco 1889).

Taille au-dessus de la moyenne ; forme fusoïde, subulée, peu ventrue ; spire longue, pointue au sommet, à galbe extraconique ; protoconque lisse, paucispirée, subglobuleuse, à nucléus obtus, sans saillie,
obliquement dévié ; tours assez étroits, lisses, presque plans, séparés
par des sutures rainurées ; dernier tour inférieur à la moitié de la
hauteur totale, peu ventru, ovale, arrondi à la base qui n'est excavée
que vers le cou droit, long, à peine gonflé, orné de sillons obliques
sur toute sa hauteur. Ouverture subrhomboïdale, à bords presque parallèles, munie d'une étroite gouttière subdétachée dans l'angle inférieur, contractée et rétrécie à la naissance du canal, qui est un peu
allongé, presque droit, parfois légèrement incurvé, et toujours un peu
dilaté à son extrémité, où il est tronqué presque sans aucune échancrure ; labre faiblement incliné à droite de l'axe, du côté antérieur,
variqueux à l'extérieur, crénelé à l'intérieur, sans aucun renflement
médian ; columelle rectiligne, à peine infléchie à droite en avant,
munie au milieu d'une rainure spirale et peu oblique, qui sépare un
pli tordu, visible seulement quand l'ouverture est mutilée; bord columellaire lisse, peu calleux, formant une mince lamelle détachée de
la base et du cou, se terminant en pointe effilée contre le canal.

Diagnose refaite d'après des échantillons de l'espèce-néotype, du Plaisancien de Biot (Pl. X, fig. 25), ma coll.

Observ. — En créant ce Sous-Genre, M. Sacco n'en a pas indiqué le type :
la première espèce décrite est un fragment indéterminable au point de vue gé-

nérique (*Coll. doliolum* Bell.). Dans ces conditions, je préfère adopter, comme néotype, une autre espèce. que l'auteur y classe d'ailleurs, quoiqu'à la fin, et qui me paraît le mieux en représenter les caractères ; en outre, c'est une forme commune, en très bel état de conservation, et il y a toujours avantage à choisir pour types génériques des espèces répandues, aussi parfaites que possible, surtout quant à l'ouverture. En ce qui concerne la dénomination *Orthurella* Sacco, j'avoue que je n'aperçois, chez le type (*Coll. elongata* Bell.), d'autres différences qu'un canal un peu moins incurvé : encore y a-t-il des échantillons de *C. nassoides* qui ont le canal presque aussi droit, et cela dépend de l'âge de la coquille ; je réunis donc *Orthurella* à *Macrurella*. Fischer a cité, comme exemple fossile d'*Atilia* : *Murex subulatus* Br., que M. Sacco a classé comme *Tetrastomella* (= *Atilia*) ; or je ne vois pas de différence générique entre cette espèce et *C. nassoides* : c'est donc dans la Section *Macrurella* du genre *Atilia* qu'il y a lieu de la classer définitivement.

Rapp. et diff. — Cette Section se distingue assez aisément d'*Atilia*, non seulement parce que son canal est bien plus long et dilaté à son extrémité, mais encore parce que son bord columellaire, détaché, n'est pas ridé ; en outre, l'échancrure basale est encore moins profonde, le galbe de la spire est plus sinueux, extraconique au début, conoïdal sur les derniers tours.

Répart. stratigr.
> MIOCENE. — Outre l'espèce néotype dans le Tortonien des Landes, du Bassin de Vienne, ma coll., plusieurs espèces dans l'Helvétien et le Tortonien du Piémont : *M. Saccoi* Cossm. (= *C. angusta* Sacco, non Desh. *sp.*), *M. offerta*, *pronassoides* Sacco, *C. proxima* et *vicina* Bell., d'après la Monographie de M. Sacco. Plusieurs espèces dans le bassin de Vienne : *C. carinata* (¹) Hilber, *Anachis Moravica* et *bucciniformis* H. et A., *Mitrella Petersi* Hœrnes et Auinger, d'après ces auteurs.

> PLIOCENE. — L'espèce-néotype dans le Plaisancien des Alpes-Maritimes et de l'Italie centrale, ma coll., dans l'Astien de Cannes, ma coll. Une espèce dans le Plaisancien de la Catalogne : *Murex subulatus* Br., d'après la Monographie de MM. Almera et Bofill.

> EPOQUE ACTUELLE. — Quelques espèces classées comme *Atilia* par Tryon (*C. subulata* (²) Duclos, *C. hirundo* Gask., etc.), aux Antilles.

CRENISUTURA, Cossmann, 1899.   Type : *Murex thiara*, Brocchi. Plioc. (= *Thiarella*, Saeco 1889, *non* Swainson 1840).

Taille moyenne, ou un peu au-dessus : forme térébroïde, élancée ; spire pointue, allongée, à galbe conique, ou un peu extraconique ;

(¹) L'espèce d'Hilber, postérieure à celle de Bonelli, doit changer de nom ; je propose donc : **Atilia** (*Macrurella*) **Hilberi**, *nobis*.

(²) Cette espèce vivante ne doit pas être confondue avec *C. subulata*, du Néogène, car elle a le canal deux fois plus long ; il y a lieu de la dénommer : **Atilia** (*Macrurella*) **longicauda**, *nobis*.

Atilia

protoconque de deux tours et demi, convexes. lisses, à nucléus non
saillant, subdévié ; tours plans, séparés par des sutures bordées, ornés de costules droites, qui produisent, sur le bourrelet sutural, des
nodosités épineuses, et qui sont parfois traversées par des cordons
spiraux ; dernier tour un peu inférieur à la moitié de la hauteur totale, subanguleux ou arqué à la périphérie de la base, sur laquelle
cessent les côtes, et qui est un peu excavée vers le cou, long, droit,
marqué de sillons obliques, et absolument dépourvu de gonflement.
Ouverture subrhomboïdale, avec une étroite gouttière dans l'angle
postérieur, contractée et rétrécie à l'origine du canal qui est long,
droit, peu ou point dilaté à son extrémité, tronqué sans aucune
échancrure ; labre à peine épaissi, ou très faiblement variqueux, arqué
en profil du côté postérieur, intérieurement plissé ou crénelé ; columelle droite sur toute sa hauteur, munie d'un pli imperceptible,
visible seulement quand l'ouverture est cassée ; bord columellaire
lisse, détaché, peu calleux.

Diagnose complétée d'après des échantillons de l'espèce-type, du Plaisancien de Biot (Pl. X, fig. 21-22), ma coll.

Rapp. et diff. — Ce Sous-Genre mérite d'être séparé d'*Atilia*, non seulement
parce qu'il a le canal aussi long que celui de *Macrurella*, mais encore parce que
la surface est ornée, tandis que même les premiers tours ne le sont jamais chez
les précédents ; le pli columellaire a presque complètement disparu, et le labre
est à peine variqueux ; enfin, l'échancrure basale se réduit à une troncature
transversale de l'extrémité du canal, qui n'est pas dilaté comme celui de *Macrurella*. J'ai été obligé de changer le nom donné par M. Sacco, pour corriger un
double emploi évident [V. Revue critique de Paléoz., III, p. 46 ; non repéré à la
table alpbabétique de 1899].

Répart. stratigr.
MIOCENE. — Deux espèces dans le Tortonien du Piémont : *Thiarella Rovasendæ*
Sacco, *Col. carinata* Bon., d'après la Monographie de M. Sacco. Une espèce
dans le Bassin de Vienne confondue avec le type par Hœrnes : *C. Bronni*
Mayer, d'après Fontannes. ·
PLIOCENE. — L'espèce-type dans le Plaisancien des Alpes-Maritimes et de
l'Italie centrale, ma coll. ; dans le Piémont, d'après M. Sacco. Une variété
dans les argiles de l'Ardèche : *Strombina Torcapeli* Fontannes, d'après la
Monographie de cet auteur. L'espèce-type dans le Plaisancien de la Catalogne, d'après MM. Almera et Bofill.

Scabrella, Sacco, 1889.   Type : *Columbella scabra*, Bell. Mioc.
(= *Thiarinella*, Sacco 1889 ?).

Taille au-dessous de la moyenne ; forme fusoïde, un peu trapue ;
spire pointue, à galbe à peu près conique ; tours plans, costulés,
généralement épineux vers la suture qui est étagée par une petite
rampe spirale ; dernier tour presque égal à la moitié de la hauteur
totale, un peu excavée à la base, sur laquelle cessent les côtes et apparaissent les sillons spiraux, obliquement enroulés sur le cou qui est
assez court et déclive. Ouverture peu élevée, subtrigone ou quadrangulaire, à bords non parallèles, avec une gouttière dans l'angle postérieur, contractée en avant et terminée par un canal court, tronqué
presque sans échancrure à son extrémité ; labre presque droit, subvariqueux, un peu crénelé à l'intérieur ; columelle droite, rainurée ;
bord columellaire large, subdétaché, parfois ridé.

Diagnose complétée d'après un plésiotype du Tortonien de Saubrigues :
Atilia (Scabrella) Dumasi nov. sp. (Pl. X, fig. 19-20), ma coll. [voir la description à l'annexe ci-après].

Rapp. et diff. — Cette Section diffère de *Crenisutura* par son canal beaucoup
plus brièvement tronqué, par son bord columellaire souvent ridé, par ses côtes
en général plus épineuses, et par ses tours plus étagés. J'y réunis, non sans
hésitation, *Thiarellina* qui, d'après la figure de l'unique espèce (*Fusus comptus*
Bronn) parait être un *Anachis* costulé sans épines, mais dont le canal est plus
formé, et se rattache par suite plutôt à *Scabrella*. Il n'est pas impossible qu'un
examen plus attentif de cette forme, dont je n'ai pas d'échantillons sous les
yeux, justifie la séparation définitive de cette Section, à la suite de *Scabrella* ;
mais, tant qu'il n'y a d'autre différence signalée que l'ornementation, je préfère suspendre tout jugement à cet égard.

Répart. stratigr.
MIOCENE. — L'espèce plésiotype ci dessus figurée, dans les Landes, ma coll.
Trois espèces dans l'Helvétien et le Tortonien du Piémont : *Scabrella pro-
scabra, Col. scabra* Bell., *Fusus comptus* Bronn, d'après la Monographie de
M. Sacco. Une espèce douteuse dans la Touraine ; *Anachis baccifera* Mayer,
d'après MM. Ivolas et Peyrot.
PLIOCENE. — L'avant-dernière espèce dans le Plaisancien de la Ligurie, d'après
M. Sacco.

ANNEXE

1° NOTES COMPLÉMENTAIRES RELATIVES AUX TROIS PREMIÈRES
LIVRAISONS

*

Première Livraison

OPISTHOBRANCHIATA

SOLIDULA. — A ajouter :
> PLIOCENE. — Deux espèces, ou variétés de *S. solidula,* dans les couches
> néogéniques de Karikal, coll. Bonnet, d'après la Monographie de
> M. Cossmann.

TORNATELLÆA. — A signaler :
> *T. simulata* du Bordelais n'appartient pas au Miocène, mais à l'Oligocène
> supérieur, d'après M. Benoist.

LIOCARENUS. — A ajouter :
> SENONIEN. — Une espèce bien caractérisée dans l'Allemagne du Nord : *Auri-*
> *cula ovum* Duj., d'après M. Muller [Untersenon. Braunschw. 1898, p. 129,
> pl. XVII, fig. 14-15].

COLOSTRACON, Hamlin 1884 ([1]). Type : *C. sinuatum,* Hamlin. Crét.

Ce Genre paraît très voisin d'*Actæonina* ; mais il a la columelle
prolongée en forme de bec ; il est possible toutefois que l'ouverture
soit mutilée, ainsi que cela arrive souvent pour *A, acuta,* du Rauracien, qui semble alors avoir un canal de *Ceritella.* Il n'y a donc lieu
d'admettre ce nouveau Sous-Genre, qui prolongerait l'existence
d'*Actæonina* jusque dans les couches supérieures du Crétacé, que sous
toutes réserves.

[1] Syrian Moll. foss. of M. Libanon, Cambridge, 1884.

Ovactæonina. — A ajouter :
> Toarcien. — Une espèce probable, dans le Yorkshire : *Act. Kendalli*, Hawell
> (1896).

HAMLINIA, J. Böhm, 1900.   Type : *Natica olivæ*, Fraas. Cén.

« Taille moyenne ; forme ovoïde ; tours embrassants, spire très
» courte ; suture ascendante sur le dernier tour ; ouverture très élevée,
» à peine inclinée sur l'axe ; bord columellaire détaché en avant, dé-
» couvrant la fente ombilicale. »

> Diagnose traduite d'après celle de l'auteur [Ueber cret. gastr. vom Libanon
> und vom Karmel, Z. d. g. ges. Bd. LII, Heft 2, p. 215, fig. 13-15].

L'auteur a séparé ce Genre d'*Actæonina s. s.*, en s'appuyant sur la définition
que j'en ai donnée dans la première livraison de mes « Essais » ; mais il ne dit
pas quelles sont les différences entre *Hamlinia* et *Cylindrobullina*, dont la diagnose s'applique presque textuellement à la figure de *A. olivæ*. Je ne vois donc,
jusqu'à preuve du contraire, d'autre motif de séparer *Hamlinia*, comme Section
de *Cylindrobullina*, que l'écart stratigraphique, celle-ci se terminant dans le
Portlandien, tandis que la coquille de Syrie est cénomanienne : or ce n'est pas
une raison suffisante, attendu qu'il est probable qu'on en trouvera ultérieurement dans le Néocomien et l'Albien.

Répart. stratigr.
> Cenomanien et Turonien. — Deux espèces syriennes, outre le type : *A syriaca*
> et *marabhensis* Whit., d'après M. Böhm.

Trochactæon. — A ajouter :
> Cenomanien. — Deux espèces syriennes : *Nerinea abbreviata* Conr., *Phasia-*
> *nella Absalonis* Fraas, d'après M. J. Böhm [*loc. cit.*].

Bulla. — A ajouter :
> Barremien. — Une espèce à peu près certaine, à Orgon : *B. Cureti* Cossm.,
> d'après l'auteur, coll. Pellat.

Acrocolpus. — A ajouter :
> Oligocene. — Une espèce dans le Tongrien de la Ligurie : *Bulla oligoplicata*
> Sacco, d'après les Monographies de M. Sacco et de M. Rovereto.

Alicula. — A ajouter :
> Pliocene. — Une espèce dans les couches de Karikal : *A. panaulax* Cossm.,
> coll. Bonnet, d'après la Monographie de l'auteur. Il y a lieu de remarquer
> que le pli tordu, mentionné dans la diagnose, n'existe pas chez l'espèce-
> type de ce Genre.

BRUNONIA, Muller, 1898.   Type : *B. grandis*, Muller. Sén.

« Coquille grande, non symétrique, étalée, avec des côtes irrégu-
» lières, assez élevées, couvrant toute la surface. Sommet pointu,
» situé en arrière et à gauche. »

Diagnose traduite d'après celle
de l'auteur [Untersenon
Braunschw. p. 131]. Reproduction de la figure réduite
de l'espèce-type (Fig. 53).

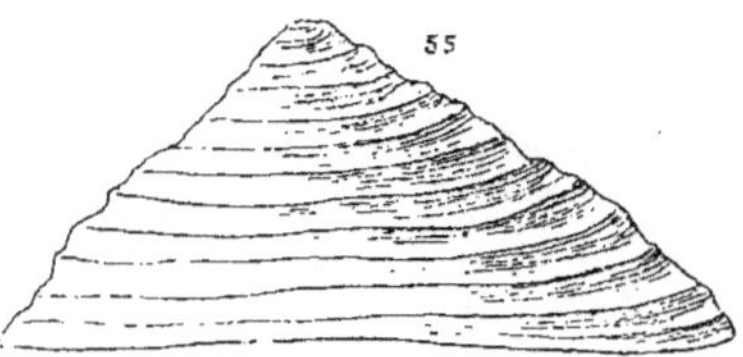

FIG. 31. -- *Brunonia grandis*, Muller.

Rapp. et diff. — Il est probable
que ce Genre est synonyme de *Rhytidopilus*, car je ne puis apercevoir aucune
différence générique; seul, l'écart stratigraphique pourrait, quant à présent,
justifier une séparation qui disparaîtrait le jour où l'on constatera la présence
de formes semblables dans les couches inférieures du système crétacique.

Répart. stratigr.
SÉNONIEN. — Deux espèces dans le Sénonien inférieur du Brunswick :
B. grandis et *irregularis* Muller, d'après les figures publiées par l'auteur.

*

Deuxième Livraison

ENTOMOTÆNIATA

Prosobranchiata

CERITHIELLA. — A ajouter :
CÉNOMANIEN. — Deux espèces syriennes : *C. margaritata* et *Blanckenhorni*
J. Böhm, d'après cet auteur (*loc. cit.*).

MAZATLANIA Dall (1), 1900.   *Nomen mutatum.*
(= *Euryta* Ad., *non* Gistel).

Voir, à ce sujet, ce qui est expliqué à la page 186 du T. IV (1900) de la
« Revue critique de Paléozoologie ».

(1) The Nautilus, Vol. XIV, n° 4.

MITHOMORPHA. — A ajouter :

> EOCENE. — Une espèce dans le Tertiaire inférieur d'Australie : *Mitra daph-nelloides* T. Woods, d'après M. Tate [Second suppl. to census of tert. Austr., p. 397].
>
> MIOCENE. — Une espèce dans le Redonien (ex-Tortonien, *sec.* G. Dollf.) de la Loire-Inférieure : *Mitra panaulax, nov. sp.* [Voir l'annexe ci-après, Pl. X, fig. 16-17].

CATENOTOMA, Cossm. 1901.   Type : *Pleur. catenata*, Lamk. Eoc.

Observ. — Dans la première livraison de la « Faune éocénique du Cotentin. » (p. 23), j'ai définitivement séparé, comme Section de *Surcula*, *P. catenata*, caractérisé par ses chaînettes basales, par son bourrelet plissé à la suture, par son sinus échancré encore plus bas, par son canal un peu moins long; etc.

ENATOMA, *Rovereto* (²), 1899.   *Nomen mutatum.*
          (= *Atoma*, Bell. 1875., *non Atomus*, Latreille, 1853).

Observ. — Ainsi que je l'ai fait observer dans la « Revue crit. de Pal. », T. III, p. 145, cette correction doit être rejetée, attendu que Latreille a employé *Atomus* dans un tout autre sens, avec une tout autre étymologie que *Atoma* : il n'y a donc absolument aucun double emploi.

HALIA. — A ajouter :

> OLIGOCENE. — Une espèce dans le Tongrien de la Ligurie : *H. præcedens* Pant., d'après un moule peu déterminable. [Rovereto : Illustr. foss. tongr. p. 175, Pl. IX., fig. 14].

ACAMPTOGENOTIA, Rovereto, 1899 [*loc. cit*].   *Nomen mutatum*
          (= *Pseudotoma*, Bell. 1873, *non* Stephens, Lepid. 1825).

Cette correction ne me paraît pas acceptable : ainsi que je l'ai signalé [Revue crit. Pal. III, p. 145] Stephens a écrit *Pseudotomia*, qui est un diminutif de *Pseudotoma*, exactement comme *Odontostomia*, est un diminutif d'*Odontostoma ;* dans ces conditions, le nom proposé par Bellardi ne fait pas réellement double emploi, et comme il ne prête à aucune confusion orthographique, il n'y a pas lieu de le remplacer.

(²) Prime rich. simonim sui Gen. dei Gasteropodi, Gênes (Atti Soc. lig. Sc. nat., Vol. X).

*

Troisième Livraison

HETEROEUCLIA, Rovereto, 1899 [*loc. cit*].   *Nomen mutatum.*
(= *Euclia* H et A. Adams, *non* Hübner, Lepidt. 1816).

Même observation que ci-dessus, il s'agit d'*Euclea* qui, orthograpbiquement, est distinct d'*Euclia*. D'ailleurs, quand même il n'en serait pas ainsi, la correction devient inutile, dès l'instant que l'on peut considérer, comme je l'ai proposé précédemment [Essais, T. III, p. 10] *Euclia* comme synonyme de *Cancellaria*.

Plesiotriton. — A ajouter ;
  Eocene. — Une espèce d'Australie : *P. Dennanti*, Tate, d'après l'auteur [2ᵉ suppl. to census of tert. Austr.]

Plesiocerithium. — A ajouter :
  Eocene. — Une espèce probable dans le Priabonien de la Vénétie : *Cerithium (Lorenella) rectum* Vin. de Regny, d'après la figure publiée par M. Oppenheim [Priabon. 1901, p. 206. Pl. XX. fig. 9].

GALEOLOPSIA. Rovereto, 1899 [*loc cit*],   *Nomen mutatum.*
(= *Galeola*, Gray 1858, *non* Klein ; = *Galeolella* Cossm. 1899).

La correction de M. Rovereto fait double emploi avec celle que j'ai proposée dès le mois d'avril 1899, dans mes « Essais de Pal. comp. ». p. 44.

Voluta (= *Plejona* Bolten, *sec.* Rovereto, 1799). Rien à changer à ce qui a été dit prédédemment.

AULICINA, Rovereto, 1899 [*loc, cit.*].   *Nomen mutatum,*
(= *Vespertilio*, Klein, 1853, *non* Lin. 1735).

Cette correction est admissible, attendu qu'on n'était pas en droit de reprendre dans Klein une dénomination qui faisait déjà double emploi à cette époque.

HETEROAULICA, Rovereto, 1899 [*loc. cit.*].   *Nomen mutatum.*
(= *Aulica*, Gray 1847, *non* Spin. Col.).

Cette correction est admissible, à la rigueur, malgré la différence de désinence (*Aulicus*).

MAMILLANA, Crosse, 1871. Il y a lieu de signaler le bel échantillon du type (*V. mamilla* Gray, dans le « Journal de Conchyliologie » (1901, n° 1), par M. Dautzenberg. Cette figure lève les doutes que j'avais précèdement émis [3ᵉ livr. p. 107] sur la légitimité de ce Sous-Genre: il se distingue de *Yetus* par son nucléus plus gros et vésiculeux, par sa spire plus longue, par son bord columellaire émaillé, mince, étalé sur toute la face ventrale ; mais la plication collumellaire et l'échancrure sont semblables. D'autre part, la forme générale de la coquille est moins élancée que celle de *Fulguraria*, et le labre est réfléchi ; de sorte que je crois qu'il y a lieu de laisser *Mamillana* dans la Sous Famille *Volutobulbinæ*, tout en l'érigeant au rang de Genre distinct.

A cette occasion, je crois intéressant de signaler aussi que M. Tate [second suppl. to a census of fauna ot tbe tert. of Australia, 1898, p. 386], fait observer que la création de *Pterospira* Harris est complètement inutile, attendu que la type (*V. Hannafordi* M. Coy) ne diffère pas génériquement de *Mamillana* adulte. Cette opinion se trouve précisément confirmée par la figure que M. Dautzenberg vient de publier. En conséquence, *Pterospira* doit, comme je l'avais prévu [3ᵉ livr., p. 131], disparaître de la Nomenclature.

MESORHYTIS. — A ajouter :

CENOMANIEN. — Une espèce au Mans : *Voluta gibbosa* Guér., coll. de l'Ecole des Mines.

STAZZANIA. — Par suite d'une erreur typographique, cette Section n'a pas été repérée dans le tableau de la page 80, à côté de *Eratoidea*.

2° DESCRIPTIONS D'ESPÈCES NOUVELLES
signalées dans la présente livraison.

Euthriofusus Dollfusi *nov. sp.*   Pl. II, fig. 4.

Taille moyenne ; forme fusoïde ; spire assez courte ; tours étagés, anguleux, convexes en avant, excavés en arrière, séparés par des sutures à bourrelet, ornés de nodosités qui s'effacent graduellement sur la convexité antérieure, et de filets obsolètes ; dernier tour grand, arrondi, à peu près lisse, à base excavée, ornée de sillons spiraux et souvent géminés, qui s'enroulent obtusément sur le cou droit du canal. Ouverture piriforme, anguleuse en arrière, avec une gouttière postérieure très étroite, terminée en avant par un canal étroit et rectiligne ; labre épais, liré à l'intérieur, sinueux sur la rampe postérieure ; columelle lisse, très peu sinueuse ; bord columellaire calleux subdétaché à la naissance du canal.

Dim. Longueur probable : 35 mill. ; diamètre : 18 mill.

Rapp. et diff. — Cette espèce, jusqu'à présent confondue avec *F. burdiga-lensis*, s'en distingue : non seulement par l'absence de l'ornementation, qui est peut-être due à l'état d'usure des coquilles des Faluns ; mais surtout par la rampe excavée qui existe, en arrière, sur chacun de ses tours de spire.

Localité. Pontlevoy, Helvétien, ma coll.

Lathyrus Benoisti, *nov. sp.* Pl. II, fig. 9.

Taille moyenne ; forme étroite, fusoïde ; spire longue, non étagée, huit ou neuf tours convexes, dont la hauteur égale les trois cinquièmes de la largeur, séparés par des sutures profondes et ondulées ; environ neuf côtes axiales, obliques, s'étendant d'une suture à l'autre, épaisses, formant une pyramide tordue autour de l'axe ; quatre ou cinq gros filets spiraux crénelant les côtes, deux plus saillants en avant, entremêlés de cordonnets beaucoup plus fins. Dernier tour égal à la moitié de la hauteur totale, arrondi, excavé à la base sur laquelle cessent les côtes, tandis que les cordonnets alternés continuent sur le cou droit ; bourrelet basal, petit, oblique, aboutissant à la troncature du canal ; ouverture piriforme, étroitement anguleuse en arrière, contractée à l'origine du canal, qui est peu allongé, obliquement dévié à droite, et tronqué à son extrémité ; labre épais, plissé à l'intérieur, presque vertical ; columelle droite, en arrière, portant trois plis peu apparents, transverses, coudée en avant avec le canal ; bord columellaire calleux, bien limité, subdétaché en avant, se terminant en pointe effilée, et séparé du bourrelet par une dépression ombilicale non perforée.

Dim. Longueur : 40 mill. ; diamètre : 14 mill.

Rapp. et diff. — Beaucoup plus étroite que *L. Lynchi*, *L. Benoisti* s'en distingue par ses tours non anguleux, par ses filets presque égaux ; la rampe postérieure a presque complètement disparu ; en outre, le canal est un peu plus court et plus dévié que chez *L. lynchoides* Bell. ; les côtes persistant d'une suture à l'autre distinguent notre espèce de *L. taurinus* Mich[ti]. chez qui ces côtes s'arrêtent en deçà de la rampe postérieure. D'autre part, la longueur du canal, la rectitude de la columelle, ne permettent pas de classer notre espèce dans la Section *Lathyrulus*, dont la rapprocheraient sa forme étroite et ses costules tordues autour de l'axe, comme chez *Streptochetus*.

Localité. Péloua (Gironde), Burdigalien, ma coll.

Scabrella Dumasi, *nov. sp.*   Pl. X, fig. 19-20.

Taille assez petite ; forme trapue ; spire médiocrement allongée,
très pointue au sommet, à galbe subconoïdal ; protoconque lisse,
polygyrée, composée de quatre tours subulés, avec un petit nucléus
obtus ; tours de spire plans, dont la hauteur ne dépasse pas, à la fin,
les deux cinquièmes de la largeur, séparés par des sutures profondes,
mais étroites, qui s'étagent peu à peu par l'apparition d'une rampe
postérieure et déclive ; ornementation composée seulement de huit
côtes axiales, droites, obtuses, se succédant régulièrement d'un tour
à l'autre, en formant une pyramide non tordue, et en produisant, sur
l'angle de la rampe postérieure, des épines carénées, assez saillantes.
Dernier tour égal aux trois cinquièmes de la hauteur totale, orné
comme la spire, rapidement arrondi à la périphérie de la base, sur
laquelle apparaissent aussitôt des sillons écartés, onduleux, qui persistent en s'élargissant et s'approfondissant, jusque sur le cou très
court non échancré. Ouverture conforme à la diagnose de la Section
Scabrella.

 Dim. Longueur : 12 mill. ; Diamètre : 5 1⁞2 mill.

 Rapp. et diff. — En raison de la brièveté du canal surtout, et aussi de l'ornementation épineuse, il n'est pas possible d'admettre que cette coquille soit
une variété de *Crenisutura thiara.* Elle se rapproche de *Scabr. scabra* du Piémont, mais on l'en distingue par sa surface lisse entre les côtes qui sont plus
écartées, et par sa spire plus étagée, plus polygonale, par les proportions relatives du dernier tour, etc.

 Localité. Saubrigues (Landes), Tortonien, ma coll.

Mitromorpha panaulax *nov. sp.*   Pl. X, fig. 16-17.

Taille petite ; forme de *Conomitra* ; spire courte, subulée, à galbe
subconoïdal ; protoconque lisse, paucispirée, obtuse ; six ou sept
tours étroits, presque plans, à sutures peu distinctes, ornés de cinq
filets spiraux, réguliers et serrés ; dernier tour presque égal aux trois
quarts de la longueur totale, ovale, un peu ventru, déclive à la base
sur laquelle se prolonge l'ornementation spirale, jusque sur le cou

qui est à peu près nul ou indistinct de la base. Ouverture étroite,
fusoïde, tronquée sans échancrure à son extrémité ; labre épais, arqué,
convexe au milieu, légèrement sinueux au dessus de la suture, muni
à l'intérieur de petites crénelures inégales ; columelle presque rectiligne, infléchie en avant, portant au milieu deux grosses rides pliciformes et transverses, plus un troisième pli antérieur, invisible quand
l'ouverture est intacte ; bord columellaire étroit, peu calleux, bien
limité.

Dim. Longueur : 9 mill. ; largeur : 4 mill.

Rapp. et diff. — Cette petite espèce ressemble beaucoup à *M. subulata*, du
Pliocène de Gourbesville [Essais, T. II, p. 176] ; elle s'en distingue toutefois par
sa taille plus grande, par sa surface entièrement sillonnée, par son troisième pli
columellaire en avant, par son labre plus arqué au contour, etc... Comme j'ai
indiqué [Essais, T. II, p. 101] que la principale différence entre *Mitromorpha* et
Mitrolumna consiste dans l'existence d'un troisième pli columellaire chez ce
dernier, — ce qui n'est d'ailleurs pas exact [Essais, T. III, p. 175], — il semblerait
que, ce seul caractère disparaissant, il y a lieu de rapporter à *Mitrolumna* le
fossile que je viens de décrire, et de réunir d'ailleurs ces deux formes si voisines. Mais il faut remarquer que *Mitromorpha* est principalement caractérisé
par sa petite sinuosité suprasuturale, qui le rattache bien aux *Pleurotomidæ*, et
qui n'existe pas chez *Mitrolumna*, dont le labre est absolument rectiligne et
d'ailleurs variqueux. Je maintiens donc la séparation définitive de ces deux
Genres, dans deux Familles absolument distinctes, et je classe l'espèce ci-dessus
dans le Genre *Mitromorpha*, à cause de son sinus.

Localité. Pigeon blanc (Loire-inférieure), Redonien, ma coll.

TABLE ALPHABÉTIQUE

TABLE ALPHABÉTIQUE DES NOMS D'ESPÈCES

CITÉES DANS LES QUATRE PREMIÈRES LIVRAISONS.

Les noms en italiques sont ceux des synonymes ; le premier nom de Genre est celui sous lequel l'espèce est repérée dans nos tables stratigraphiques.

	Ter.	Liv.	Pag.
abbreviata (Alia) Bell. = *Columbella.*	Mioc.	IV	233
abbreviata (Aphanitoma) Bell........	Mioc.	II	107
abbreviata (Cylindrobullina) Klipst. = *Actæonina*....................	Tyrol.	I	63
abbreviatus(Euconactæon Desh.*Conus*	Charm.	I	64
abbreviata (Euthria) Bell............	Mioc.	IV	120
abbreviata (Pugilina) Lamk.= *Fusus.*	Eoc.	IV	89
abbreviata (Thala)Bell.= *Micromitra*	Mioc.	III	177
abbreviatus (Trochactæon) Conrad = *Nerinea*....................	Cén.	IV	249
aberrans (Drillia) v. Kœnen.........	Olig.	II	84
abnormis (Stazzania) Morlet = *Marginella*....................	Eoc.	III	89
Absalonis(Trochactæon)Fraas=*Phas.*	Cén.	IV	249
abundans (Crassispira) Conr.= *Pleur.*	Eoc.	II	86
abundans (Ptygmatis) Blanck.= *Ner.*	Sén.	II	34
abyssicola (Volutocorbis) Reeve=*Vol.*	Viv.	III	139
acanthostephes (Columbarium) Tate = *Fusus*.....................	Eoc.	IV	15
acaulis (Drilla) v. Kœnen...........	Olig.	II	84
acaulis (Peristernia) Martin.........	Plioc.	IV	48
acceptata (Mangilia) Desh.= *Pleurot.*	Eoc.	II	119
accincta (Bellardiella)Montg.= *Murex*	Viv.	II	129
accumulatus (Volutilithes) Stol.=*Vol.*	Sén.	III	137
acicula (Nerinella) d'Arch.= *Nerinea.*	Bath.	II	37
acicula (Uromitra) Nyst = *Mitra*....	Mioc.	III	170
aciculatum (Crenilabium) Cossm. = *Actæon*....................	Eoc.	I	33
aciculata (Euryta) Lamk. = *Terebra.*	Viv.	II	55
aciculatus (Fusus) Lamk............	Eoc.	IV	11
aciculina (Hastula) Reeve = *Terebra.*	Viv.	II	54
acies (Cominella) Wat. = *Buccinum.*	Eoc.	IV	150
aciformis (Dolicholathyrus) Tate = *Fusus*....................	Eoc.	IV	24
acila (Cymatosyrinx) Dall = *Drillia.*	Plioc.	II	88
Acreon (Nerinea) d'Orb.............	Oxf.	II	27
actinostephes(Coptochetus)Tate=*Fus.*	Eoc.	IV	114
acuformis (Strombinella) Dall........	Olig.	IV	240
aculeata (Cancilla) Bell. = *Mitra*....	Mioc.	III	158
acuminata (Cominella) Hutton........	Plioc.	IV	150
acuminatus (Fusus) Sow.............	Eoc.	IV	11

	Ter.	Liv.	Pag.
acuminata (Mitrella) Bell.= *Columb.*	Mioc.	IV	236
acuminata (Terebra) Borson.........	Mioc.	II	49
acuminata (Volvulella)Brug. = *Bulla.*	Plioc.	I	85
acurugata (Crassispira)Dall = *Drillia.*	Plioc.	II	86
acus (Dolicholathyrus)Reeve=*Fusus.*	Viv.	IV	24
acuta (Actæonina) d'Orb............	Raur.	I	59
acuta (Ceritella) Morr. et Lyc.......	Bath.	I	78
acutus (Cylindrites) Sow. = *Actæon.*	Bath.	I	71
acuta (Eopsephæa) Sow. = *Voluta*...	Tur.	III	146
acuta (Fasciolaria) Emmons..........	Mioc.	IV	37
acuta (Olivella) Br. et Corn. = *Oliva.*	Pal.	III	54
acuta (Ringicula) Forbes............	Sen.	I	114
acutangula (Stazzania) Desh. = *Marg.*	Eoc.	III	89
acutangula (Ventrilia) Faujas = *Canc.*	Mioc.	III	27
acuticostata (Drillia) Nyst. = *Pleurot.*	Eoc.	II	84
acuticostata (Mangilia) Nyst.= *Pleur.*	Olig.	II	119
acuticostatus (Perissolax) Stol. = *Hemifusus*....................	Sén.	IV	72
acuticostra (Hemipleurotoma) Conr.= *Pleur*....................	Eoc.	II	79
acutispira (Gibberula) Cossm.= *Marg.*	Eoc.	III	97
acutissima (Mayeria) Bell............	Mioc.	IV	
acutiuscula (Volvaria) Sow...........	Eoc.	III	180
addita (Atilia) Bell. = *Tetrastomella.*	Mioc.	IV	243
adela (Tritonidea) Cossm.............	Eoc.	IV	169
adelomorphus (Streptochetus) Cossm.	Eoc.	IV	31
adjecta (Roxania) von Kœn.= *Cylic.*	Olig.	I	99
adunca (Euthria) Brown. = *Fusus.*.	Plioc.	IV	120
adversarius (Chelyconus) Conr.=*Con.*	Plioc.	II	162
Ægyptiaca (Tudicula) Mayer.........	Eoc.	IV	70
æpynotum (Fulgur) Tate............	Mioc.	IV	78
æqualis (Cylindrites) Terquem.......	Bath.	I	71
æqualis (Cylindrites) Wilson........	Charm.	I	71
æqualis (Pugilina) Mich. = *Fusus*...	Mioc.	IV	90
æqualis (Olivella) Fuchs = *Oliva*....	Olig.	III	54
æquicosta (Turricula) v.Kœn.=*Mitra.*	Pal.	III	164
æquicostata (Tritonidea)Bell.=*Pollia.*	Plioc.	IV	169
æquipartitus (Conorbis) Cossm......	Eoc	II	150
æquipartita (Ovactæonina) Cossm. = *Actæon*....................	Bath.	I	61

(1) Cette correction a été omise au bas de la page 90, à la place de *P. ponderosa* Mart.

	Ter.	Liv.	Pag.
multicostata (Bonellitia) Bell.= *Canc.*	Mioc.	III	34
multicostata (Eopleurotoma) Dh.=*Pl.*	Eoc.	II	80
multicostata (Tritonidea) Bell.=*Poll.*	Mioc.	IV	169
multicostatus (Volutilithes) B.=*Vol.*	Mioc.	III	147
multiensis (Uxia) Morlet = *Cancell.*	Eoc.	II	38
multilineata (Astyris) Dall.	Plioc.	IV	239
multilirata (Aptyxis) Bell. = *Fusus.*	Mioc.	IV	17
multinoda (Drillia) Grat. = *Pleurot.*	Mioc.	II	84
multirugatum (Ptychosalpinx) Conr. = *Buccinum.*	Mioc.	IV	151
multispiratus (Fusus) von Kœnen...	Olig.	IV	12
multistriata (Bullinella) v.K.=*Bulla.*	Olig.	I	95
multistriatus (Euryochetus) Dh.=*Vol.*	Eoc.	IV	183
multistriata (Hemipleurotoma) Bell..	Mioc.	II	88
multistriata (Nerinea) Piette.	Bath.	II	27
multistriata (Tornatellæa) Rig. et S.	Bath.	I	49
multisulcatus (Euthriofusus) Nyst. = *Fusus.*	Olig.	IV	29
Munieri (Actæonidea) Deshayes......	Eoc.	I	51
Munieri (Endiaplocus) R. et S.=*Crypt.*	Bath.	II	45
Munieri (Endopachychilus) V.=*Purp.*	Eoc.	IV	170
Munieri (Retusa) de Lor. = *Tornat.*	Séq.	I	83
muricata (Clavatula) Lamarck........	Viv.	II	65
muricata (Volutocorbis) Forb. = *Vol.*	Sén.	III	138
muricina (Psephæa) Lamk.= *Voluta.*	Eoc.	III	145
muricina (Raphitoma) von Kœnen...	Olig.	II	133
muricoides (Pugilina) Desh.= *Fusus.*	Eoc.	IV	98
murndeliana (Hemipleurotoma) T. W.	Eoc.	II	79
musica (Voluta) d'Argenv.=*Murex..*	Viv.	III	109
musicalis (Voluta) Lamarck..........	Eoc.	III	109
musicina (Lyria) Heilp. = *Voluta....*	Mioc.	III	114
musiva (Hinia) Brocchi = *Buccinum.*	Plioc.	IV	205
mustelinus (Neocylindrus) L.=*Oliva.*	Plioc.	III	48
Mustoni)Nerinella) Cont. = *Nerinea.*	Kim.	II	38
mutabilis (Aurinia) Conr. = *Voluta.*	Mioc.	III	129
mutabilis (Nassa) Lin. = *Buccinum.*	Plioc.	IV	201
mutata (Neoathleta) Dh. = *Voluta...*	Eoc.	III	140
mutata (Nerinea) Cossmann..........	Séq.	II	34
mutica (Dactylidia) Say = *Oliva.....*	Viv.	III	54
mutica (Eocithara) Lamk = *Harpa..*	Eoc.	III	75
myosotis (Tornatellæa) Buviguier....	Raur.	I	49
Namnetica (Conomitra) Cossmann....	Eoc.	III	173
Namnetica (Cornulina) Vass.=*Melong.*	Eoc.	IV	88
nana (Acera) Woods = *Bulla.*	Plioc.	I	105
nana (Peratotoma) Desh. = *Pleurot.*	Eoc.	II	136
nana (Sparella) Rouault = *Ancilla..*	Eoc.	III	62
nana (Thesbia) Loven..............	Viv.	II	136
nangulananus (Lathyrus) Martin.....	Plioc.	IV	43
nassæformis (Gonioptyxis) C. et Piss.	Eoc.	IV	114
nassoides (Cymatosyrinx) v.K.=*Dril.*	Olig.	II	88
nassoides (Euryta) Hinds = *Terebra.*	Viv.	II	56
nassoides (Macrurella) Grat.= *Fusus.*	Mioc.	IV	244
navarroensis (Rostellites) Gabb.=*Vol.*	Sén.	II	116
navicula (Haminea) = *Bulla.........*	Plioc.	I	92
nebrascense (Pseudobuccinum) M.etH.	Crét.	IV	184
nebula (Bela) Montg. = *Murex......*	Plioc.	II	90
neglecta (Amycla) Bell. = *Nassa....*	Mioc.	IV	212
neglecta (Bivetia) Mart.= *Cancellar.*	Plioc.	III	10
neglecta (Merica) Michel. = *Cancell.*	Olig.	III	15
neglecta (Pisania) Michel.=*Purpura.*	Mioc.	IV	165
neocomiensis (Acera) Cossmann.....	Néoc.	I	104
neogenica (Clavella) G. Dollfus.......	Mioc.	IV	21
neozelandica (Lamprodoma) H.=*Oliv.*	Plioc.	III	57
Nerei (Sulcoactæon) P. et C. = *Act.*	Néoc.	I	109
Nereidis (Neptunella) Munst. = *Fus.*	Crét.	IV	93
neritea (Cyclonassa) Lin.=*Buccinum.*	Plioc.	IV	217
Neugeboreni (Thala) R. Hœrn.= *Mit.*	Mioc.	III	177
Neumayri (Dorsanum) H. et A.=*Bucc.*	Mioc.	IV	220
Neumayri (Lithoconus) H. et A.=*Con.*	Mioc.	II	158
Neumayri (Phaneroptyxis) Ch. = *It.*	Barr.	II	23
nevropleura (Raphitoma) Brugn.=*Pl.*	Plioc.	II	135
Newberryi (Neptunella) M. et H.=*Fus.*	Crét.	IV	91
Newmanni (Cymatosyrinx) Dall.= *Dr.*	Mioc.	II	88
Newmanni (Eratoidea) Dall. = *Marg.*	Mioc.	III	88
Newtoni (Mitra) Cossmann..........	Eoc.	III	164
nifat (Pusionella) Adanson..........	Viv.	II	56
Nilssoni (Hemipleurotoma) Dh. = *Pl.*	Eoc.	II	79
nitens (Amycla) Bellardi = *Nassa....*	Mioc.	IV	212
nitens (Bonellitia) v. Kœn.=*Cancell.*	Olig.	III	34
nitida (Sveltella) v. Kœn. = *Cancell.*	Olig.	III	30
nitida (Uromitra) Bellardi..........	Plioc.	III	170
nitidula (Babylonella) Mull. = *Canc.*	Sén.	III	36
nitidula (Babylonella) Mull. = *Canc.*	Sén.	III	36
nitidula (Marginella) Deshayes.......	Eoc.	III	84
nitidula (Olivella) Lamk = *Oliva....*	Eoc.	III	154
noachinus (Coptochetus) Sow. = *Sip.*	Olig.	IV	114
Noæ (Chelyconus) Br. = *Conus......*	Mioc.	II	160
Noæ (Clavella) Chemn. = *Fusus....*	Eoc.	IV	19
nobilis (Bucconia) Verrill. = *Scaph.*	Viv.	I	88
nobilis (Ptygmatis) Munst. = *Nerin.*	Tur.	II	84
nodifer (Buccinofusus) Wood = *Fus.*	Plioc.	IV	35
nodifer (Hercorhynchus) Stol.=*Rapa.*	Crét.	IV	74
nodifera (Pleuroploca) Duj.=*Fasciol.*	Mioc.	IV	40
nodifera (Sequania) Cossmann.......	Raur.	III	85
nodifera (Surcula) Lamk = *Pleurot.*	Viv.	II	69
nodifer (Volutilithes) v. Kœn.= *Vol.*	Pal.	III	137
nodosa (Drillia) Martin.............	Plioc.	II	84
nodosa (Euthria) Bellardi..........	Mioc.	IV	120
nodosa (Lyria) Wood = *Voluta.....*	Plioc.	III	114
nodosa (Siphonalia) Martynn = *Fus.*	Plioc.	IV	109
nodosocostatum (Dorsanum) H.=*Bucc.*	Mioc.	IV	220
nodosoplicata (Euryta) Dunk. = *Ter.*	Viv.	II	55
nodularis (Cordiera) Desh. = *Borson.*	Eoc.	II	100
nodulosa (Drillia) Lamk. = *Pleurot.*	Eoc.	II	84
nodulosa (Pseudoliva) Beyr. = *Purp.*	Olig.	IV	192
Noggerathi (Volutilithes) v. K.=*Vol.*	Sén.	III	136
Nogreti (Ptygmatis) Guir. et Og.=*Ner.*	Séq.	II	33
norigliensis (Nerinella) Tausch = *Apt.*	Hett.	II	37
nucleus (Lyria) Lamk. = *Voluta.....*	Viv.	III	113
nuda (Cylindrobullina) Cont. = *Act.*	Kim.	I	63
nudus (Ptychatractus) Beyr.=*Fusus.*	Olig.	IV	54

Ter.Liv.Pag.

Ter. Liv. Pag.

seminudus (Conorbis) Edw. = *Pleur*. Eoc. II 150
seminuda (Siphonalia) Desh = *Fusus*. Eoc. IV 109
semiplicata (Anachis) Sacco = *Col*. Mioc. IV 237
semiplicatus (Eudopachychilus) D. = *Fusus*. Eoc. IV 170
semiplicata (Pisanella) Nyst = *Voluta*. Olig. IV 129
semirugosus (Fusus) Bell. et Michel. Mioc. IV 12
semirugosa (Pseudotoma) Bellardi... Mioc. II 146
semistriata (Amycla) Brocc. = *Bucc*. Plioc. IV 211
semistriata (Roxania) Desh. = *Bulla*. Eoc. I 9)
Semperi (Drillia) von Kœnen... Olig. II 84
senilis (Phrontis) Doderl. = *Nassa*... Mioc. IV 208
senticosum (Columbarium) T. = *Fus*. Eoc. IV 16
senticosum (Phos) Linné = *Murex*... Viv. IV 138
separata (Uxia) Desh. = *Cancellaria*. Eoc. III 38
septangularis (Hœdropleura) M.=*Mur*. Viv. II 92
Sequana (Nerinea) Thirria... Raur. II 27
sericeum (Trigonostoma) Dall.=*Canc*. Plioc. III 26
serotina (Clavella) Hinds... Viv. IV 21
serratum (Ancistrosyrinx) H.=*Pleur*. Mioc. II 73
serrata (Bonellitia) Bronn. = *Canc*. Mioc. III 34
serratus (Fusus) Deshayes... Eoc. IV 11
serrata (Serrata) Gask.=*Marginella* Viv. III 86
serraticosta (Hinia) Bronn.=*Nassa*.. Mioc. IV 210
sexcostata (Aptyxiella) d'Orb. = *Ner*. Séq. { II 41 / III 186 }
sexcostatus (Streptochetus) B.=*Fus*. Mioc. IV 31
sexdentata (Ilyanassa) Conr.=*Bucc*. Mioc. IV 224
sexsulcatum (Anisomyon) M. et H... Crét. I 139
Sharmanni (Melianioptyxis) R. et S.= *Nerinea*... Bath. II 31
Shepardi (Sparella) Dall. = *Ancillar*. Mioc. III 62
Showalteri (Scaphella) Aldr.=*Voluta*. Eoc. III 127
Shumardi (Anisomyon) Meek et Hayd. Crét. I 139
Siemsseni (Scaphella) Bell.= *Voluta*. Olig. III 127
sigmoideum (Cymatosyrinx) Br.= *Pl*. Plioc. I 88
sihesurensis (Neoathleta) d'Ar.= *Vol*. Eoc. III 140
silicata (Cancilla) Dall. = *Mitra*... Mioc. III 158
siliciosa (Acera) Whitfield... Sén. I 105
similis (Bivetia) Sow. = *Cancellar*. Viv. III 8
similis (Bonellitia) Kaunh. = *Canc*. Sen. III 33
similis (Daphnella) Nyst = *Pleurot*.. Plioc. II 128
similis (Hima) Bellardi = *Nassa*... Mioc. IV 210
similis (Uromitra) Bellardi... Mioc. III 170
simmenensis (Phaucroptyxis)O.=*Ner*. Séq. II 23
simplex (Aurinia) d'Orb. = *Voluta*.. Plioc. III 129
simplex (Cymatosyrinx) Dh.=*Pleur*. Eoc. II 87
simulans (Fusus) Tale... Eoc. IV 12
simulata (Tornateltæa) Solander... Eoc. I 50
sinemuriensis (Striactæonina) Mart. = *Orthostoma*... Sin. I 60
Singleri (Lathyrus) Harris... Eoc. IV 42
sinistrorsa (Bactroptyxis) G.=*Nerin*. Séq. II 41
sinuatum (Agasoma) Gabb.=*Clavella*. Mioc. IV 147
sinuatus (Brachysphingus) Gabb... Pal. IV 221
sinuatum (Colostracon) Hamlin... Crét. IV 248

Ter. Liv. Pag.

sinuata (Surcula) Gabb... Sén. II 70
sinuosa (Bonellitia) Cossm.=*Admet*. Eoc. III 34
sipho (Siphonaria) Sowerby... Viv. I 135
Sismondæ (Dorsanum) Bell.= *Cyllen*. Plioc. IV 220
Sismondai (Vespertilio) d'Arch.=*Vol*. Eoc. III 119
Sismondiana (Ancilla) d'Orbigny... Mioc. III 60
smaragdula (Mazzalina) Lin. = *Bucc*. Viv. IV 52
Solanderi (Cominella) Edw.=*Buccin*. Eoc. IV 150
Solanderi (Volutilithes) Edw. = *Vol*. Eoc. III 137
Soldanii (Arcularia) Bell. = *Nassa*... Plioc. IV 216
Soldanii (Bellardiella) Bell.=*Homot*. Mioc. II 129
solidula (Amycla) Bell. = *Nassa*... Mioc. IV 212
söllingensis (Conomitra) v. K. = *Mit*. Olig. III 174
Sondeiana (Hemipleurotoma) M.=*Pl*. Plioc. II 80
Sondianus (Neocylindrus) Mart.=*Ol*. Plioc. III 48
Sondiana (Phrontis) Martin = *Nassa*. Plioc. IV 208
sopronensis (Clinura) Hœrn. = *Pleur*. Mioc. II 74
sordida (Costellaria) Tate = *Mitra*... Mioc. III 166
soror (Cymatosyrinx) Bell. = *Drilla*. Mioc. II 88
soror (Cromitra) Bellardi... Plioc. III 170
Souverbiei (Tritonidea) Benoist... Mioc. IV 169
Sowerbyi (Cerithiella) Morr. et Lyc. Bath. I 79
Sowerbyana (Ovactæonina) d'O.=*Ph*. Cén. I 61
Sowerbyi (Sparella) Mich.=*Ancillar*. Mioc. III 62
sparsisulcata (Ovactæonina) d O.=*Act*. Charm. I 61
speciosa (Beisselia) Holz. = *Kœnen*. Sen. II 113
speciosus (Coptochetus) Desh.= *Fus*. Eoc. IV 114
spectabilis (Siphonalia) Deshayes... Eoc. I 136
Speyeri (Lathyrulus) Desh.= *Fusus*. Olig. IV 44
sphæricula (Bonellitia) Cossm.= *Adm*. Eoc. III 33
sphæriculus (Semiactæon) Dh.=*Torn*. Eoc. I 48
Spillmanni (Liopeplum) Tuom.=*Vol*. Crét. III 143
spinescens (Drillia) Partsch = *Pleur*. Mioc. II 84
spinicosta (Columbarium) v. Martens. Viv. IV 15
spinifer (Fusus) Bellardi... Mioc. IV 12
spinifer (Lathyrus) Bellardi... Mioc. IV 43
spiniferum (Trigonostoma) G.=*Canc*. Mioc. III 25
spinigerum (Fulgur) Conrad... Olig. IV 77
spinosa (Clavatula) Grat. = *Pleurot*. Mioc. II 65
spinosa (Euthria) Bellardi... Mioc. IV 120
spinosus (Fusus) Mayer = *Clavell*. Eoc. IV 12
spinosus (Rostellites) Sow. = *Pleur*. Tur. II 116
spinosus (Volutilithes) Lamk. = *Vol*. Eoc. III 135
spinula (Columbellisipho) Cossmann. Eoc. IV 104
spinulatum (Columbarium) Cossmann. Eoc. IV 16
spinulosa (Euryta) Doderl.=*Terebra*. Mioc. II 55
spiralis (Fusus) Adams... Plioc. IV 43
spiralis (Pleurotoma) M. de Serres... Mioc. II 77
spirata (Eocithara) Tate = *Harpa*... Eoc. III 76
spirata (Perrona) Math. = *Pleurot*. Mioc. II 69
spirillus (Tudicula) Lin.= *Murex*... Viv. IV 69
spiruloides (Eoatlanta) Lk.= *Cyclost*. Eoc. I 134
spissa (Sparella) Rouault=*Ancillar*. Eoc. III 62
splendens (Cordieria) v. Kœn.= *Bors*. Olig. II 100
Spreafici (Clathurella) Bellardi... Plioc. II 124
squamulosa (Gosavia) Zekeli = *Vol*. Tur. II 116

	Ter.	Liv.	Pag.
subjugosum (Liopeplum) G. = *Vol.*	Crét.	III	144
subjunceus (Actæon) Cossmann	Sén.	II	164
sublævis (Alocospira) T. W.=*Ancilla.*	Eoc.	III	64
sublævis (Mitrolumna) Bell. = *Dipt.*	Mioc.	III	175
sublævis (Pisanianura) Bell.=*Anura.*	Mioc.	IV	179
sublignarius (Scaphander) d'Orbigny.	Mioc.	I	87
submarginata (Raphitoma) Bon.= *Pl.*	Plioc.	II	133
submuricatum (Vasum) d'Orb,=*Turb.*	Mioc.	IV	66
submutica (Eocithara) d'Orb.=*Harpa.*	Olig.	III	76
subnicobaricus (Conus) d'Orbigny....	Mioc.	II	154
subnodosa (Cominella) Hutton.......	Plioc.	IV	150
subnodosa (Euthria) Hœrn. et Auing.	Mioc.	IV	120
suboliva (Gibberula) Cossm.= *Marg.*	Eoc.	III	97
subovalis (Mitrolumna) Bell. = *Dipt.*	Mioc.	III	175
subovatum (Anisomyon) Meek et H.	Crét.	I	139
subovulata (Gibberula) d'Orb.=*Marg.*	Mioc.	III	97
subpolitum (Dorsanum) d'Orb.=*Bucc.*	Mioc.	IV	219
subpugillare (Vasum) d'Orb. = *Turb.*	Olig.	IV	66
subpulchella (Nerinella) d'Orb.=*Ner.*	Cén.	II	39
subpyramidalis (Cryptoplocus) M. = *Nerinea*.	Raur.	II	44
subquadrata (Acera) Rœmer = *Bulla.*	Raur.	I	104
subraristrialus (Dendroconus) da Cost.	Mioc.	II	160
subrectus (Penion) v. Iher.=*Siphon.*	Olig.	IV	111
subscalarinus (Suezzonir) = *Fusus.*	Eoc.	IV	176
subsemiplicata (Eopsephæa) d'O.=*Vol.*	Sen.	III	147
subspectabilis (Euryta) Tate = *Tereb.*	Mioc.	II	56
subspinosus (Lathyrus) Bellardi.	Mioc.	IV	43
subspinosa (Tritonidea) Bell. = *Poll.*	Plioc.	IV	169
subspinosus (Volutilithes) Br.= *Vol.*	Eoc.	III	137
substriata (Aphanoptyxis) d'O.=*Ner.*	Raur.	II	33
subtenuis (Lirofusus) Heilp.=*Fusus.*	Eoc.	IV	36
subterebrale (Ancistrosyrinx) N.= *Pl.*	Plioc.	II	73
subterebralis (Rouaultia) Bellardi....	Mioc.	II	95
subtexana (Olivella) Harr.= *Oliva*...	Mioc.	III	54
subthomasiæ (Ventrilia) D. = *Canc.*	Plioc.	III	28
subtilis (Clathurella) Partsch = *Pleur.*	Mioc.	II	123
subtricincta (Nerinella) d'Orb.=*Ner.*	Raur.	II	38
subturbida (Bathytoma) d'Orb. = *Pl.*	Mioc.	II	103
subturrita (Neptunella) Meek et Hayd.	Crét.	IV	92
subulata (Agaronia) Lamk.= *Oliva*..	Mioc.	III	52
subulata (Andonia) Lamk.= *Fusus*..	Eoc.	IV	105
subulata (Macrurella) Br. = *Murex*..	Plioc.	IV	245
subulata (Mitromorpha) Cossmann...	Plioc.	II	101
subulata (Terebra) Lin.= *Buccinum.*	Viv.	II	48
subumbilicatum (Dorsanum) B.=*Cyl.*	Plioc.	IV	220
subundulosum (Streptopelma) T.= *P.*	Eoc.	IV	76
subutriculus (Roxania) d'Orb.=*Bulla.*	Mioc.	I	99
subvaricatus (Nucleopsis) Conrad....	Eoc.	I	57
succedens (Cryptoplocus) Zittel......	Séq.	II	45
succisa (Alicula) Ehrenberg..........	Viv.	I	101
Suessi (Chelyconus) H. et A. = *Con.*	Mioc.	II	161
Suessi (Dorsanum) H. et A.= *Buccin.*	Mioc.	IV	220
Suessi (Drillia) Hœrnes = *Pleurot.*	Mioc.	II	84
Suessi (Neoathleta) Fuchs = *Voluta.*	Olig.	III	140
Suessi (Sveltia) R. Hœrn.= *Cancell.*	Mioc.	III	21
sulcata (Anachis) Sow.=*Columbella.*	Plioc.	IV	238
sulcata (Cordieria) Edw. = *Borsonia.*	Eoc.	II	100
sulcatus (Eudopachychilus) D.=*Fus.*	Eoc.	IV	170
sulcata (Gadinia) Borson = *Patella.*	Mioc.	I	145
sulcata (Retusa) d'Orbigny = *Bulla.*	Mioc.	I	83
sulcatina (Roxania) Desh. = *Bulla.*	Eoc.	I	99
sulcatula (Raphitoma) Bon. = *Pleur.*	Plioc.	II	133
sulcidens (Euryentome) Tate = *Marg.*	Eoc.	III	94
sulcifer (Conus) Deshayes............	Eoc.	II	154
sulcosa (Eocithara) Tate = *Harpa*...	Eoc.	III	76
sulcosum (Lirosoma) Conr.=*Fasciol.*	Mioc.	IV	78
sulculata (Anachis) Wood = *Columb.*	Plioc.	IV	238
supracocænicus (Dolicholathyrus) C.	Eoc.	IV	24
suprajurensis (Hydatina) R.= *Bulla.*	Séq.	I	111
suprajurensis (Nerinea) Voltz........	Séq.	II	27
suprajurensis (Rhytidopilus) B.=*Pat.*	Portl.	I	144
suspensus (Volutilithes) Sow.= *Vol.*	Eoc.	III	137
Suteri (Levifusus) Aldr. = *Fusus*...	Pal.	IV	14
suturalis (Clathurella) Millet.........	Mioc.	II	123
suturalis (Conomitra) Bosq.=*Mitra.*	Olig.	III	173
suturalis (Tortoliva) Bon.= *Ancilla.*	Mioc.	III	68
suturalis (Volutilithes) Nyst=*Voluta.*	Olig.	III	137
suturata (Deutimargo) Cossm.=*Marg.*	Eoc.	III	91
suturosa (Cominella) Nyst = *Buccin.*	Olig.	IV	150
Sykesi (Volutilithes) d'Ar. = *Voluta.*	Eoc.	III	137
sylværupis (Celatoconus) H.=*Metula.*	Eoc.	IV	167
symmetricus (Hemiconus) D. = *Con.*	Olig.	II	152
symmetricus (Volutilithes) C. = *Vol.*	Eoc.	III	137
syracusanus (Aptyxis) Lin.= *Fusus.*	Viv.	IV	16
syriaca (Hamlinia) Whitf = *Actæon.*	Cén.	IV	249
tabularis (Cylindrites) Lycett........	Baj.	I	71
tabulatum (Amblyacrum) Conr.=*Pl.*	Eoc.	II	138
tambacana (Volvarina) Mart.=*Marg.*	Plioc.	III	94
Tapparonii (Peratotoma) Bell.=*Hom.*	Mioc.	II	136
Taramellii (Merinella) Pir.=*Nerinea.*	Séq.	II	38
Tarbelliana (Cylichnina) Grat. = *Bull.*	Mioc.	I	96
Tarbellianus (Lithoconus) Gr. = *Con*	Mioc.	II	158
Tarbelliana (Pleuroploca) Gr. = *Fasc.*	Mioc.	IV	39
Tarbelliana (Scaphella) Grat. = *Vol.*	Mioc.	III	128
Targioniana (Cordieria) d'Anc.=*Turb.*	Plioc.	II	100
Tateana (Clavella) Johnston..........	Eoc.	IV	20
Tateana (Eopsephræa) Johnst. = *Vol.*	Eoc.	III	147
Tatei (Aneurystoma) Cossmann......	Eoc.	III	24
Tatei (Asthenotoma) Cossmann......	Eoc.	II	105
Tatei (Costellaria) Cossmann........	Eoc.	III	165
Tatei (Ilima) T. Woods, = *Nassa*...	Eoc.	IV	210
Tatei (Lathyrus) Geo. Harris........	Eoc.	IV	42
Tatei (Penion) Cossmann = *Siphon.*	Eoc.	IV	111
taurinensis (Cantharus) Bell.=*Pollia.*	Mioc.	IV	172
taurinensis (Chelyconus) B. et M.=*C.*	Mioc.	II	161
taurinensis (Marginella) Michelotti...	Mioc.	III	84
taurinia (Lyria) Bon. = *Voluta*......	Mioc.	III	144
taurinia (Sveltia) Bell.= *Cancellaria.*	Mioc.	III	21
taurinia (Thala) Bell. = *Micromitra.*	Mioc.	III	177
taurinus (Lathyrus) Michelotti......	Mioc.	IV	43

CHATEAUROUX

IMPRIMERIE P. LANGLOIS ET C[ie]

110, rue Grande, 110

PLANCHE 1

1. Fusus porrectus (Soland).	Grand. natur.	Eoc.
2. Fusus acuminatus, Sowerby.	id.	Eoc.
3. Fusus (*Aptyxis* lamellosus (Borson).	Gr. 2 fois.	Plioc.
4. Pirofusus mississipiensis, Conrad.	id.	Eoc.
5. Dolicholathyrus funiculosus (Lamk).	Grand. natur.	Eoc.
6. Dolicholathyrus Lamberti (Desh.).	id.	Eoc.
7. Fusus longiroster (Brocchi).	id.	Plioc.
8. Columbarium foliaceum (Tate).	id.	Eoc.
9. Columbarium acanthostrephes (Tate).	id.	Eoc.
10. Buccinofusus parilis, Conrad.	id.	Mioc.
11. Fusus (*Tectifusus*) tholoides (Tate)	Gr. 2 fois	Eoc.
12-13. Clavella longæva (Soland).	Grand. natur.	Eoc.
14. Streptochetus intortus (Lamk).	id.	Eoc.
15. Euthriofusus burdigalensis (Bast.).	id.	Mioc.
16-17. Fusus (*Levifusus*) pagodiformis Heilp.	id.	Eoc.
18. Clavella lævigata (Lamk).	id.	Eoc.
19. Streptochetus intortus (Lamk).	id.	Eoc.

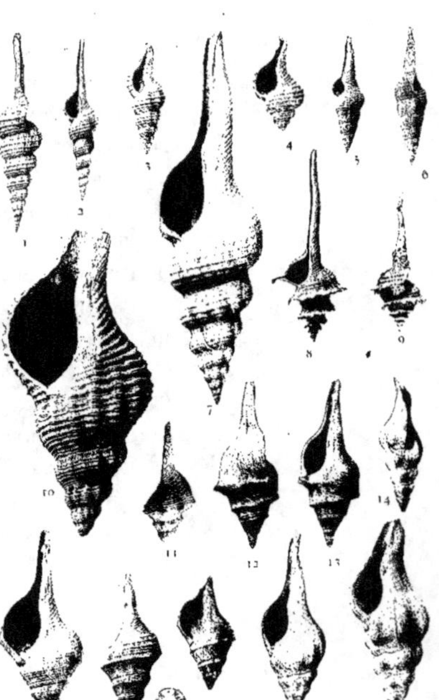

Clichés et Phototypie Dr G. Piburski   27, rue de Coulmiers, Paris

PLANCHE II

<table>
<tr><td>1.</td><td>LIROFUSUS THORACICUS, Conrad.</td><td>Gr. 2 fois</td><td>Eoc.</td></tr>
<tr><td>2-3.</td><td>STRÉPTOCHETUS (Streptolathyrus) MELLEVILLEI Cossm</td><td>Grand. natur.</td><td>Eoc.</td></tr>
<tr><td>4.</td><td>EUTHRIOFUSUS DOLLFUSI, Cossm.</td><td>id.</td><td>Mioc.</td></tr>
<tr><td>5.</td><td>FASCIOLARIA (Liochlamys) BULBOSA, Heilpr.</td><td>id.</td><td>Plioc.</td></tr>
<tr><td>6.</td><td>FASCIOLARIA RHOMBOIDEA, Rogers.</td><td>id.</td><td>Mioc.</td></tr>
<tr><td>7.</td><td>FASCIOLARIA (Pleuroploca) TARBELLIANA, Grat.</td><td>id.</td><td>Mioc.</td></tr>
<tr><td>8.</td><td>LATHYRUS PLEUROTOMOIDES, Hœrn. et Auinger.</td><td>id.</td><td>Mioc.</td></tr>
<tr><td>9.</td><td>LATHYRUS BENOISTI, Cossm.</td><td>id.</td><td>Mioc.</td></tr>
<tr><td>10.</td><td>LATHYRUS LYNCHI (Grat.).</td><td>id.</td><td>Mioc.</td></tr>
<tr><td>11-12.</td><td>DOLICHOLATHYRUS (Pseudolathyrus) BILINEATUS (Partsch).</td><td>id.</td><td>Mioc.</td></tr>
<tr><td>13.</td><td>LATHYRUS (Lathyrulus) SUBAFFINIS (d'Orb.).</td><td>Gr. 2 fois.</td><td>Eoc.</td></tr>
<tr><td>14-15.</td><td>CRYPTORHYTIS RENAUXIANA (d'Orb.).</td><td>Grand. natur.</td><td>Turon.</td></tr>
<tr><td>16.</td><td>LATHYRUS (Peristernia) FILICATUS (Conr.).</td><td>id.</td><td>Mioc.</td></tr>
<tr><td>17.</td><td>LATHYRUS (Mazzalina) STAMINEUS (Tate).</td><td>Gr. 2 fois.</td><td>Eoc.</td></tr>
<tr><td>18.</td><td>PTYCHATRACTUS INTERRUPTUS (Sow.).</td><td>Grand. natur.</td><td>Eoc.</td></tr>
<tr><td>19.</td><td>PTYCHATRACTUS CYLINDRACEUS (Desh.).</td><td>Gr. 2 fois.</td><td>Eoc.</td></tr>
<tr><td>20.</td><td>CRYPTORHYTIS GRACILIS (Böhm).</td><td>Grand. natur.</td><td>Sénon.</td></tr>
<tr><td>21.</td><td>STREPTOSIPHON (Hercorhynchus) MOHNHEIMI (Muller).</td><td>id.</td><td>Sénon.</td></tr>
</table>

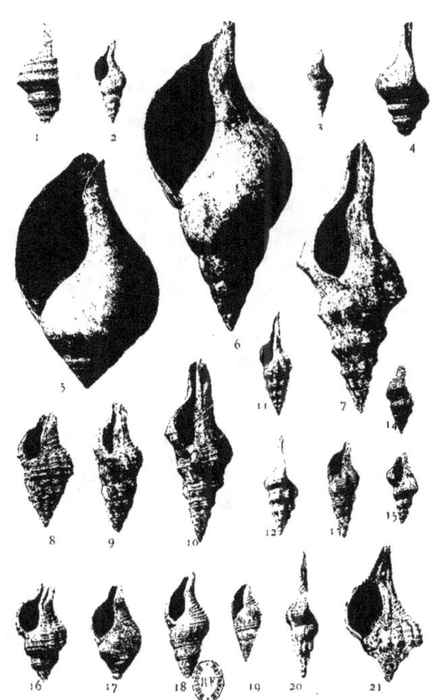

PLANCHE III

1. Lathyrus (*Neolathyrus*) obliquicauda, Bell.   Grand. natur.   Mioc.
2. Lathyrus (*Ascolathyrus*) Borsoni, Bell.   id.   Mioc.
3. Lathyrus (*Neolathyrus*) recticauda (Fuchs).   id.   Mioc
4. Lirosoma sulcosum, Conrad.   id.   Mioc.
5. Vasum crenatum (Michelotti).   id.   Oligoc.
6-7. Sycum (*Bulbifusus*) inauratum, Conrad.   id.   Eoc.
8. Tudicula (*Papillina*) dumosa, Conrad.   id.   Eoc.
9. Sycum bulbiforme (Lamk).   id.   Eoc.
10. Sycum bulbus (Solander).   id.   Eoc.
11. Fulgur perversum (Linné).   id.   Mioc.
12-13. Tudicula rusticula (Bast).   id.   Mioc.
14. Streptosiphon (*Streptopelma*) linteum (Tate).   id.   Eoc.
15. Fulgur pirum (Dillwynn).   id.   Mioc.

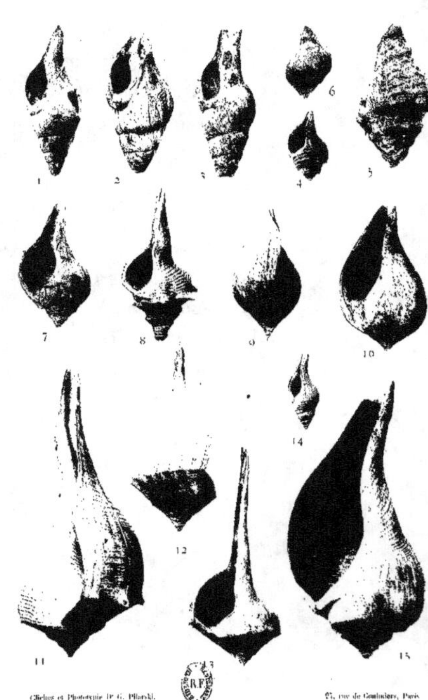

PLANCHE IV

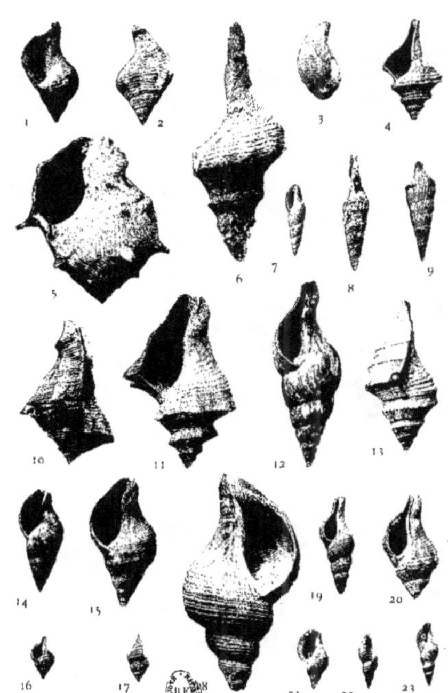

PLANCHE V

1. Siphonalia (*Pseudoneptunea*) scalarina (Lamk.). Grand. natur. Eoc.
2-4. Siphonalia Mariæ (Melleville). id. Paléoc.
5. Siphonalia (*Penion*) Roblini, Tate. id. Eoc.
6-7. Coptochetus scalaroides (Lamk.). Gr. 2 fois. Eoc.
8. Parvisipho (*Andonia*) subulatus (Lamk.). id. Eoc.
9. Pisanella semiplicata (Nyst). Grand. natur. Olig.
10. Melongena (*Cornulina*) minax (Lamk.). id. Eoc.
11. Melongena cornuta (Ag.). id. Mioc.
12-13. Liomesus Dalei (Sow.). id. Plioc.
14-15. Buccinum undatum, Linné. id. Plioc.
16-17. Cyrtochetus bistriatus (Lamk.). id. Eoc.
18-19. Suessionia exigua (Desh.). Gr. 2 fois. Eoc.
20-21. Phos polygonum (Brocchi). Grand. natur. Mioc.
22-23. Cyllene (*Cyllenina*) ancillariæformis (Grat.). id. Mioc.

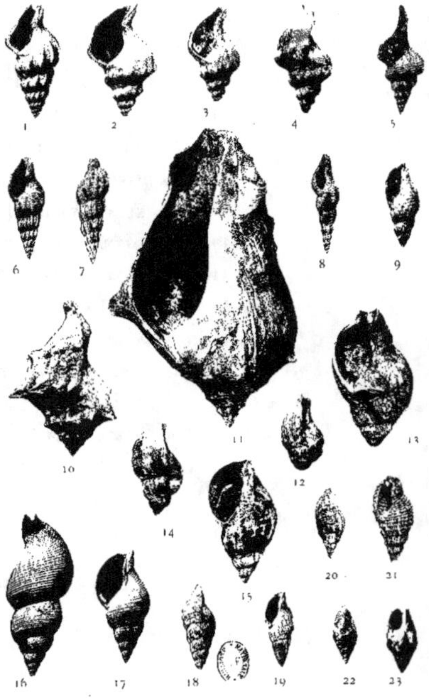

Clichés et Phototypie. Dr G. Pilarski. 27, rue de Coulmiers, Paris

PLANCHE VI

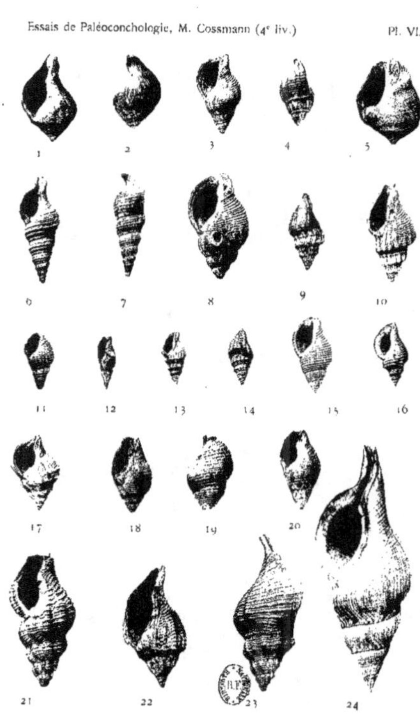

Clichés et Phototypie, Dᵀ G. Pilarski. 27, rue de Couluniers, Paris

PLANCHE VII

1. Cantharulus Vaughani, Meek et H.	Grand. natur.	Crét.
2. Odontobasis constricta, Hall. et Meek.	id.	Crét.
3-4. Exilia pergracilis, Conr.	id.	Eoc.
5. Pseudobuccinum nebrascense, Meek et H.	Gr. 2 fois.	Crét.
6. Piestochilus Scarboroughi, Meek et H.	Grand. natur.	Crét.
7. Serrifusus dakotensis, Meek et H.	Réduit 1/2	Crét.
8-9. Truncaria (*Coptaxis*) truncata, Desh.	Gr. 5 fois.	Eoc.
10. Thersitea ponderosa, Coquand.	Réduit 1/2	Eoc.
11. Buccinaria Hoheneggeri, Hœrn.	Gr. 2 fois.	Mioc.
12. Fulmentum sepimentum, Rang.	id.	Viv.
13. Gonioptyxis nassæformis, Cossm. et Piss.	Gr. 3 fois.	Eoc.
14-15. Kelletia Kelleti, Forbes.	Réduit.	Viv.
16. Turbinella episoma, Michelotti.	Réduit 1/2	Olig.
17. Neptunella subturrita, Meek et H.	Grand. natur.	Crét.
18. Thersitea ponderosa, Coquand.	Réduit 1/2	Eoc.

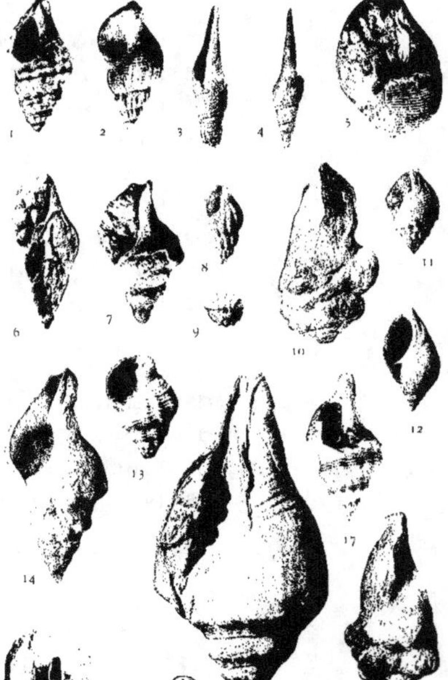

Clichés et Phototypie, Dᵣ G. Pilinski.   17, rue de Coulmiers, Paris.

PLANCHE VIII

<table>
<tr><td>1.</td><td>Strepthocetus crassicostatus (Desh.).</td><td>Grand. natur.</td><td>Eoc.</td></tr>
<tr><td>2-3.</td><td>Levibuccinum prorsum (Conr.).</td><td>id.</td><td>Eoc.</td></tr>
<tr><td>4.</td><td>Cyllene Desnoyersi (Bast.).</td><td>Gr. 2 fois</td><td>Mioc.</td></tr>
<tr><td>5.</td><td>Janiopsis parisiensis (Desh.).</td><td>Grand. natur.</td><td>Plioc.</td></tr>
<tr><td>6-7.</td><td>Acamptochetus mitræformis (Brocchi).</td><td>id.</td><td>Plioc.</td></tr>
<tr><td>8-9.</td><td>Tritonidea (Cantharus) polygona (Lamk.).</td><td>id.</td><td>Eoc.</td></tr>
<tr><td>10-11.</td><td>Pyramimitra terebriformis (Conr.).</td><td>Gr. 3 fois</td><td>Eoc.</td></tr>
<tr><td>12.</td><td>Vasum subcapitellum (Heilpr.).</td><td>Grand. natur.</td><td>Mioc.</td></tr>
<tr><td>13-14.</td><td>Bartonia canaliculata (Sow.).</td><td>id.</td><td>Eoc.</td></tr>
<tr><td>15.</td><td>Levibuccinum (Euryochetus) cylindraceum (Desh.).</td><td>Gr. 3 fois</td><td>Eoc.</td></tr>
<tr><td>16.</td><td>Tritonidea (Pseudopisania) Plateaui (Cossm.).</td><td>id.</td><td>Eoc.</td></tr>
<tr><td>17.</td><td>Pyramimitra (Petrafixia) Kœneni (Cossm. et L.).</td><td>id.</td><td>Olig.</td></tr>
<tr><td>18.</td><td>Latrunculus apenninicus (Bell.).</td><td>Grand. natur.</td><td>Olig.</td></tr>
<tr><td>19-20.</td><td>Pseudoliva (Buccinorbis) perspectiva Conr.</td><td>id.</td><td>Eoc.</td></tr>
<tr><td>21.</td><td>Latrunculus (Peridipsaccus) Caronis (Brongn.).</td><td>id.</td><td>Mioc.</td></tr>
<tr><td>22.</td><td>Pseudoliva fissurata, Desh.</td><td>id.</td><td>Paléoc.</td></tr>
<tr><td>23.</td><td>Latrunculus (Peridipsaccus) Valentinianus (Sow.).</td><td>id.</td><td>Plioc.</td></tr>
</table>

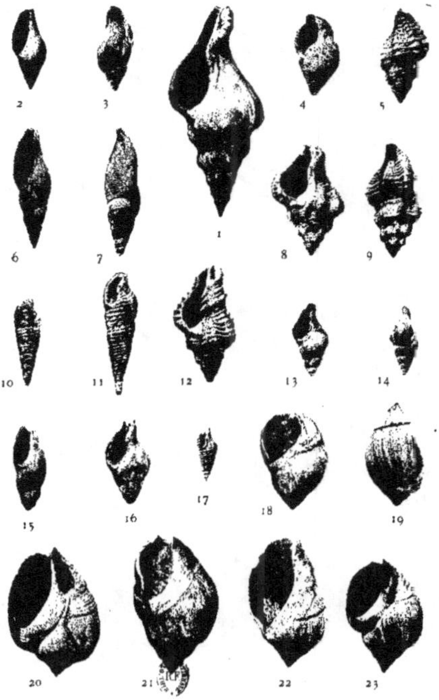

Clichés et Phototypie, Dᵉ G. Pilerski.　　　27, rue de Coulmiers, Paris.

PLANCHE IX

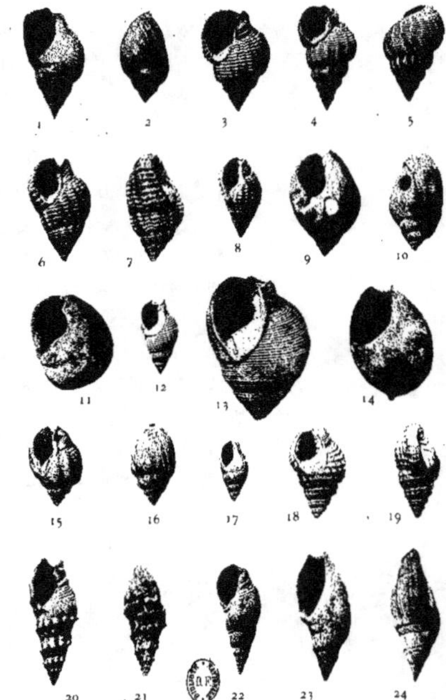

PLANCHE X

Clichés et Phototypie, Dʳ G. Pilarski.   27, rue de Coulmiers, Paris

h Perrin